国家自然科学基金项目（编号：51278196）
国家科技支撑计划项目子课题（编号：2008BAJ08B02）
亚热带建筑科学国家重点实验室课题（编号：2009ZC10、2012ZA02）

华南理工大学出版社
SOUTH CHINA UNIVERSITY OF TECHNOLOGY PRESS
·广州·

内容提要

《周易》既是“五经”又是“三玄”。作为“五经”，它提倡儒家“非礼不履”、刚健有为的进取思想，阴阳化成、发展变化的朴素唯物主义世界观，成为指导和规范古代中国人的言行的指南，形成了燮理阴阳和以仁为本的建筑规划设计思想和手法；作为“三玄”，它既包含尊重自然的道家思想，又包含宗教神学的唯心天道观和形而上学的思维方式，发展出具有中国文化特色的堪舆学。本书以中国文化集大成者——《周易》哲学思想为基本线索，探讨中国古代建筑的文化特征及其内涵。主要阐述了中国古代建筑的设计思想、理论与方法，旨在探讨中国古代建筑的规划设计营造意匠。

图书在版编目（CIP）数据

营造意匠/程建军著. —广州：华南理工大学出版社，2014.7
（中国建筑环境丛书）
ISBN 978-7-5623-3788-1

Ⅰ. ①营… Ⅱ. ①程… Ⅲ. ①《周易》-影响-古建筑-研究-中国 Ⅳ. ①TU-092

中国版本图书馆CIP数据核字（2012）第253624号

营造意匠
YINGZAO YIJIANG
程建军 著

出 版 人：韩中伟
出版发行：华南理工大学出版社
（广州五山华南理工大学17号楼，邮编510640）
http://www.scutpress.com.cn E-mail: scutc13@scut.edu.cn
营销部电话：020-87113487 87111048（传真）
出版策划：韩中伟
策划编辑：赖淑华
责任编辑：庄 彦 杨爱民 赖淑华
印 刷 者：广州市新怡印务有限公司
开 本：889mm×1194mm 1/16 **印张：**17.25 **字数：**298千
版 次：2014年7月第1版 2014年7月第1次印刷
定 价：126.00元

序 徐伯安

建军同志的《中国古代建筑与周易哲学》一书，从根本上揭示了中国古代建筑形成和发展过程中某些非技术性（或非物质性）的影响因素。这些因素恰恰同中国古代文化有着深层的内在联系，也恰恰是区别中国古代建筑同其他体系建筑的决定性依据。

从现有考古资料分析，世界上各地区、各民族原始人建筑，可以说没有任何差别。它们的群体（原始人群的聚落）、个体（原始人对偶婚住宅和公共活动的大房子）、结构形式（深穴、浅穴和地面建筑）、材料做法（用石刀、石斧砍伐得来的自然形状的树干、树枝，掺有草茎的灰泥）和细部构造（用草绳和藤条进行木件结合的绑扎方法）等等，简直如出一辙。我以为完全可以把这些原始人建筑称之为“大同型建筑”。这种“大同”大约是建筑处于人类初期相同生产能力和相同认识水平之上的缘故。尔后，当人类进入文明时代——奴隶制社会以来，有了文化的差异，建筑也开始有了不同。历史还告诉我们，这个不同是随着历史进程，朝着愈演愈烈、一发不可弥合的境地发展的。不同文化孕育着不同的建筑。这或许又可以把这些建筑称为“文化型建筑”，它们如同原始人的图腾一样，成了人类不同文化的不同标志。建筑的历史也因此成了人类文明进步的里程碑。

“文化型建筑”取代“大同型建筑”是历史的必然。原因是当人类有了足够能力去驾驭建筑技术和制造建筑材料时，人类的建筑活动已不再只是“上栋

下宇，以待风雨”的功利之举，而且还有了各种各样精神上的追求。建筑成了既是“形而下者谓之器”的器，同时也成了“形而上者谓之道”的道的物化形态。人们开始把建筑当做天地间最伟大的人文工程，当做自我生存的理想环境和意志的象征。人们主观地赋予建筑许多社会性、哲理性和人格性。几乎无例外地，从建筑的形式语言到空间氛围，无不浸透着这种赋予的文化魅力。建筑有了全面的文化意义。

《易经》和《易传》，一向被认为是中国传统文化的根。在中国人心目中，它是天地万物无所不容、无所不能阐释的。所谓“易”原本日月两合以象宇宙也。它既是世界观，也是方法论。它影响着中国人的思维层次和行为方式。汉语中“容易”一词，或许就是缘此而来。凡事容于《易》，便找到了体察该事物的理论依据，便找到了解决问题的方向和方法。如此这般，人们处理起事物来就变得“容易”了。这大概是我们先人造字组词时的一种心态吧，但也未必没有道理。

长期以来，人们苦于找不到中国古代建筑理论，甚至断言中国古代没有建筑理论。两部历史地位显赫的建筑巨著——宋《营造法式》和清《工部工程做法》，虽说日本学者竹岛卓一氏称它们是中国古代建筑著作的“双璧”[①]，梁思成先生称它们是“中国建筑之两部‘文法课本’”[②]，但它们毕竟只是建筑规范、定额一类管理用的条例而已，从中悟不出什么可以发挥的东西。如果，我们把中国古代建筑的方方面面，容于《易》这个文化大框架（或大系统）之中，便不难找到它的理论依据和阐释角度。这一点，近年来已被建筑史学界一些有勇气的仁人志士体味到了，写了不少文章，有的还写得很有些内容和深度，令人读了耳目为之一新。然而，公开用书的形式系统地做文章，建军同志还是第一遭，成了第一个吃螃蟹的人，很是难能可贵。

① 《世界建筑全集》4，第89页。
② 《中国营造学社会刊》第七卷，第二期。

也许有人对此不以为然，说三道四，甚至骂街。什么“牵强附会”，“胡诌八扯”，“故弄玄虚”，“没事找事”，“庸人自扰”，等等。总之，罪名还是蛮多、蛮吓人的。但是，骂人者有一个基本历史事实没有搞清楚，或者他们不想去搞清楚。这个基本历史事实就是我们的先人，确确实实是把建筑容于《易》这个文化

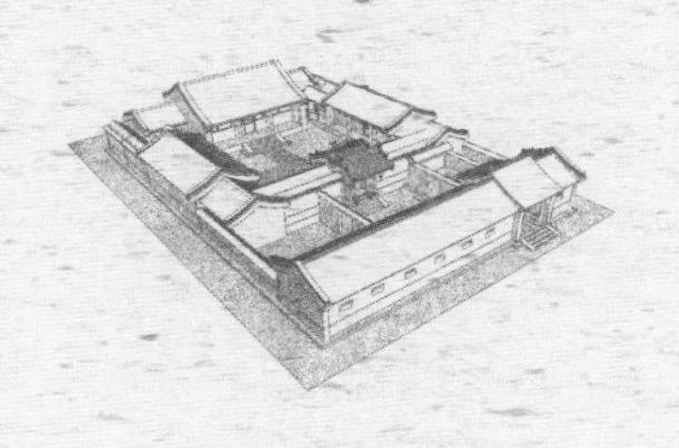

大框架中来进行经营的，这可由不得我们后人认可与否。我们尽管可以不去理会这个中的奥秘，硬是扭着来，那么，等着惩罚我们的将是对古代建筑中好多现象背后的玄机，说不清楚，道不明白。

举个最一般的例子，如风水或堪舆之学（被市俗化了的《易》学），似乎就对中国古代建筑有极大影响。从城市选址到住宅取向，到坟茔相地，哪一样也没少了用风水或堪舆之学进行论证和风水先生的“折腾”。一个带有指南针的罗盘，一些玄妙莫测、仪态可掬的风水先生，合在一起却使世世代代的中国人，都折服了，甚至“走火入魔”。设若这风水里全然是些胡诌八扯，那我们的先人也未免太有点“那个”了。剔除那些风水里的迷信成分，其中还是有不少对自然环境和人文环境相互关系认识的科学道理或经验的。如果人们下一番去伪存真的功夫，肯定会有所发现，也肯定会对破译中国古代建筑某些现象有所建树的。如若一概斥之为封建迷信的妖术邪说，那岂不等于吹灭了灯笼去摸黑寻路吗？当然，掉进去也跟着迷信起来，那就是另一回事了。

我记得在五台山中曾见到过一种情况（或做法），大部分寺院东南角上都有一处高家伙。这个高家伙，可以是建筑也可以是别的什么东西，只要高得起来就行。什么幡杆、灵塔、 经幢、山石、大树，都可以。山里最大的寺院——显通寺东南角上搞的是座五层粮仓（现改为文物展览室），高是高了，打从一进台怀镇南山口就能望见它，但它外观上封闭、蠢笨，不好看，有些让人无法忍受。从形式美角度看，确实要不得，不好看，无法忍受，也得要，更不能拆掉。据说这是由风水决定的，拆了就会断了所谓寺院的香火。看来释门净土也吃风水这一套。风水的威力在中国这块传统文化土壤上高过了佛祖的大彻大悟。《易》学对释门净土的渗透，早在“唐李道玄以《易》注《华严》”便开始了。应该说有些年月了。山里也有搞得好看的，比如大塔院寺的山海楼，建筑上的轻重、虚实、高低、宽窄，处理得就十分妥帖，没有什么可挑剔的，很漂亮。面对一个难看一个漂亮的两个高家伙，怎样去分析它们在寺院的总体布局上、天际线的起伏变化里、空间场所的深层寓意中的道理呢？舍去那个由风水引起的做法，就什么问题也说不清楚了。即令说了也是牵

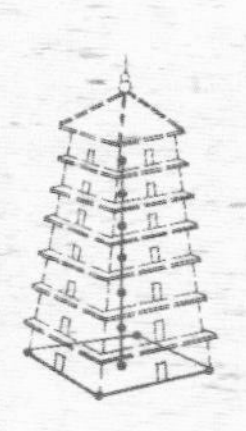

强附会，真个是胡诌八扯了。总之，不能用现代人（或西方人）的思想认识（或思维方式）去代替中国古代人的思想认识（或思维方式）。这种不顾历史的搞法不是历史唯物主义的态度，是历史唯心主义的小手法，不花力气的没出息的自我表现。既然搞的是历史，搞的是建筑历史，就得搞清楚它本来的历史面貌，去恰如其分地说明它。你可以不同意它，甚至批判它，扬弃它，但你不能不承认它在历史上的存在，它的影响，它对文化各个领域里的渗透和制约作用。建军同志在这个问题上把握得很好，挖掘得也深，分析得也尽情尽理。

再举个好多人都大惑不解的例子，那就是为什么中国古代不大力发展砖石建筑，致使砖石建筑始终处于支流地位？是我们的先人不善于搞砖石建筑，还是某种固执的偏爱？要想搞清楚这个问题，仅仅从技术和非理性固执的偏爱上找原因，肯定不会得到满意的回答。真正的原因，恐怕还是要在《易》这个文化大框架中寻找，才能说得中肯，才能切中要义。

古代中国人认为世间一切事物，无论有形无形，都是由阴阳二气和木、火、土、金、水五行（即五种物质元素；文献中也有称作“五气”、“五材”和“五部”的），通过阴阳的消长变化和五行彼此间相互循环、相互作用，即所谓“相生”、“相克”衍生出来的。朱熹老夫子对此说得十分透彻。他说：“阴阳五行，七者衮合，便是生物的材料。”[①]他还说：“天地初间，只是阴阳之气，这一个气运行，磨来磨去，磨得急了，便拶许多渣滓；里面无处出，便结成个地在中央。气之清者便为天，为日月，为星辰，只在外，常周环运转。地便只在中央不动，不是在下。”[②]这就是阴阳五行的所谓哲学基础。今天看来当然很不科学，甚至荒诞不经，但在古代它对推动我们先人对客观世界认识的深化，却是起了作用的。它曾被中国古代许多哲学流派所吸收、消化，构成各自思想体系中重要的一环。

从总体看，大约可以说阴阳五行对中国古代人的思想和行为有着非同寻常的制约意义。我们的先人还把诸如颜色、方位、季节、事态、礼仪、味觉、声音和人的内脏，以及天上的星星统统分类或还原到五行的五个元素里。总之，人所感知到的和一切活动无不被纳入五行之中。建筑是人类至为重大的活动之一，当然也要受到

①②宋•朱熹《朱子语类》，卷九十四。

五行的制约。

譬如，东方——太阳升起的方位，青色——植物生长的颜色，春天——一年四季之初和清晨——一天的开始，都被分配到五行（或五气）中木（或木气）这一类里。这些充满了光辉灿烂、生意盎然、朝气蓬勃的内涵，自然是阳气的体现和生命的所在。那么，用木头来盖房子自然也就是阳气的体现和生命的所在了。中国古人把活人用的房子称作“阳宅”，图的便是这个吉利。这种心态和行为明显的是受阴阳五行制约的结果。

又譬如，五行中的土（或土气）被指定为有能使“万物归无（死）和万物出生（生）”[①]的两层象征意义。它具有生死循环、生生不息的作用，有着阴阳两重属性。于是，用土（或土制品——砖和类似性质的石料）来建造此世业已“归无”、来世尚待“出生”的死者的故墓（即阴宅），在我们的先人看来是最合适不过的了。

斩木以为阳宅，垒土以作阴宅，古代中国人无条件地接受了这一人为的制约，谁也不想也无力去改变它。如此世代相袭便演成了一条铁的世俗法则，成了祖宗的遗训。

论技术，中国汉代便创造出了起拱发券和垒筑穹顶的技术。可惜，这一技术被长期用来建造阴宅，囿于地下只是为了保存那些棺椁和殉葬的金银财宝。这样，墓室的内部空间并不需要太大，所需的技术难度自然也就很低，用不着花力气再去创造什么难度更大的结构形式和发明什么新的建筑材料（像混凝土什么的）。后来，佛到了中国。砖石建筑技术又被用来建造佛塔，开始为佛服务了。这大概因为佛是涅槃了的人，也是到了另一个世界（或境界）里去了的缘故。这个新的功能要求虽然使砖石建筑走出了地下，但也没能给它的发展带来多少新的转机。佛塔要求的只是高度，不是跨度。塔在使用上根本用不着很大的内部空间，甚至死膛儿的也行。这同起初善男信女们围着塔转圈子，礼拜早已涅槃了的佛有关系。再后，虽说有了登塔的要求，那也只是凭栏一望而已，也是在塔外，也用不着什么太大的内部空间。所以说砖石建筑技术在中国古代得不到应有的发展，不是技术问题，而是社会

①〔日〕吉野裕子《阴阳五行思想与日本的祭祀民俗》，《东南文化》1987。

思想意识问题。“非不能也，乃不为也。”我的这个看法大概不会有太多的攀附之嫌。因为，至少汉民族绝大部分地区及其绝大部分历史岁月里人们都是这样对待砖石建筑的。要说攀附那也是古人对阴阳五行、易经八卦的攀附。我们今天要讨论的其实就是这种古人的攀附对建筑的影响，不是替它歌功颂德。建军同志在这方面做得很有分寸，言之成理，研究得很有些心得。

我前面谈的这两个例子，并没有论说阴阳五行、易经八卦本身如何的意思，也没有讨论《周易》里诸如“观物取象”、“象天法地”和术数、理气一类问题的意思，我只是想讲明一点，古代中国人的确是把建筑容于《易》这个文化大框架（或系统）中来经营的，我们今天下点功夫（或有人）来研究它，还是必要的，如此而已。是以为序。

1990年9月写于东京法政大学

前言

上古穴居而野处，后世圣人易之以宫室，上栋下宇，以待风雨，盖取诸大壮。

——《周易·系辞》

“大壮”（䷡）是《易经》六十四卦中的一卦，《易传》及以后的易学著述都突出地把“大壮”和宫室营建联系了起来。清代陈梦雷在《周易浅述》中释大壮卦说：“栋，屋脊，承而上者；宇，椽也，垂而下者，故曰上栋下宇。风雨动于上，栋宇覆于下，雷天之象，又取壮固之意。”在古代中国，大壮成了建筑的代名词。

明清的北京紫禁城，庄严堂皇，雄浑博大，应了“大壮”这卦名与卦象；其规划布局的严谨井然、主次分明，则又反映了“君子以非礼弗履”（《周易·象传》）的大壮卦德，所以历代帝王大兴土木，营建宫室城池时，“盖取诸大壮”。《营造法式》是我国最早的一部建筑专著，作者李诫在其序言中开篇就引《易经》“大壮”为经典依据，[1]可见，“大壮”乃至《周易》与传统建筑的关系是非常密切的。

①《营造法式》序。

《周易》既是“五经”又是“三玄”。作为“五经”，它提倡儒家“非礼不履”、刚健有为的进取思想，阴阳化成、发展变化的朴素唯物主义世界观，成为指导和规范古代中国人的言行的指南；作为“三玄”，它既包含了尊重自然的道家思想，又包含了宗教神学的唯心天道观和形而上

学的思维方式，发展出具有中国文化特色的堪舆学。

在古代人们漫长的营建实践过程中，《周易》八卦与阴阳五行的世界图式及其义理被融会于建筑之中，其哲理与建筑发生了极为密切的关系，并由此产生了中国古代建筑鲜明的民族文化特色，形成了中国古建筑的意匠。

这本册子不是一本系统地研究《周易》与建筑关系的专著，而是以《周易》哲学思想为基本线索，就易卦与建筑关系较密切的若干方面进行探讨，阐释作为中国文化系统的重要构成要素的《周易》卦理、阴阳五行的哲理和图式对中国传统建筑的影响，探讨中国古代建筑的文化特征及其内涵，并主要阐述中国古代建筑的设计思想、理论与方法，旨在探讨中国古代建筑的规划设计营造意匠。从哲学文化、建筑空间与形态等角度阐明中国传统建筑所特有的文化现象，作为探讨中国传统建筑文化之关系的一个尝试，并期望能对中国建筑文化的深入研究有所裨益。

本书原本名为《中国古代建筑与周易哲学》，第一版1991年由吉林教育出版社出版，出版后书中内容多被引用，颇受读者欢迎。然书市早无踪影，为保持原书的风格和内容，2005年稍作修订后的第二版由中国电影出版社再行出版，以期引起大家对中国建筑文化的重视。

第二版本当时限于修订时间短暂，未能对一些问题作进一步探讨和修正，笔者借本次再出版之际，对近年新的研究成果和原书的不足加以吸收和改进。本书一直保存着徐伯安教授那篇高瞻远瞩、睿智而精彩的序言，借本书出版之际，笔者再次深表感谢。本修订版将书中的插图进行了精心制作和补充，谢燕涛、王平对插图的制作付出了辛勤的劳动，作者深表谢意。作者才疏学浅，书中难免有不当之处，恳请读者同仁斧正。

作者

2012年8月20日

广州空青书屋

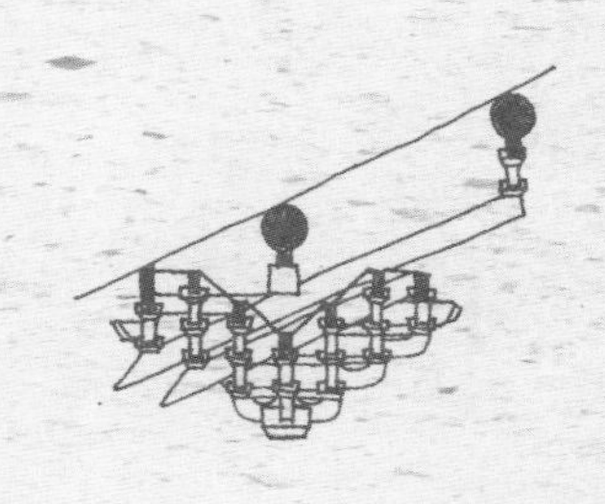

目 录

第一章 《周易》哲理

1 《周易》简说 / 1

2 八卦生成 / 4

第二章 燮理阴阳

1 建筑宇宙模式 / 7

2 故宫的阴阳构图 / 11

3 Stupa的中国化 / 19

4 建筑仿生与刚柔之道 / 32

第三章 法天象地

1 月令图式 / 47

2 明堂格局 / 52

3 从秦都到北京 / 59

4 天坛的象数理及空间模式 / 69

5 楼阁两例 / 83

6 东岳殿彩画 / 91

第四章 “时中”与“择中”

1 《易经》“时中” / 95

2 “天子中而处” / 98

3 “金井”——陵墓的中心 / 111

4 九宫图与王城规划 / 117

5 井田制与大同理想模式 / 119

6 八佾—八旗—八卦阵 / 123

第五章　以仁为本
1　仁义礼序　/ 127
2　建筑的礼制化　/ 130
3　住宅中的“礼”　/ 142
4　规天矩地　/ 147

第六章　“纪”“堵”之变
1　卜辞卦数与八九之替　/ 153
2　阴阳观念与偶数开间　/ 156
3　从“八纪”到“九堵”的开间变化　/ 163

第七章　筮占堪舆
1　八卦筮占　/ 167
2　堪舆术源流　/ 170
3　堪舆术理论简述　/ 181
4　“八宅明镜”剖析　/ 198
5　风水宝地　/ 211

第八章　纳甲压白
1　炼丹术与八卦纳甲　/ 229
2　“压白”简说　/ 233
3　传统建筑方位　/ 239
4　传统建筑用尺　/ 243
5　压白尺法的主要控制尺度　/ 250
6　压白尺法的源流　/ 255

结束语　/ 261
参考文献　/ 262

第一章 《周易》哲理

1 《周易》简说

《周易》是我国一部古老的典籍，成书于西周初叶。它最初是一本占筮用书，用于古代宗教迷信活动中的占筮，即依据卦爻卦象的变化来推断占验人事的吉凶命运。同时，它也是一部充满深刻思想的哲学著作。

《周易》这部书包括《易经》和《易传》两部分。《易经》包括卦、卦辞、爻辞等内容；《易传》包括彖辞、象辞、系辞、文言、序卦、说卦、杂卦等篇章。《易传》是对《易经》的解释。

说到《周易》，不少人颇感神秘。的确，它就像一个微型百科全书，包罗万象，含有哲理、数理、医理、物理、生理……命理（天理）等，若没有深厚的功力，自然难以达到融会贯通、大彻大悟的境界。世人为之瞩目的，当首推其哲学内涵。

《周易》所蕴含的丰富哲理，使古人一直把它奉为神圣的经典，历代不乏学者对其潜心探究，成果层出，从而形成了一种专门的学问——易学。它是通过对《周易》的解释形成和发展起来的。如果读者查一查清代《四库全书》经类的目录，就会粗略地感受到易学历史之悠久和古人对易学的重视程度了（图1–1）。

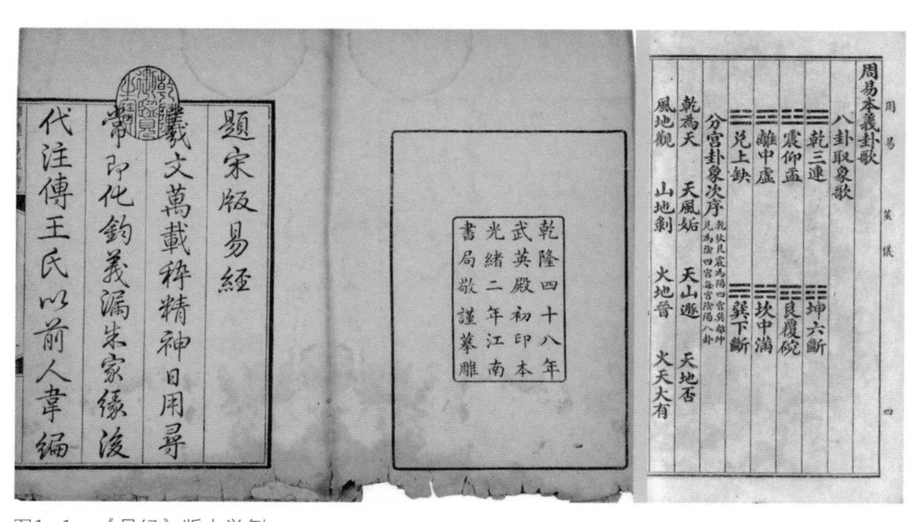
题宋版易經
羲文萬載粹精神日用尋
常印化鈞義漏朱家緣後
代注傳王氏以前人韋編

乾隆四十八年
武英殿初印本
光緒二年江南
書局敬謹摹雕

周易本義卦歌
八卦取象歌
乾三連 坤六斷
震仰盂 艮覆碗
離中虛 坎中滿
兌上缺 巽下斷
分宮卦象次序
乾為天 天風姤 天山遯 天地否
風地觀 山地剝 火地晉 火天大有

图1–1 《易经》版本举例

对《周易》的解释，始于春秋时期，到战国时期发展为《易传》。《易传》承认卜筮的作用，并对卜筮作了进一步的阐释。在这个意义上，可以说《易传》的理论前提是唯心主义的。但是，《易传》在对《易经》经文的解释时往往是借题发挥，所提出的关于八卦起源、宇宙起源、万物变化的阐释，又是以对客观世界及其变化的观察经验为依据的，这无疑又是一些唯物主义的观点。显然，《周易》自身具有二重性，所以学界有人说它既是“五经”，又是“三玄”。在天道人事观念上，既表现了宗教神学的“成事在天”的唯心主义天道观念，又表现了人事有为的朴素唯物主义观念；在思维方式上，既表现了形而上学的思维模式，又表现了朴素辩证法的发展变化观念，并在此基础上发展完善成一套系统的天地万物化成的哲学理论。所以，《周易》在中国哲学史上不仅得到唯物主义哲学家、进步思想家们的重视、研究，而且也受到唯心主义哲学家和保守思想家们的喜爱、继承和发挥。

然而易学在其发展过程中，逐步冲破了玄学的界域，摆脱了有神论的影响，其对《周易》所作的理论上的阐释，终于发展成为以阴阳变易的法则说明一切事物发展变化的一种哲学世界观，《周易》也因此而最终变成指导人们的生活、规范人们的言行以及观察和分析问题的指南。虽然《周易》在战国时融会了阴阳学说，两汉时又接纳了五行学说，但其核心则是儒家思想的传统。所以，封建社会的政治学说都引“易”为据，儒家更将其列为“四书五经”之首位。

至于在建筑领域的影响，就中国建筑历史与理论发展史分析，中国古代建筑理论体系主要是以《周易》这种以儒学为核心思想的儒玄二重性，即前者融入《周礼》体系和后者的《易经》体系两大系统相互补充而不断发展完善的。它一方面追求建筑的“等级秩序”、“人伦之轨模”、“辩位正方”之等第、人文精神，以及宇宙模式、模数系统化等特性结构，成为中国古代建筑以礼制制度和建筑经济作为建筑设计指导思想和建筑实践的主流。另一方面完成了崇尚自然、融入自然、利用自然、注重建筑的自然意蕴理念，而其唯心主义的玄学思想则成为以神学为基础的天人感应、堪舆学的滥觞。

《周易》的六十四卦体系，包含了象、数、理、占四大要素。“象”，是指卦象的符号系统；“数”，是指易卦的运数系统；“理”，是指易卦的原理与意蕴，包含于卦象、运数与卦爻辞中；“占”，是指易卦的筮法系统，以占验人事吉凶。这四个方面综合形成了一个神秘主义的思想体系。就筮法说，是以取象和取义解说卦象和卦爻辞。就易理说，其不以吉凶为鬼神之所赐，而重视现实生活中的经验教训和道德修养以及事物变易的法则，开始将《周易》引向哲理化的道路；而卦爻的阴阳奇偶观念，又使其充满了朴素的辩证思想。

以八卦的象、数、理体现为一个《易传》的世界图式，是这个系统哲学思想的精髓，即像阴阳五行家那样把八卦分配于四方、四时，而形成一种空间和时间一体化的思维模式。这种时空一体化的思维模式（世界图式），成为中国古代建筑法天象地设计构思的理论依据；法天象地图式也因此成了中国古代建筑的一种规划设计构图模式（图1–2）。

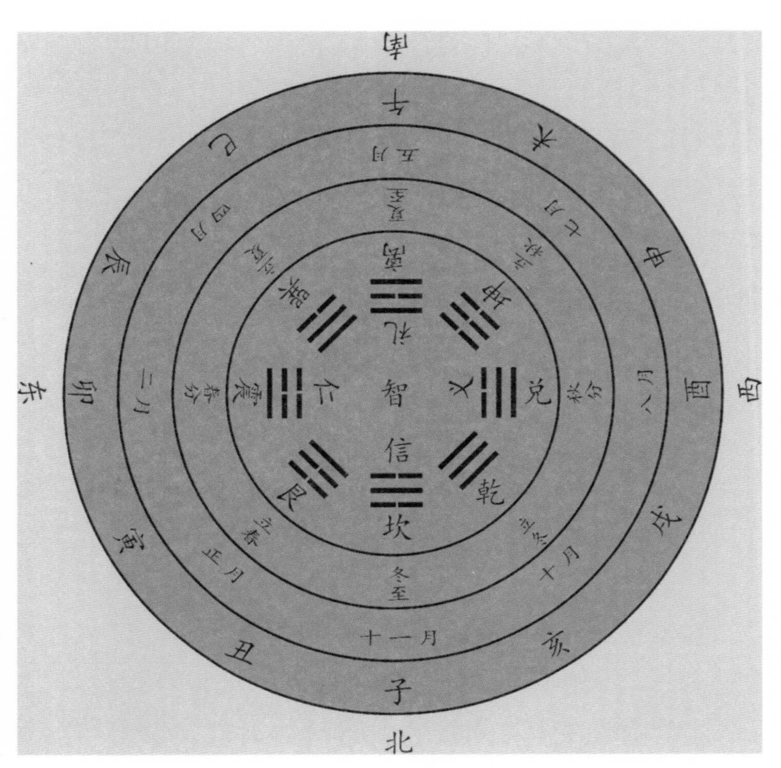

图1–2　《易传》世界图式

图1-3　河南淮阳伏羲庙的伏羲像

2　八卦生成

《周易》卦象有两类：一是八卦，一是六十四卦。前者为单卦，后者为重卦。六十四卦是从八卦演变而来。八卦是《周易》这部书的主要组成部分。八卦指什么呢？它又是如何形成的呢？

《易经·系辞传》说：

古者包羲氏之王天下也，仰则观象于天，俯则观法于地，观鸟兽之文，与地之宜，近取诸身，远取诸物，于是始作八卦，以通神明之德，以类万物之情。

这是说八卦的产生是先人包羲氏（伏羲氏）通过仰观天文，俯察地理，中通万物之情，“究天人之际，通古今之变”而总结出来的一个系统规律（图1-3）。

从八卦的形成分析，其最早源于筮占，卦字从圭从卜，圭指土圭，是以土堆筑成的土台，作测定日影之用。圭也有石做成的，从河南登封县告成镇的周公测影台还可以看到古圭的形式（见彩页）。后来土圭代之以8尺高的表杆，而以长约1.5尺的陶制或石制的尺板来测定地中夏至日影的水平长度。这种尺板也叫土圭或玉圭，但已与原圭义相去甚远。不过，圭的出现与古人利用日影的测定来判断方向和时间等早期科学是分不开的。

由于早期人类应对自然各种情况的能力及对自然认识的所限，对天地鬼神都崇敬有加。殷人十分迷信，认为世间的一切都由神来主宰着。他们在决定做某事之前，经常用占卜的方法征询神意，把占问的事情和结果，甚至还把占问后事情发展的情况，刻录在龟甲和兽骨上。这种刻录符号就是我国最早的文字——甲骨文。因其多为占卜用辞，所以又叫卜辞。在甲骨文中有大量的“卜”字，像炙龟甲的裂纹形，就是殷人以甲骨占卜时火炙龟甲出现的兆痕。卜字本义，就是根据龟甲被烧后的裂纹来预测吉凶祸福。可见，“卦”

字本身就是早期科学与宗教神学的复合体。有趣的是，现代甲骨文的研究成果业已表明，甲骨占卜与八卦的产生是有密切关系的（图1-4）。

对八卦的起源，学术界观点不一：有的认为来自于自然现象的观察，有的认为源于对数和理的领悟，有的认为起于先民对男女生殖器的崇拜，也有的认为产生于远古时代的结绳记事，还有的认为是与按揲蓍求卦的筮法有关。总之，颇多争议，至今尚无定论。从八卦卦象的形成及《周易》筮占的记述来看，八卦源于以蓍草或竹节作为筮具的筮占方法的说法较为可信。

卦象是由阳爻（⚊）或阴爻（⚋）相互组合而成的，每一卦由阴阳爻三叠而成，这样共可排列出八种不同的卦象（$2^3=8$），所以称为“八卦”。“阳”本是指山南水北受阳光照射的明媚温暖之地；“阴”则指水南山北背阳的灰暗幽冷之地。因此，古人多卜阳地而居。在他们的观念中，阳便代表着主动、成功，阴就意味着被动、失败，这就是最初的阴阳观念。

《易经·系辞传》又说：

是故，易有太极，是生两仪，两仪生四象，四象生八卦，八卦定吉凶，吉凶生大业。

这里进一步阐明了八卦的由来和运用。文中的太极指元气，两仪即天地阴阳，四象则表四时四方。《易经·说卦传》对八卦的卦名、卦象与卦意作了如下解释：“乾（☰）为天，坤（☷）为地，震（☳）为雷，巽（☴）为风，坎（☵）为水，离（☲）为火，艮（☶）为山，兑（☱）为泽。”它说明宇宙是由天、地、雷、风、水、火、山、泽这八种物质构成的，八卦是象征构成物质世界的八种成分，认为宇宙便是一个八卦，举凡宇宙万事万物皆可由八卦来象征和概括（表1-1、图1-5）。

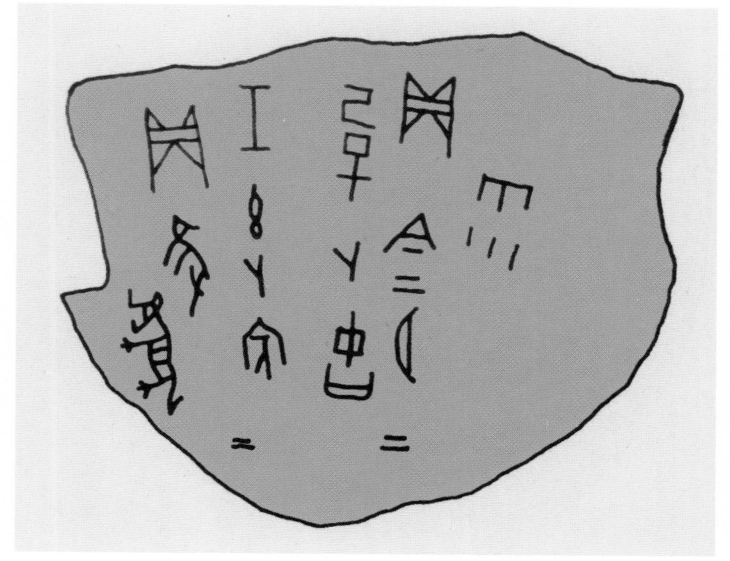

图1-4　甲骨文中的“卜”字（南师二一六）文中左为“壬午卜，穷贞；隻虎”（自《甲骨文选读》）

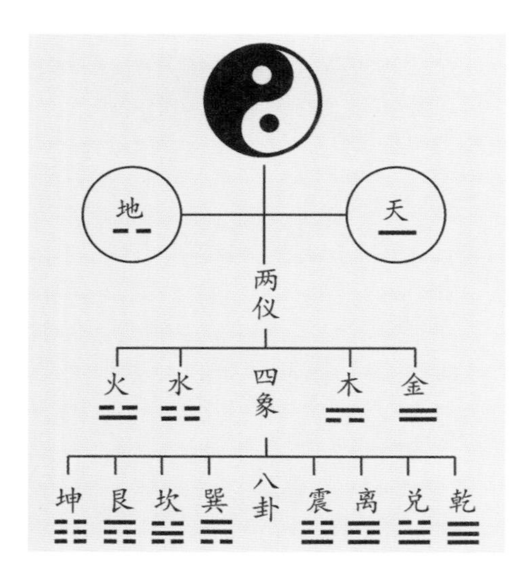

图1-5　八卦生成图

表 1-1　宇宙事物的八卦属性

八卦	乾☰	坤☷	震☳	巽☴	坎☵	离☲	艮☶	兑☱
宇宙自然	天	地	雷	风	水	火	山	泽
家庭	父	母	长男	长女	中男	中女	少男	少女
道德	忠	孝	仁	和	义	信	智	礼
人体	头	腹	足	股	耳	目	手	口
动物	马	牛	龙	鸡	猪	雉	狗	羊

八卦每卦的三爻，《易传》解释代表天地人三个方面，古代称为三才之道。由于天地人各有阴阳，故八卦因而重之，三爻卦重叠而成六爻卦，这样阴阳爻错综配合，就构成六十四个不同的六爻卦象（$2^6=64$）——六十四卦（图1-6）。传说八卦为伏（包）羲氏所作，六十四卦则是由周文王推衍而得，这个传说并不是说八卦和六十四卦一定为伏羲氏与周文王所作，不过言明八卦、六十四卦大约产生的时代而已。“兼三才而两之，故易六画而成卦”（《系辞传》），由三爻到六爻，从八卦至六十四卦的变化按理推测应本于筮占发展的需要。

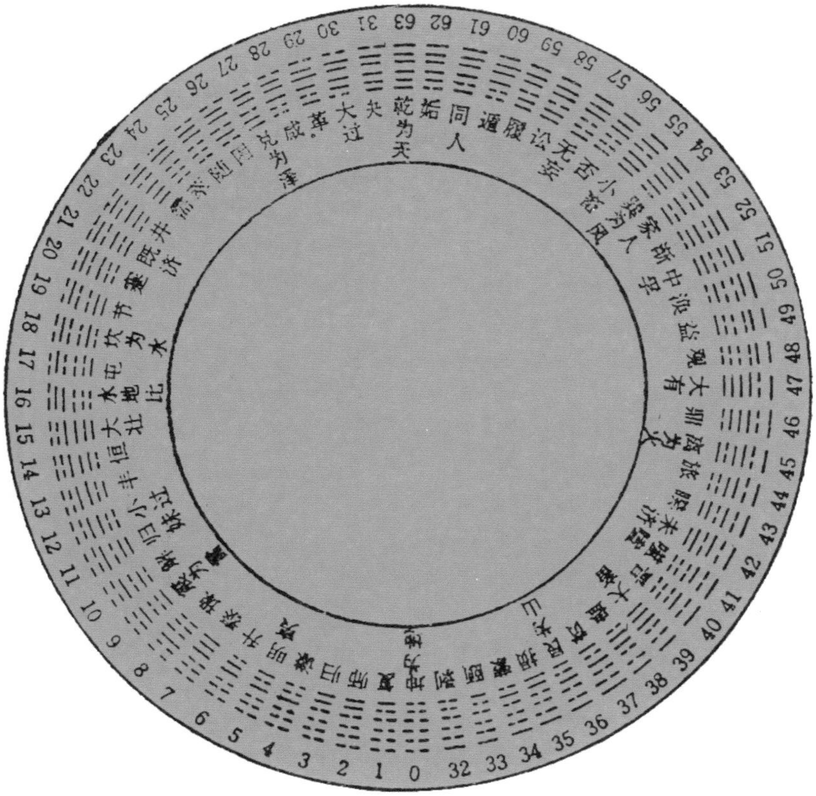

图1-6　六十四卦图

第二章 燮理阴阳

1　建筑宇宙模式

八卦不仅有各自的卦象、卦数和卦理，而且其整体又是一个严密的系统体系，这个体系在《说卦传》中有充分的说明，后人以图示的方式来阐释八卦体系，所以产生了八卦图式。

根据《易经・说卦传》的说法，后人将八卦区分为先天八卦和后天八卦，于是也就有了先天八卦图式和后天八卦图式的区分。八卦图式是古人依据八卦的象、数、理和空间方位与时间顺序相配合而成的，它使八卦体系进一步得到了形象的阐释，使人更易理解它的含义。让我们先来考察先天八卦。

《说卦传》说：

天地定位，山泽通气，雷风相薄，水火不相射，八卦相错，数往者顺，知来者逆，是故，易逆数也。

这便是先天八卦，宋代的学者依据这一段内容，画出了先天八卦图，因传说先天八卦乃伏羲氏所造，所以又叫伏羲八卦图。图中相对的各卦卦象组成的阴阳爻恰好相反，以此表明八卦中天与地、雷与风、水与火、山与泽等四对矛盾及其变化。先天八卦的方位是这样安排的：乾南坤北，离东坎西，震东北，巽西南，兑东南，艮西北。由一至四逆时针方向，顺序为乾、兑、离、震四卦，乾象征天，在最上方，亦即南方；由五至八顺时针方向，顺序为巽、坎、艮、坤四卦，坤象征地，在最下方，亦即北方（古代中国方位坐标是上南下北，左东右西，与现代方位坐标恰好相反）。这个顺序除了反映出卦的两两相对外，还反映了阴阳爻由多到少的变化，以及八卦与太极图的内在逻辑关系（图2-1、图2-2）。先天八卦天地、雷风、水火和山泽的阴阳相对，形成了自然界的两大范畴，于是，阴阳刚柔相荡，万物生机蓬勃，万千气象。这充分体现了古人“一阴一阳之谓道”（《易传》），阴阳相辅相成、对立统一的朴素辩证思想。

由上述可知，先天八卦是建立在阴阳观念基础之上的。阴阳观念，则是古代中国哲学的一对哲学范畴。早在商代，阴阳观念就随同生产的进步和天文、气象、

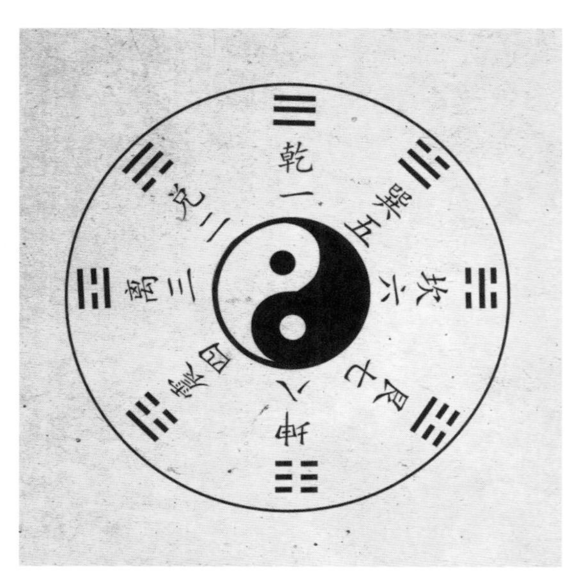

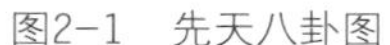
图2-1　先天八卦图

图2-2　先天八卦与太极图

阴阳合历、建筑选址等早期自然科学的发展而孕育萌芽了。如甲骨文中大量记载着晴天是“阳日”，阴天是“不阳日”或“晦日”，阴阳二字已经出现。古代，人们在对自然现象的长期观察中，看到日来月往、昼夜更替、寒暖晴雨、男女老幼等种种两极现象及其变化，便很自然地产生了阴和阳这两个观念。古人认为，阴阳是两种对立着的自然力量。公元前8世纪的西周末年，伯阳父曾用阴阳来解释地震的成因。他认为，阴阳这两种自然力量藏伏于大地之内，当这两种巨大的力量不能谐调运行时就会引起大地震。

在古代人们的概念中，天为阳，地为阴；日为阳，月为阴；火为阳，水为阴；动者为阳，静者为阴。总之，阳总是代表着积极、进取、刚强等特性和具有这些特性的事物或现象；阴则总是代表着消极、退守、柔弱的特性和具有这些特性的事物或现象。一般地说，凡是活动的、外在的、上升的、温热的、明亮的、亢进的等统属于阳的范畴；凡是沉静的、内在的、下降的、寒冷的、晦暗的、衰减的等统属于阴的范畴（表2-1）。阴阳的观念在古人思想中是根深蒂固的。直至今天，我们仍以“阳刚之美”和“阴柔之美”来形容两种截然不同的艺术风格。

表2-1　事物或现象的阴阳属性

阳性	天	日	明	热	硬	南	上	左	圆	男	奇	主动	理性
阴性	地	月	暗	冷	软	北	下	右	方	女	偶	被动	感性

这种阴阳观念，既把阴阳看做是物质本身固有的属性，又把它看做是引起事物发展变化的两种对立的因素。《易传·说卦传》说："观变于阴阳而立卦，发挥于刚柔而生爻。"意思是说，各种卦的变化起源于阴和阳的对立，阴阳柔刚作用的发挥是事物变化的根据。认为自然界的一切事物不仅都存在着阴阳两个方面，并且由于阴阳的运动变化，对立统一地推动着事物的发展变化。"阴阳者，天地之道也，万物之纲纪，变化之父母，生杀之本始。"（《素问·阴阳应象》）在古人的观念中，阴阳是宇宙的根本，阴阳的对立统一是天地万物运动变化的总规律。但阴阳二者的对立关系不是绝对的，阴中有阳，阳中有阴，两者在一定条件下是可以相互转化的。《朱子语类》说："譬如阴阳，阴中有阳，阳中有阴，阳极生阴，阴极生阳，所以神化无穷。"所谓"日中则昃，月盈则食"就是这个意思。古之太极图十分形象地表达了阴阳在运动变化中的对立统一关系——图中黑色的阴和白色的阳是平衡对称的，但这种平衡对称并不是静止的。它们各以对方的存在为自身存在的前提，在无休止的运动变化中保持着一种动态的平衡。图中的圆点暗示着，这两种力量早就孕育着自己对极的种子（图2-3）。

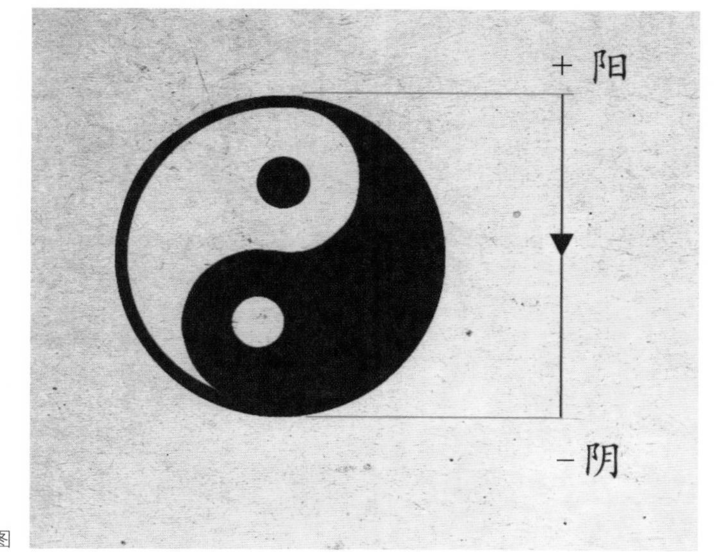

图2-3　阴阳对立统一示意图

古人认为，阴阳还具有层次性，如火与水相对来讲，火温热向上，本属阳的范畴；水凉静润下，本属阴的范畴。但火自身有强的火，弱的火，还可细分为阳火与阴火；同样，水也可再分为阳水与阴水。“阴阳之气，各有多少，故曰三阴三阳也。”（《素问·天元纪》）一般情况下，古人根据阴阳之气的多寡，把阴阳又各分为三个层次：

阳：少阳（一阳）、阳明（二阳）、太阳（三阳）

阴：厥阴（一阴）、少阴（二阴）、太阴（三阴）

三阴三阳的划分与转换反映了古人对事物发展由量变到质变过程的认识（图2-4）。

总之，先天八卦所反映的阴阳论是古代中国人的一种宇宙观和方法论，他们用它来认识和阐释自然现象，并进一步指导人们的社会实践活动。在传统医学中，整个理论构架都是建立在阴阳论之上的，医病就是要“调阴与阳”（《灵枢·根结》），保持人体内阴阳因素的平衡。不仅在医学领域，可以说在古代中国社会的所有领域，都深受这种宇宙观和方法论的影响，建筑领域自然被囊括其中。

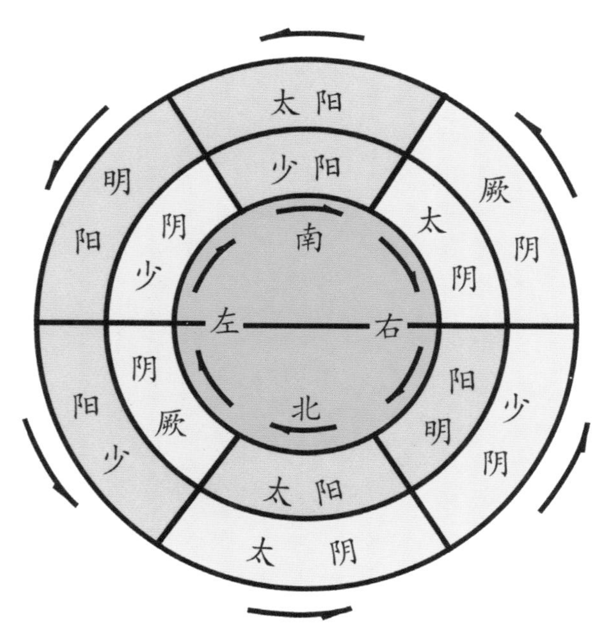

图2-4　三阳三阴六气运转次序

2　故宫的阴阳构图

日本是一个深受汉文化影响的岛国，由于国土的狭小和受自然条件的限制，在吸收消化汉文化时只能将其变形并矮小化。比如，他们把中国园林名胜变形成为“枯山水”，缩小到一个很小的庭园，甚至浓缩为一个盆景。小型化技术是日本的一个传统习惯。有个日本著名学者游览了故宫和长城后，对中国文化的博大和深厚感到十分震惊，他深有感触地说：中国的大度是日本永远不可企及的！

中国是博大的，不仅地大物博；中国是深厚的，不仅历史悠久。中国的大度无处不在，更表现在中国人的宇宙一体的思维方式和世界观上，而于古代建筑更有卓绝之展现。所以，不仅像故宫那样规模宏大的组群建筑能给人以气魄宏大之感，即便是小型单体建筑也给人以“见大人难藐之”的气宇轩昂的感受。正如古建筑学家龙庆忠教授所说：“中国建筑常表现有伟大气魄之感……此种伟大虽可以大陆风景之雄壮，阶级思想之发达，以及人力物力充裕解释之，然我民族之健壮，意志之坚定，气概之伟大，似与此不无关系。”[①]

①龙庆忠，中国建筑与中华民族，《龙庆忠文集》，中国建筑工业出版社，2010。

早在秦汉时期，这个建筑的民族性便初露端倪：秦咸阳、阿房宫；汉长安、建章宫。在古代文学作品的诗赋中，就有数不清的记述。东汉文人王延寿曾有著名体赋《鲁灵光殿赋》问世，历代为人颂扬，鲁灵光殿也因之名扬天下。鲁灵光殿是我国历史上很有名望的一组古建筑群，有东方阿房宫之称誉，可惜毁于东汉末年。《史记》记载，孝景帝三年（公元前153年）六月封淮阳王余为鲁王，史称鲁恭王，他是西汉景帝刘启的十三子，此人“好治宫室”，鲁灵光殿就是鲁恭王余所建的王宫。王延寿在《鲁灵光殿赋》中赞叹道：

> （灵光殿）荷天衢以元亨，廓宇宙而作京，敷皇极以创业，协神道而大宁……
> 据坤灵之宝势，承苍昊之纯殷，包阴阳之变化，含元气之烟煴。

文人笔下的灵光殿设计呼应天地的久远，囊括宇宙的吐纳，构思是何等的气魄！胸襟又是何等的宽广！

灵光殿的平面布置以灵光大殿为中心，大殿东西广二十四丈，南北深十二丈，殿东面有东序，西面有西厢，北坐落别舍。宫之西有阳榭楼，宫之东有浴池，池中有钓台，池畔高耸九层渐台。驰道连属殿台楼舍，环绕宫殿，其外更有高大宫墙，周行数里，“仰不见天日”。可惜，坐落在山东曲阜鲁国故城的这处宏伟的殿堂早已荡然无存，不能睹其昔日之风采。但是，其设计思想却为后人所传承而发扬光大之。北京故宫就是一例。

明太祖朱元璋于洪武元年（1368年）称帝于应天（今南京市）。为了使朱家皇朝长期巩固下去，从1369年到1391年，朱元璋陆续分封诸皇子及侄孙为二十五个藩王，遣他们到全国各地驻守，以拱卫京师。朱元璋封四子朱棣为燕王，驻守北平，并拥有统兵权。1398年太祖去世，皇太孙朱允炆（明惠帝）继位。惠帝害怕藩王势力膨胀，威胁皇室，遂采取了削藩的政策。此事引起朱棣的不满，于1399年以入京诛奸臣为名，向南京进兵，史称“靖难之变”。经过四年的战争，朱棣终于夺取了皇权，建元永乐，是为明成祖。

朱棣在北平经营十几年，深知北平对明王朝的重要，因为当时威胁明王朝的主要仍然是来自塞外的蒙古贵族残余势力，所以他决定迁都北平，改北平为北京。从明永乐五年（1407年）起，集中全国匠师，征调民工、军工二三十万，遵循明初南京宫殿制度，经过14年的时间，建成了明代北京城。史书记载：“营建北京，凡庙社、郊祀、坛场、宫殿、门阙，规制悉如南京，而高敞壮丽过之。”

明代的北京城分为紫禁城（今故宫）、皇城、内城和外城四重，其中紫禁城是京城的中心。明初攻克元大都后，原来的元皇宫大部分宫殿被拆毁了，所以明皇宫是重新建造的，这也使规划构思得以完整地体现。清朝沿用以后虽有部分改建和重建，但总体布局基本上没有变动。明朝先后有14个皇帝在这里居住过，清朝先后有10个皇帝在这里居住过，所以，北京故宫是明清两朝的皇宫。

紫禁城周长6里，占地面积达72万平方米，建筑面积近16万平方米，有房屋9千多间，其规模之巨、气魄之大、风格之美、建筑之堂皇、装饰之豪华，都是世界上少有的。从建筑规划布局上说，故宫分为外朝和内廷两区，外面以高大的宫墙环绕，墙外又有宽阔的护城河围抱。外朝部分以太和殿、中和殿、保和殿三大殿为主，前面有太和门，左右两侧分列文华、武英两组宫殿。外朝是皇帝举行重大典礼和发布命令的地方。内廷以乾清宫、交泰殿、坤宁宫为主体，后面有御花园。内廷东西两侧翼有东六宫和西六宫。内廷是皇帝后妃们居住的地方。在太和门的南面是紫禁城的正门——午门，战争胜利后的凯旋献俘仪式和皇帝颁布诏令仪式都在这里举行。午门至天安门之间是皇城的一部分，在御路两侧建有朝房。朝房外，东为太庙，西为社稷坛。故宫的主要建筑基本上是附会《礼记》、《考工记》及封建传统的礼制来规划的。为体现帝王至高无上的权力，显示庄重威严的气概，采用了突出中轴线，主要建筑沿轴线南北纵深发展，次要建筑则严格对称地布置在中轴线两侧的手法（图2-5）。

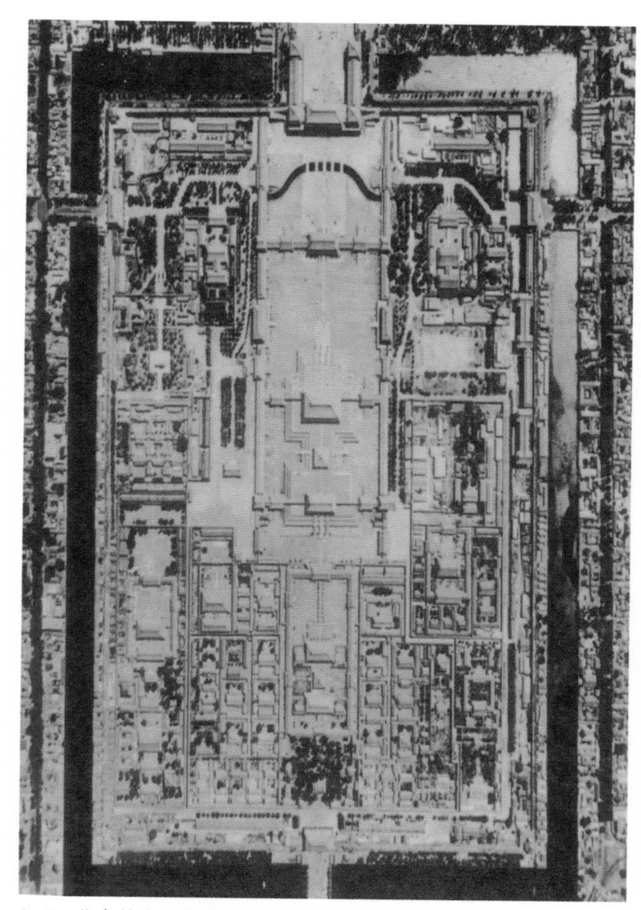

2-5　北京故宫平面俯视（自google地图）

故宫这样布局是与阴阳宇宙观密切相关的。过景运门、乾清门、隆宗门的一条东西中轴线将宫城分为前后阴阳两区，南为外朝属阳，北为内廷属阴。前三殿在阳区。主殿太和殿面阔11间（63.96米），深5开间（37.17米），重檐庑殿顶，高37.44米，施双龙和玺大点金彩画，清一色的楠木柱，天花施斗八龙戏珠藻井。殿前有宽阔的丹陛（月台），下临广大殿廷，在三层汉白玉台阶的烘托下，愈显得宏伟壮观，气度非凡（图2-6）。这座大殿是皇帝登基、宣布就位诏书，供元旦、冬至文武百官大朝会典及举行其他大典仪式的地方。太和殿的建筑形式在封建社会后期是最为尊贵的，同时也是我国现存规模最大的古代木结构建筑之一，在外朝中可谓“阳中之阳（太阳）”。保和殿位前三殿最后，面阔9间，

图2-6 故宫太和殿

重檐歇山顶，是举行殿试和宴会之处，可谓“阳中之阴（少阳）”。太和殿和保和殿中间是中和殿，为阔深各5间，单檐攒尖顶方形殿堂，供皇帝在太和殿上朝行礼时准备和休息之用。中和殿是阴阳之和，故有“中和”之称，可谓“中阳（阳明）”。三大殿均有“和”字，是体现天地阴阳和谐、万物有序、国泰民安的恰当用词。“和为贵”，反映了统治者的政治观点以及对权力的绝对自信和天经地义。用数“九五”，又是《易经》的“九五之尊”，体现皇帝的至高无上。

内廷宫寝为阴区，进中路乾清门，便是后三宫了。后三宫中，乾清宫和坤宁宫均为面阔9间，重檐庑殿顶，为内廷的正殿正寝，是皇帝、帝后的正式起居场所。在《周易》八卦中，乾即天，坤即地，乾清、坤宁两宫法天象地，于是“天地定位”，前者为“阴中之阳（厥阴）”，后者为“阴中之阴（太阴）”。两宫之间的方形的交泰殿则意指天地交泰，阴阳平和，是“中阴（少阴）”。这样命名的用意何在呢？原来皆与《周易》卦名卦义有关。

乾清宫出自乾卦（䷀），《彖传》说：“大哉乾元，万物资始，乃统天。”《象传》说：“天行健，君子以自强不息。”

坤宁宫出自坤卦（䷁），《彖传》说：“至哉坤元，万物资生，乃顺承天。”《象传》说：“地势坤，君子以厚德载物。”

交泰殿出自泰卦（䷊），泰卦是由乾卦和坤卦合成，乾下坤上，乾内坤外。《彖传》曰："泰，小往大来吉亨，则是天地交而万物通也，上下交而其志同也，内阳而外阴，内健而外顺。"《象传》曰："天地交泰，后以财成天地之道，辅相天地之宜，以左右民。"

天为阳，地为阴，天地之道即阴阳之道，天地交泰，阴阳合和，万物有序寓意其中。明代赵献可在《医贯·玄元肤论》中论及人体阴阳平衡时，竟也举紫禁城规划为例，他说："……盍不观之朝廷乎，皇极殿（清太和殿），是王者向阳出治之所也；乾清宫，是王者向晦晏息之所也。"

过午门、神武门，一条南北中轴线又将宫城分为东西阴阳二区。东方是太阳升起的地方，为阳，五行中属木，为春，在"生长化收藏"中属生，所以宫城的东部布置了与"阳"有关的建筑内容。如东部的某些宫殿为皇太子所居；文华殿原为太子讲学之处；乾隆年间所建的南三所，系皇太子的宫室。西方为阴、为金、为秋，

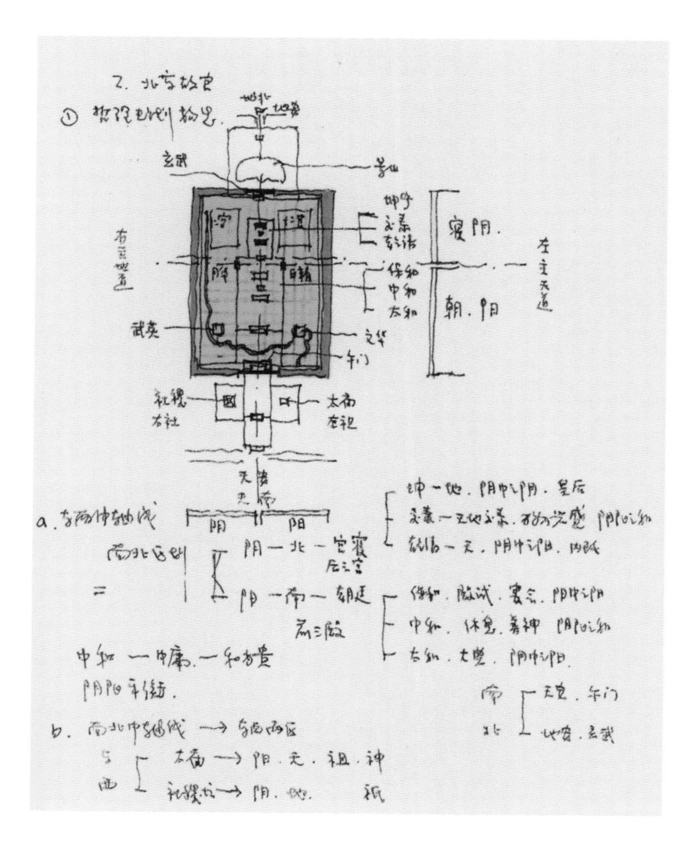

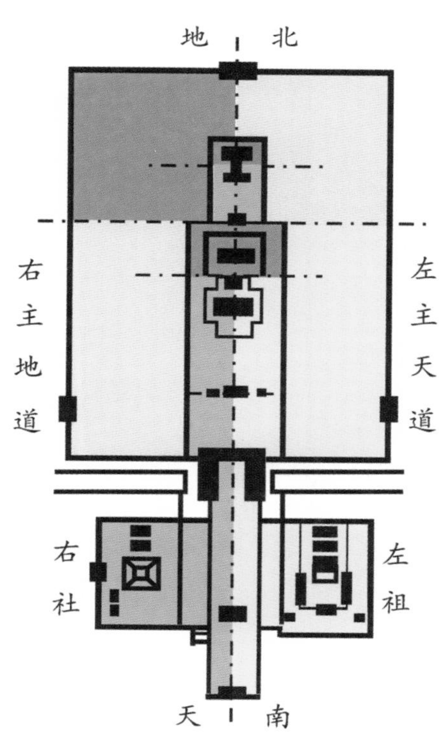

图2-7　故宫天地阴阳之道规划示意图（左为作者手稿）

图2-8　太和殿前左侧的日晷

图2-9　太和殿前右侧的嘉量

在“生长化收藏”中属收，所以宫城的西部布置了与“阴”有关的建筑内容。如皇后、宫妃居住的寿安宫、寿康宫、慈宁宫等，都布置在西部。如此东居太子，西栖宫妃，男左女右，阳左阴右。皇城东有太庙法阳象天，西设社稷坛法阴象地。“君子居则贵左，用兵则贵右”（《老子》），宫廷朝事大典百官排列，文臣列于左，武将立于右；与此相应文华殿位左，武英殿位右。太和殿丹陛上左陈日晷以司天，右置嘉量以司地；前者定天文历法，后者制度量衡，皆左主天道属阳，右主地道属阴，阴阳相合而成一体。古代建筑大师就是这样把阴阳宇宙观与宗法礼制巧妙地结合起来，规划设计了这座气势磅礴的建筑群，为我们留下了一份十分宝贵的文化遗产（图2-7~图2-9）。

有趣的是，故宫这个阴阳分区的规划构思是与先天八卦的阴阳卦爻排列相一致的。先天八卦图初爻所组成的内圈，从坤卦左行，表示冬至一阳初生，起于北方；从乾卦右行，表示夏至一阴初生，起于南方。八个初爻左边皆为阳爻，右边皆是阴爻。就三爻卦来说，从震卦左行至乾，是阳爻从少到多，自初阳到阳极的变化；而从巽卦右行至坤卦，则是阳爻逐渐减少，阴爻逐渐增多，自初阴到阴极的变化。这是一个左阳右阴、春秋交替的过程（图2-10）。

再来看一下先天八卦的中爻组成。南半部兑、乾、巽、坎四卦的中爻均是阳爻；北半部艮、坤、震、离四卦的中爻均为阴爻。前者表示白昼太阳从东方升起，经南天而到西方落下；后者表示太阳从西方落入地平后的黑夜。从气候上来说，南方温热为阳，北方寒凉为阴。这是一个前阳后阴、暑寒交替的过程（图2-11）。

不仅如此，涉及故宫主要殿堂的平面布局，还与中国哲学的后天八卦的时序有关，即与宇宙万物生命生死循环规律密切相关，也就是堪舆学里面讲到的“五行三合”的“生、旺、暮”的概念。[①]按风水双山五行理论，故宫水系水口出东南巽巳方位，属四大水口的“水

①参见《风水解析》，第113页。

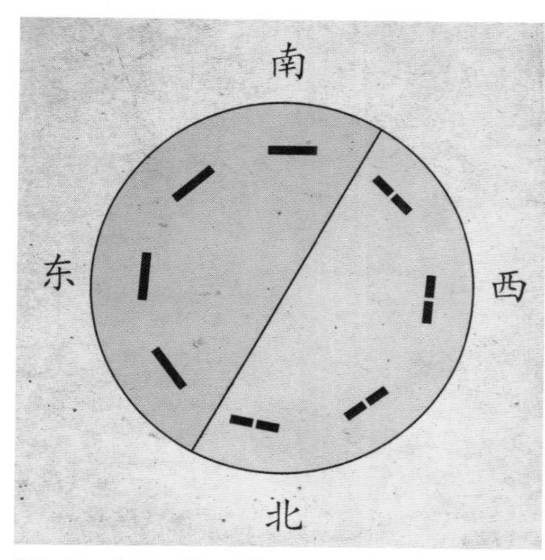

图2-10　先天八卦初爻排列

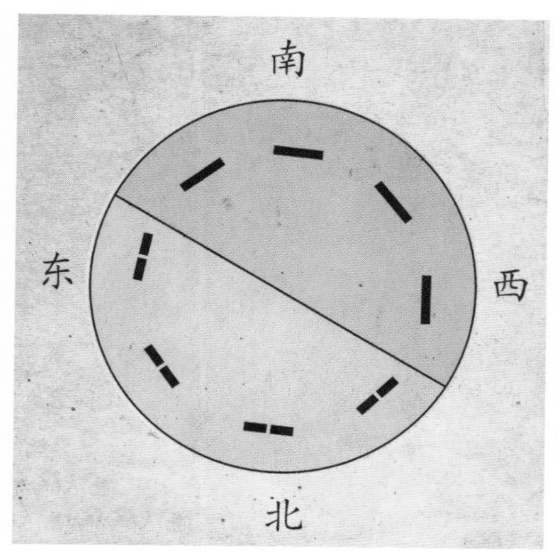

图2-11　先天八卦中爻排列

局”，水局的“生”“旺”“暮”分别在罗盘天盘缝针的坤申、壬子、乙辰。而以中和殿或太和殿为中心布局时，西南的武英殿在坤申方位，属于三合的“长生”；东南的文华殿在乙辰方位，属于三合的“墓口”；而中和殿和太和殿则位于北方的壬子方位，属于三合的“帝旺”，三者各为60° 夹角，形成一个等腰三角形，构图也十分稳定。这个布局既展现了宇宙图式时序的变化，又体现了皇权的尊严，还在视觉及艺术上达到了稳固的构成关系，十分微妙（图2-12）。

总之，先天八卦所表征的天南地北，“乾道成男，坤道成女”（《易传》），日月运行，寒暑交替的阴阳世界观及图式构成，成为古代建筑规划、设计的指导思想之一。从上面所分析故宫之例，我们不难看出建筑与周易之间的内在联系和古人的建筑规划设计意匠。

在阴阳宇宙观的建筑设计思想的指导下，必然会产生一个建筑模式，而模式是具有普遍意义的。所以不仅宫殿如是，寺庙道观、杂祠民居等组群建筑规划或单体建筑设计均不出其右。

寺观布局中的前堂后寝，是前阳后阴；左钟右鼓，是晨钟暮鼓，阳钟阴鼓。就连大门前的石头狮子也是雄踞左玩弄绣球，雌踞右爱抚幼狮。民居中的上下厅

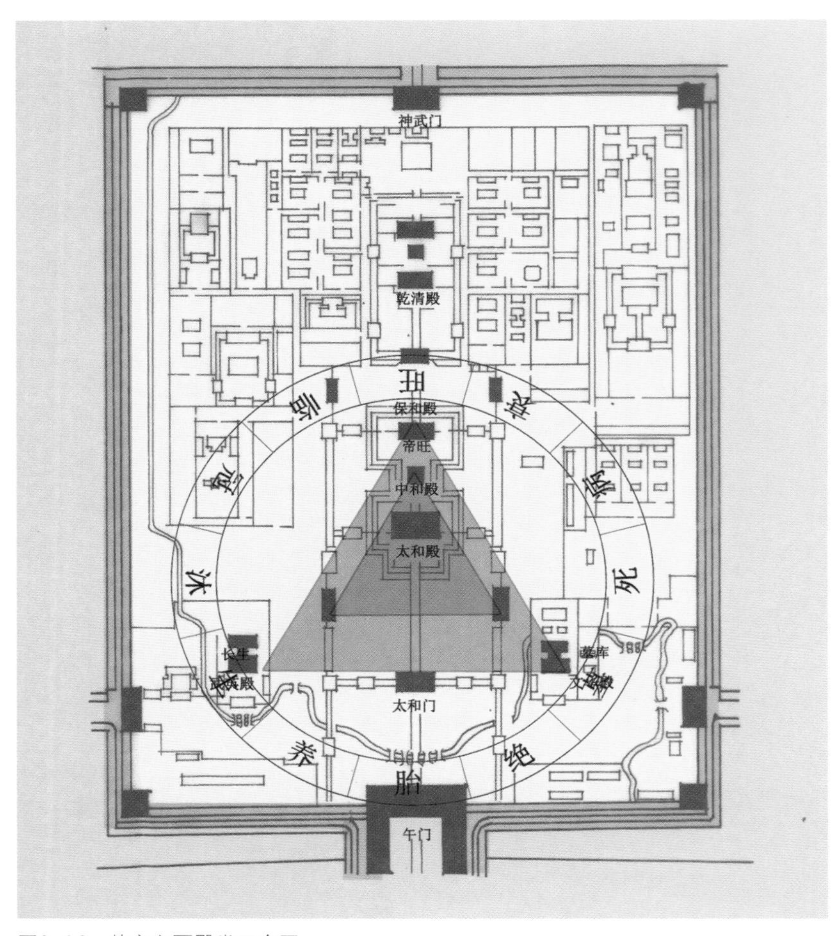

图2-12　故宫主要殿堂三合图

堂，也有阴阳之分，内外有别。前厅男子主外，后厅女子持内。前堂后楼，光厅暗房；门启东南，紫气东来。“万物负阴而抱阳，冲气以为和。”（《老子·四十二章》）群体建筑规划正是体现了这种阴阳和谐、对立统一的布局，也可以说是一种阴阳构成设计。同时，这个阴阳构成所形成的群体建筑组合，自然是具有确定中心和明显中轴线的对称格局，有机有序的系列空间。这样，既充分体现了封建宗法礼制的观念，又在心理和视觉上给人以稳定、平衡、秩序美的感受（图2-13）。

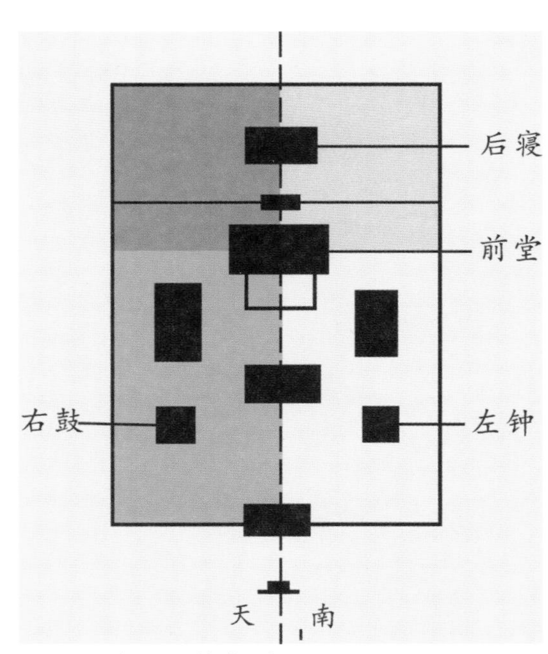

图2-13　寺观阴阳构成示意图

3 Stupa的中国化

“Stupa”是梵文“佛塔”的意思，音译为“窣（音sū）堵波”。译成中文时，还有音译为私图婆、浮图、浮屠、佛图的；也有的意译为方坟、圆冢、高显、灵庙等。它是印度佛教中埋葬佛陀和圣徒骨骸（或舍利子）的坟冢，也是佛教朝圣的焦点。印度早期的佛塔外观很像一个巨大的倒覆的和尚化缘钵。

传说佛祖释迦牟尼的弟子从毗舍曾问释迦牟尼，怎样才能表示对他的忠心和虔诚。佛祖听罢，将身上披的方袍平铺于地，再将化缘钵倒扣在袍上，然后再把锡杖竖立在覆钵上，于是，一座窣堵波的基本雏形便出现了。据《释氏要览》载，在释迦牟尼圆寂（死亡）后，弟子阿难等将其尸体火化，烧后剩有骨子五色珠，“击之不碎，色彩晶莹”，梵语称为“舍利子”，被认为是法力无边的神物，弟子们按照佛祖的暗示，建窣堵波以藏之。后来佛教高僧、大法师身后，也造塔埋葬灵骨，再后来，造塔成为一种风气，高僧舍利子供不应求，于是用重要的佛教经卷、袈裟、法器等代替，也有用金银财宝充当舍利子埋葬的。

印度最大的窣堵波在桑契（Sanchi），故称“桑契大窣堵波”，大约建于公元前250年，形状似半球体，直径为32米。球体为砖砌结构，表面覆砌以红色砂岩，半球高12.8米，坐立在高4.3米以栏杆围绕的圆形基座上，台基直径为36.6米，有为举行仪式所需要的上下的阶梯。半球顶上有正方形的一圈石栏杆，中央有一座佛邸的亭子，亭上有三层华盖（刹）。置放佛祖遗骨遗物或者佛教圣物的小室设在顶点下数尺处。塔四周后加一圈石栏杆，每面正中方位有一座高约10米的石门，门仿木结构，比例匀称，形式优美，上面雕满佛祖本生的故事，造型类似中国的牌坊（图2-14）。

公元1世纪前后，东汉明帝时，随着佛教从印度传入我国，“塔”字也应运而生。所以，在早期汉字中是查不到“塔”这个字的。然而，当时中国并没有滋生印度佛教的社会土壤，佛教只好依附传统的礼制祠祀，而传入中国的佛塔也和本土的传统楼阁台榭结合起来，成为一种新的建筑形式。我国先秦时期高台建筑已很流

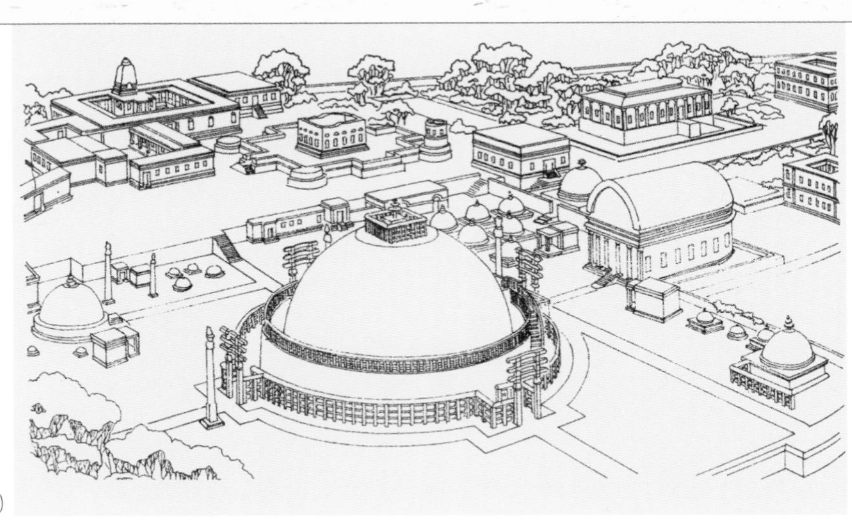

图2-14　印度桑契大窣堵波（自《外国古建筑二十讲》）

图2-15　汉代出土陶楼（自中国文化信息网）

行，“先王之为台榭也，榭不过讲军实，台不过望氛祥”，其用途主要是游乐观望，远眺军备，观测吉凶，宴请宾客等，具有鲜明的物质功能，与人们的社会生活息息相关。至秦汉之际，神仙方士之说盛行，秦始皇、汉武帝都笃信“仙人好楼居，不极高显，神终不降”（《汉武故事》）等方士之说，兴建高台楼阁以迎候仙人，并以此来模仿仙人飘忽不定的生活情趣。这大大刺激了高台建筑的发展，一时间通天台、柏梁台、井干楼、九华台等拔地而起。这些雄伟的高层建筑虽然未能留存后世，但从汉代出土的明器中还可窥见当年高楼台榭之风采（图2-15）。

佛教传入中国后，佛教徒便将佛舍利子供奉于传统的楼阁中，那高耸挺秀的楼阁塔影，对那些向往佛香天国的凡人无疑起着皈依佛门的教化作用，成为弘扬佛法的建筑物。而在印度窣堵波和中国楼阁的结合中，前者被后者同化了。有人认为，中国的楼阁式塔为我国传统的楼阁建筑的顶部加上一个印度的墓塔而成。即窣堵波与中国楼阁结合以后，体量缩小，加高了相轮部分，成为塔顶的结束性装饰构件——塔刹。而塔身除了其中供奉佛像及设有佛龛外，基本上保留了传统楼阁的形式。①

①崇秀全，论佛塔建筑之形成及其中国化，《民族艺术》，2002年02期。

史载三国时，有个叫笮融的人在徐州大建佛寺，寺中造塔，塔的样式是塔顶“上累铜槃九重，下为重楼阁道”。即在多层的楼阁上加上一个有九层相轮的塔刹。由于造塔成风，汉魏时期已有了造塔的制度：“凡宫塔制度，犹依天竺旧状而重构之，从一级至三、五、七、九。”（《魏书·释老志》）“天竺旧状”指的就是印度窣堵波，“重构之”就是相叠多层的木楼阁。可见，木楼阁顶上放置窣堵波，就是那个时期佛塔的基本形式。从敦煌、云冈、麦积山等北朝时期所建的石窟中，我们还可以看到这种单层和多层木塔的形象，也可以看出当时窣堵波和楼阁相交融的初始过程（图2-16）。

佛塔的这种变化首先是基于中国人的人生观。在中国人传统的观念中，人是第一位的，现实生活是第一位的，从未有超现实的宗教狂热。在中国人的眼里，佛也具有人性，供奉佛舍利子的塔也被认为具有入世的性质，被赋予生活的内容。禅宗的兴起，加强了“佛我一体”的观念，大乘佛教的“普度众生”的信念更是促进了人与佛的沟通，所以，中国佛塔是以与人关系密切的建筑面貌而出现的，不像印度佛塔那样完全是一种“神”的灵境。

图2-16　敦煌壁画中的塔图

图2-17　广州六榕寺宋代花塔

这种变化首先体现在空间上，原来印度佛塔基本上不具备内部的人的活动使用空间，专供舍利子而已，但中原的佛塔则构建了内部空间和外挑的平座，内部空间供奉佛像，壁画展示经变故事；外部空间人们可登塔凭栏远眺，抒发情怀；一些佛塔甚至担任着风水塔兴一方人才的重任。因此，中国的佛塔充满了中国文化的意蕴与浓郁的人情味（图2-17），由死的沉寂变为生的向往。

韶关南雄市雄州镇的三影塔，建于北宋大中祥符二年（1009年）。据清道光《直隶南雄州志》记载："祥符二年已酉异人建塔，其影有三，因立三影堂，其影阴晴俱见于壁间，二影倒悬，一影向上，见于厅堂则吉，见于房室中则凶。"世人称三影塔。而因塔旁原建有延祥寺（已毁）故又称延祥寺塔。该塔建筑年代早，形制规范，造型优美（图2-18）。

该千年古塔，历数次修缮，比较重要的是明代和1982年的大修，但塔的主体结构和比例造型基本保持宋代的原构及其特征。再从塔的形制、用材、设计等特征分析，塔始建于宋大中祥符二年是无疑的，而且后期数次修缮并没有影响塔的主体结构，并保持着其主要特征，就是说三影塔的主体的确是宋代原构砖塔（图2-19）。

三影塔始建是佛塔性质，后来则起着风水塔的作用。《直隶南雄州志》中《延祥寺浮图记》云："延祥寺在南雄府治东二里，宋大中祥符间，僧祖善始建也。寺有浮图，盖自孙吴时僧康会创于金陵始。及晋南迁，重加修饰，天下仿效为之。于是，下至偏州小邑无不建之，以为标表焉。而延祥寺有之，相传为异人所创，予闻西竺氏之教法派，相传凡二十八代至达摩始至中国，又五传至卢能而止焉。其始也，达摩自南天竺浮海至广州，而北往中国；其终也，卢能自黄梅得道归南至广州祝发，终于曹溪居焉，遂不复传。是则禅教之兴，始终皆在于岭南。而雄郡乃岭南往来必由之道，而寺适当其冲，而浮图在于是焉。谓之异人之建，虽不可必要之，不能无意也。募缘重修者寺僧智广，主其事者千户谭某，兴工始乙亥八月，毕工则明年某月也。寺之先后修建，不与浮图者。兹不载。”这段话十分清楚地表明，塔因寺而起，且因禅宗兴盛于岭南之故，而南雄珠玑古道沟通五岭南北，历来为交通要冲，寺塔成为商旅过客膜拜登临

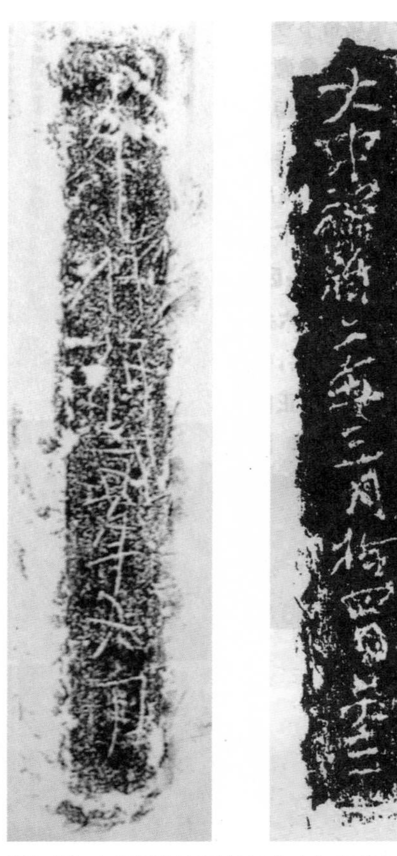

图2-19　三影塔记年砖铭拓片（自南雄市博物馆）

图2-18　南雄市雄州镇三影塔雄姿

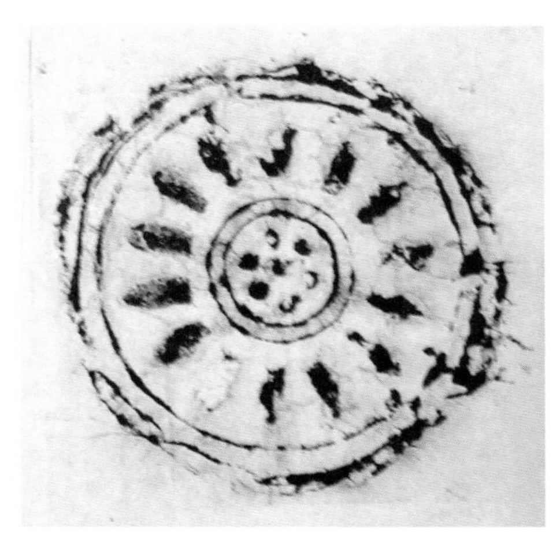
图2-20 三影塔出土宋莲花纹瓦当（自南雄市博物馆）

的心灵驿站，也成为雄州的地标建筑。

又据《直隶南雄州志》记载，塔左侧有建于南朝时期纪念萧统的延祥寺，延祥寺遗址中曾发掘出清朝康熙、嘉庆、道光年号的钱币，说明延祥寺可能在清道光年间倒塌湮没了。三影塔的始建要滞后延祥寺很多年。明嘉靖二十一年（1542年）《南雄府志》载有元朝进士程文表的《阴晴塔影》诗中有“浮图千尺起层层，半入虚无看不明”的诗句。“浮图”或“浮屠”都是印度佛塔Stupa的音译，原专指佛塔，但后来不乏将塔均冠之以“浮图”者。明万历八年（1580年）《延祥寺新创弥陀殿观音记》记载：“延祥寺……寺右一塔高拾丈许，每风起铃铎之音宫商迭奏。”从以上的文献资料和分析看，三影塔建塔的初衷应该为佛塔，这从塔的须弥座造型、佛龛的形制，以及出土的同时代的覆莲纹样副阶柱础和莲花纹瓦当等分析也是如此（图2-20）。

然而从塔的选址、形式及功能等几方面分析，我们认为该塔还扮演着振兴地方文风的风水塔角色，体现出明代以后三教合一的宗教理念。

首先看塔的选址。古代的风水塔一般位于城镇东南方的小砂山或河流转折处，因为对于中国大多数城镇而言，由于地形西北高东南低，河流水的流动方向是自西北向东南流，风水塔的作用之一就是要关锁水口，将“生气”留住，起着“藏风聚气”的作用。所以风水塔往往位于城镇的左下手位置。如地势不同，水流方向有变，但塔的位置总是要选择在城镇河流的下游为要，如英德的文峰塔、德庆的三元塔均是如此。三影塔基本合应了风水塔的选址原则，该塔位于南雄州子城东南方，背依瑞应山，南滨浈水，河流自东向西环抱城市经塔前而去，正起着收水聚气、振兴文风和镇水降魔之作用，同时成为州城的重要地标。所不同的是，由于地形东北高西南低，塔位于县城河流略靠上游的位置。当然，这点差异也说明该塔的设计初衷是作为佛塔的。

但从古城整体布局上看，三影塔依然扮演着风水塔的角色。清道光二年（1822年），风水师乐静山人在论到南雄州格局（图2-21）时说："塔峙者拱翊。圣宫（大成殿）为丁位，州署为丙中，左挹延寺塔之袖，右拍三枫塔之肩，城南烛龙岗补建文笔塔为风水塔。"三影塔成为古城左翼之护卫。所以民间流传南雄古城像形状狭长的巨船，紧靠着滔滔的浈江，"船"的中部一支桅杆耸入云天，这支桅杆就是三影塔[1]。

次看塔的形式。该塔平面为六角形，而一般佛塔多为四角或八角平面，而少六角形的。反之，风水塔六角形平面的则为数众多。这与中国哲学有着密切关联。在中国传统文化概念中，"仁者乐山，智者乐水"，水是智慧的象征，是文化的代表。在中国哲学的阴阳五行中，水就是智慧的元素。水动无形，然而却应术数，这涉及古代哲学的"河图"。杨雄在《太玄·玄图篇》中解释说："一与六共宗居于北，二与七为朋而居乎南，三与八同道而居乎东，四与九为友而居乎西，五与十相守而居乎中。一六为水，为北方，为冬日；二七为火，为南方，为夏日；三八为

[1]庄礼味，塔与南雄州城的风水说，《千年古塔》，P85：香港中国文化出版社，2009。

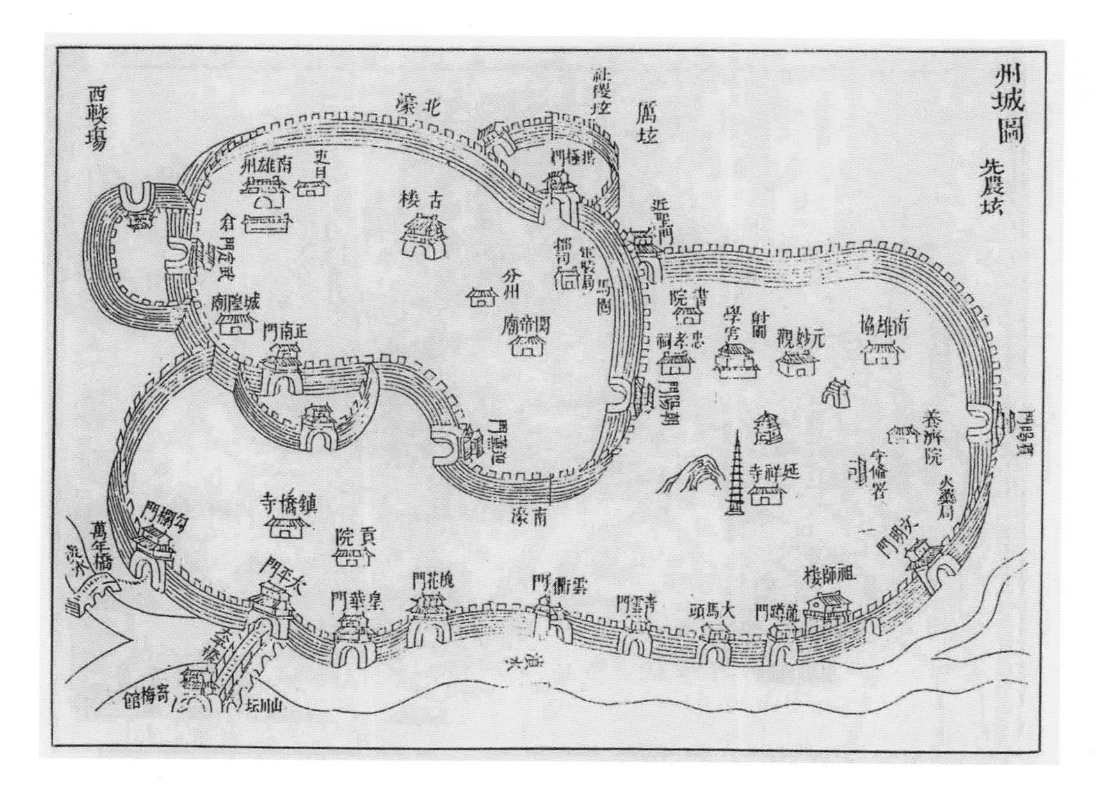

图2-21　清代南雄州城图（自《南雄文物志》）

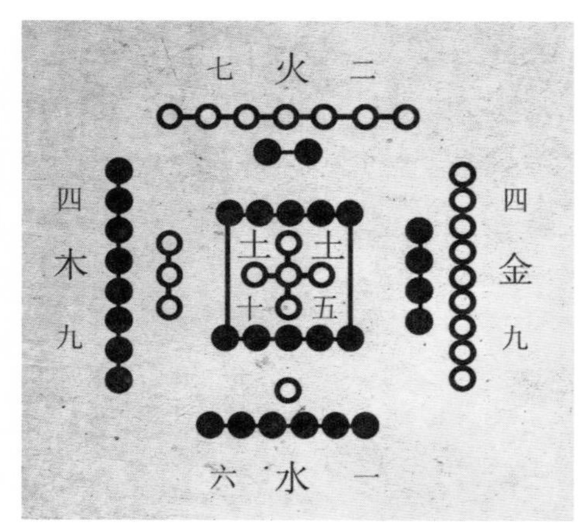

图2-22 河图与五行

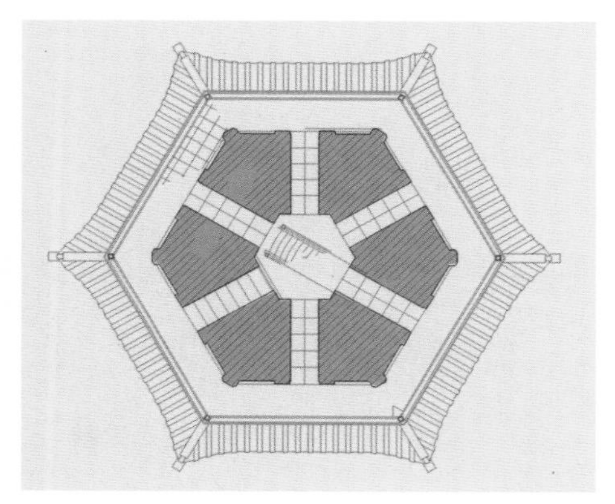
图2-23 三影塔七层平面

木，为东方，为春日；四九为金，为西方，为秋日；五十为土，为中央，为四维日。”河图每个方位所配的数都是一奇一偶，正是天地相配、阴阳平和之意。

河图中“一六为水，为北方”。天数一和地数六同在北方，北方五行属水。故一和六都象征着水，然而一是天数，又叫生数；六为地数，又叫成数。所以这里天高地厚，天覆地载，天生地成，平面采用六角形正是智慧（水）的表达。所以许多风水塔平面采用六角形，就是会意“水”（智慧、文化）的含义。而风水塔高耸的造型多呼应文笔，寓意登高中举，文风鼎盛。而作为佛塔的三影塔设计为六角形平面，这就耐人寻味了，看来“异人”建塔，必有奇异之处（图2-22、图2-23）。

再看塔刹的形制。佛塔的塔刹一般为覆盘相轮宝珠式，佛经上对建塔的制度有具体规定，如《十二姻缘经》记述：“八人应起塔，一、如来，露盘八重以上是佛塔。二、菩萨，露盘七重……”现存三影塔塔刹由覆盆、宝瓶、七层相轮和铜铸宝珠组成，即是佛塔塔刹的形制。然而，1982年修复前原塔刹并非现在的佛塔专有用覆盘相轮式塔刹，而是文笔式。一般风水塔塔刹为三节葫芦式，象征着天、地、人或状元、解元、会元三元。有些为文笔式，塔体也仿文笔，所以风水塔多冠以文笔、文峰、文阁等塔名。这是风水塔与佛塔的重要区别特征。三影塔1982年修缮前的塔刹完全是风水塔的文笔塔刹形式，这从当年的照片和测绘图看是十分清楚的。不过其塔刹的形式显然是宋代以后的物件，也许是明正统丙寅年修缮的结果。我们大胆推测塔的原构塔刹可能为佛塔的相轮式，明代为振兴地方文风，在修缮时改为文笔式。所以1982年的维修做成现在佛塔的覆盘相轮塔刹或许有一定道理（图2-24~图2-26）。

该塔为可登临的楼阁式塔，外观九层，内十七层，楼梯穿壁

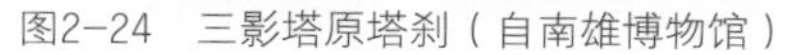

图2-24　三影塔原塔刹（自南雄博物馆）

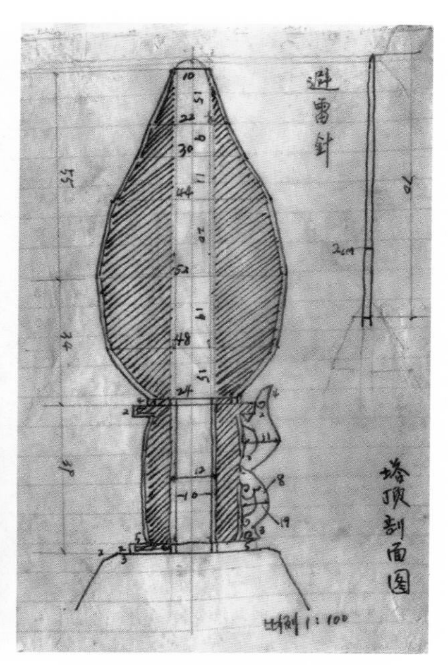

图2-25　原塔刹测绘图（自南雄博物馆）

绕平座，塔腔内壁有佛龛，做法十分规范而典型。塔内佛龛的形式本是仿印度佛教徒修行的支提窟而来，石窟内密布的龛洞是佛教徒面壁打坐用的。三影塔的佛龛与广州六榕寺宋代的佛塔“花塔”十分相似，所以该塔保存着佛塔的一般特征，使用功能中承载过佛塔的内容，同时可以登高望远，抒发情怀。既展现出禅佛的慈悲胸怀，又引导地方人才辈出，或许这正是三影塔更加迷人的地方（图2-27）。

除此之外，印度佛塔中国化的更重要的因素，也是与古代中国的哲学思想和世界观即阴阳论分不开的。

这要从古代中国人的数的观念谈起。在中国，数字除了具有通常的代数运算功能以外，还被赋予了哲学的意义。《易经·系辞》说：

图2-26　三影塔现状塔刹

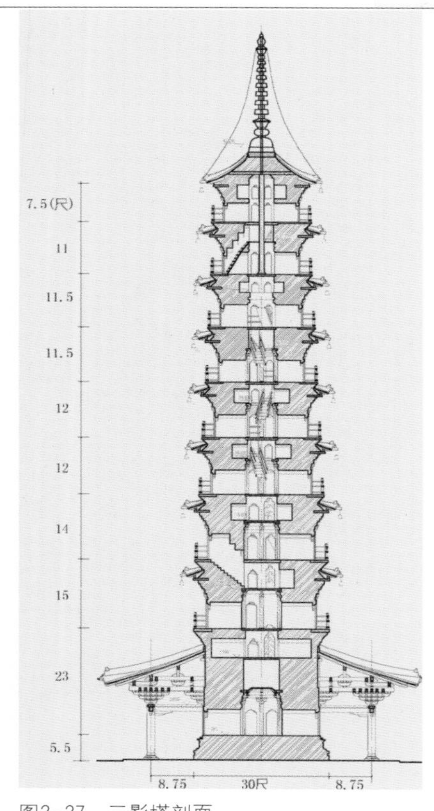

图2-27　三影塔剖面

天一、地二、天三、地四、天五、地六、天七、地八、天九、地十。天数五，地数五，五位相得而各有和。天数二十有五，地数三十，凡天地之数五十有五，此所以成变化而行鬼神也。

天数二十五，即一、三、五、七、九之和，天数即奇数，又称阳数，生数；地数三十，即二、四、六、八、十之和，地数即偶数，又称阴数，成数。数有奇有偶，阴阳相错，生成相合，方可有千数万物之变化，所以《易经》说“成变化而行鬼神”。这样数被冠之以阴阳，而具有了哲理意义。数与形、道一体形成了中国传统文化象、数、理的统一。

在印度，半圆形的窣堵波也是佛教宇宙观的反映，和中国人一样，他们也认为天是圆的，地是方的。圆形的佛塔传入中国后，中国人把原来坐落地上的“天”真正地举到了天上，下面便以方形平面的楼阁来支持，这是中国人的“天圆地方”的宇宙观反映。而木结构的构架体系于方形的平面也是合情合理的。当然，方形平面也是与佛教所认为的世界是以须弥山为中心，周围有四大部洲的世界构成的观点相吻合的。

中国人的方位观念极强，建筑平面必求于方正。方形平面的塔一直到唐代还很兴盛，如留存至今的唐代长安大雁塔、小雁塔等皆为方形平面。到宋代，八卦方位图式出现，凡事要与八卦相附会，塔的平面形式由四角形转向有四正四维的八角形，所以宋代以后塔的平面基本上是以八角形为主的（图2-28）。材料也以砖石代替了木材，而趋近圆形的平面则更有利于结构的稳定。

再来看一看中国人的阴阳宇宙观是如何同化了印度佛塔并影响塔的形制的。当人们在千姿百态的古塔下游览徘徊时，不难发现这样一个事实：中国古塔无论是楼阁式塔或密檐式塔，木塔或砖石塔，佛塔或风水塔，塔的层数皆为奇数，如单层、三层、五层、七层……十三层、十五层、十七层等，偶数层的塔是极罕见的。连塔刹也不例外。佛经《十二因缘经》上虽说，塔露盘（相轮）的层数是：如来八重以上，菩萨七重，圆觉六重，罗汉五重，那含四重，斯陀三重，须陀洹二重，轮王一重。但中国塔刹相轮却依然皆为奇数层。而塔的平面皆是偶数边形，如四角、六角、八角、十二角等，绝没有三角、五角、七角等奇数边的平面形式。

这除了结构构造上的原因外，其构思仍出自阴阳宇宙观。天在上，是圆的，向高发展的要用天数；地在下，是方的，在平面展开的要用地数。于是塔的层数便采用了天数、阳数、奇数、生数；塔的平面则采用了地数、阴数、偶数、成数。其充分体现了无天则无地，无地不成天；天生地成，天地合一；天高地厚，天覆地载的阴阳对立统一的辩证思想，并反映出对“博厚配地，高明配天，悠久无疆”（《孟子》）的崇高境界的追求（图2-29）。至此，印度佛塔完全中国化了。“今扬州肆中，有玉宝塔一，仿报恩寺塔式，按九宫八卦三元，高九尺九寸，计九层。”（《工段营造录》）古塔设计已完全按照中国人的人生观和哲学观而为之。

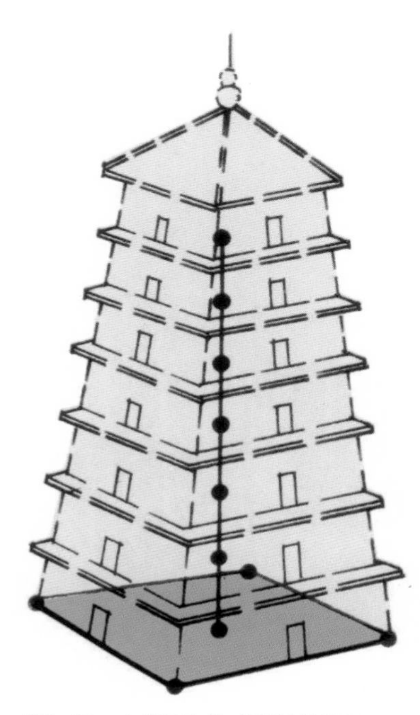

图2-29　古塔天生地成设计构思图

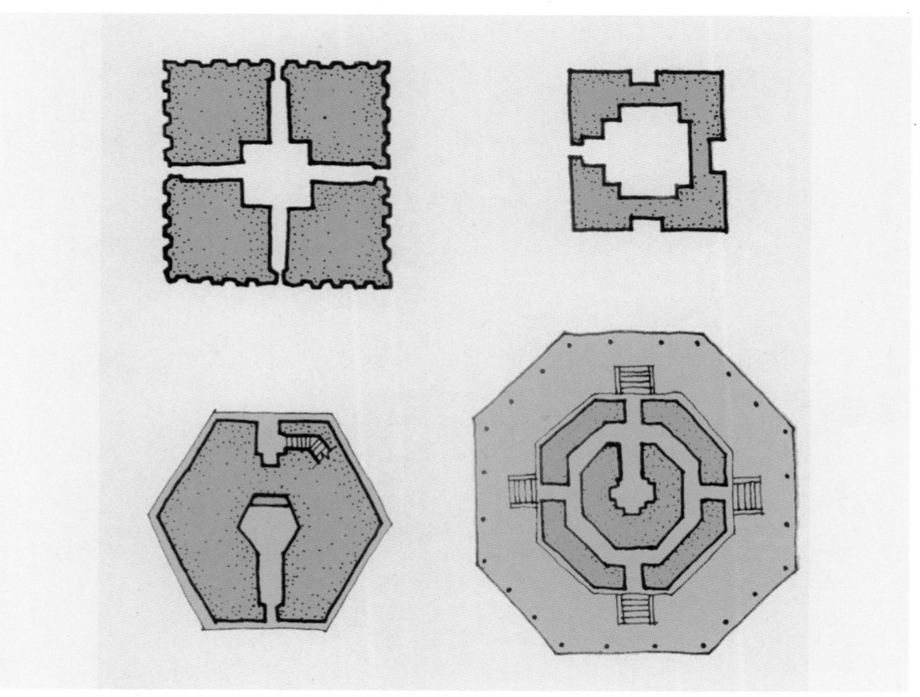

图2-28　塔的平面变化

图2-30　泉州开元寺仁寿塔

闻名于世的泉州双石塔，坐落在历史文化名城泉州开元寺内。开元寺创建于唐代垂拱年间（685—688年），到宋代寺院规模大为扩展。这对石塔，就是宋代的遗物。双塔均为仿木石构，平面八角的五层楼阁式塔。东塔叫镇国塔，西塔叫仁寿塔，两塔形制大同小异，互映生辉。仁寿塔始建于五代梁贞明二年（916年），在南宋绍兴二十五年（1155年）称无量塔，原木塔毁于大火；正和年间改称仁寿塔；绍兴年间毁于火，改建砖塔；南宋绍定元年（1228年）改建成现存的石塔。塔总高44.06米，下以低矮须弥座承托，上有高大塔刹呼应。塔身各层八角雕出圆柱，上有栏额，栏额之上出双杪斗拱承托檐口。各层腰檐上作平座勾栏。善男信女、香客游人可由塔内拾级而上，凭栏远眺，鸟瞰全市之风貌。柱额之间为门窗佛龛搸柱，门侧雕刻天王、力士，龛两旁刻文殊、普贤及其他菩萨、天神、弟子。雕饰刀法娴熟精炼，是极为难得的石雕艺术品。双塔出檐深远，结构精巧，比例匀称，整个体型雄壮有力，可谓古塔之精华（图2-30）。

与中国化了的楼阁式塔、密檐塔的形式相悖，窣堵波传入尼泊尔后，却尼泊尔化了，原来的半球体变为瓶形或金刚铃（佛教法器）形的喇嘛塔（又称瓶式塔）。此种塔式经尼泊尔传入西藏，在喇嘛教中广为流传。元朝统治者把喇嘛教奉为国教，在其统治中国期间，将喇嘛塔带入中原及江南广大区域。现存北京的妙应寺白塔和北海白塔就是喇嘛塔的形式。

图2-31　北京妙应寺白塔

妙应寺白塔是元世祖至元八年（1271年）开始修建的，历时8年才完工。它是由尼泊尔的工艺家阿尼哥设计的。塔由塔基、塔身、塔顶三部分组成：塔基是一座高9米的砖砌须弥座；塔身是一个简明的上大下小略有倾壁的圆柱台；塔顶下部是一个十三层的相轮，其上则是一个直径9.7米的华盖。华盖上坐着一个5米高、4吨重的铜质塔刹。塔总高50.9米。整座白塔比例协调，体型简洁明快，不失为喇嘛塔之代表作。尽管如此，今天看上去，我们仍然能感到它散发着雪域高原的纯净与漠北的寒冷，充满了异域的情调，原因就是喇嘛塔的汉化程度较低（图2-31、图2-32）。

图2-32　北京北海公园白塔

4 建筑仿生与刚柔之道

在中西方古代建筑体系的对比研究中，人们首先会发现这样一个最简单的事实：无论西方还是东方，做建筑材料的木材、石材都是不难得到的，但有趣的是，以中国为中心的东亚建筑是以木结构为主的体系，而西方则是以石结构为主的体系。

研究中国古代建筑史，这是一个必须要回答的关键问题。为此，不少学者进行了大量研究。有人认为木材取材容易，加工方便，节约材料和劳动力；有人认为木结构施工时间短，可在极短时期内完成较大规模的工程，尽管其有易燃和耐久性较差的缺点，但仍被认为是较经济的方案而被采纳，这比石头建筑优越得多。还有的认为："中国建筑发展木结构的体系的主要原因，就是在技术上突破了木结构不足以构成重大建筑物要求的局限，在设计思想上确认这种建筑结构形式是最合理和最完善的形式。"[①]

①李允钚，《华夏意匠》，香港广角镜出版社，1985。

诚然，以上诸说不乏真知灼见，但仍未揭示其最本质的东西。众所周知，中国是一个多自然灾害的国家，洪水、地震、大风、干旱等经年不断地摧毁人们的家园，破坏人们的安定生活。中国同时又是一个以帝王为中心的中央集权的大一统封建国家，残酷的政治和经济压迫，常常导致人民的反抗起义，加之统治阶级间的争权夺利，结果战事频繁，人们流离失所，无家可归。每当朝代更替，统治者就将前朝京城宫阙付之一炬，然而"天子非壮丽无以重威"，继而又大兴土木，在极短时间内建成大规模的宫殿楼阁。结果，自然界的变动，社会人事的变化，逐渐加强了人们思想中变易与应付变易的观念。阴阳消长，卦爻变化，《周易》的占卦就是对各种变化的神学解释。《周易》的"易"，也就是变化的意思，随事物之变而变，才是永恒不变的真谛。世上一切都在变化，何况建筑？古代中国人十分重视现实人生，"不知生，焉知死"（《论语》），人们从来就没有把建筑看成是永恒的东西。只有当人死了，才"灵魂不死"、"长视久生"，把坟墓作为永恒的建筑来营造。所以，我们的祖先确定了适合自己生活的木结构建筑体系。

日本的传统建筑，也是以木结构为主的建筑体系。日本人和中国人一样，同样不重视房屋的永久性，“在日本人的脑袋里，房屋是不知何时就要重建的东西”（《日本人的可能性》）。所以，在日本，一直存在着神社定期建造新神殿的传统，如伊势神宫的“式年迁宫”，就是一种每隔二十年重建一次神殿的传统。出云大社和热田神宫则是每四十年重建一次。日本人认为，定期重建房屋能使房屋生命得以再生，形虽变而魂不散，重精神而轻形式，这和中国人的营造观念有共同之处，况且通过新的营建还可以改进过去的不足。

木在中国人的观念中象征着生命，在哲学观念上木在五行中位东方、属春天，是生生不息的元素；在物质上木是贴近人们生活和有助身心健康的物体；在精神上木则又是富有灵性的事物。十年树木，在古代木材又是随处可见，是天然而且富有生机的、取之不竭而易于加工的好材料。木材性柔、性和，木构房屋予人亲切、温馨和灵感，何乐而不为呢？这种易融于自然的建筑材料、结构和形式，与中国人的心性相应，其恰是中国人“天人一体”、与自然同生死共命运的生生不息的思想展现。

1992年笔者受邀为广东怀集县重建文昌书院和修缮文昌阁塔。该塔为清末重建的六角五层砖砌风水塔，由于年久失修，塔内部楼板梁枋已荡然无存。设计时笔者以久远计，楼板与梁枋选用从缅甸进口、材质上乘的硬红木——格木，但选材却未得修缮工程发起人暨时任县长邓亦威先生的认可。他说，本地历来盛产杉木，修复工程希望用本地最好的材料。还有，杉木生长速度快，且易于新发，有生生不息之意。笔者恍然大悟，看似无生命的建筑材料原来都是具有生气与意蕴的。设计遂选杉木为塔内木结构所用无疑（图2–33）。

在西方，宗教信仰一统天下。与中国的帝王频繁更替大相径庭，西方的神就是救世主，自然神是永恒的，耶稣基督是永生的。采用耐久性好的石材建造神庙、教堂，使永恒的神和永恒的建筑相统一委实是件美妙的事。因而，西方历史上最豪华的建筑莫过于神庙和教堂了。东方建筑是人本的，西方建筑是神本的。于是，东西方建筑“木头的历史”与“石头的历史”或许就这样写就了（图2–34）。

图2-33　怀集文昌书院与文昌阁塔

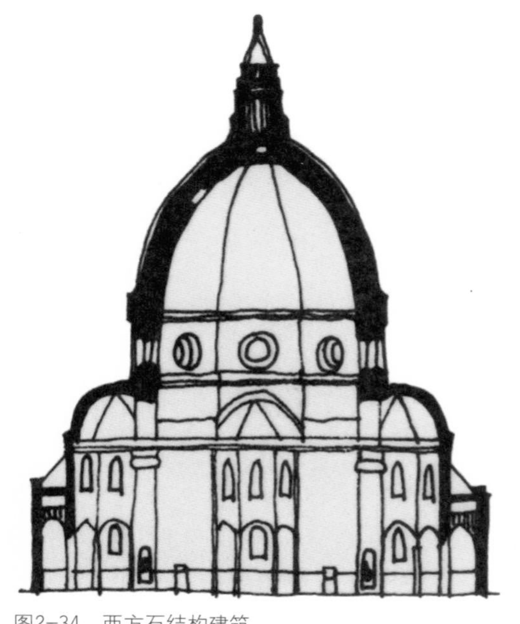

图2-34　西方石结构建筑

让我们再来审视一下东西方建筑体系在技术思想上的差异。中国是一个多地震的国家，华北、西北、东南、西南地区均为强地震分布带。在中国文明的策源地西北、华北，历史上曾发生过近百次的毁坏性大地震（图2-35）。

中国自公元前14世纪的殷代始，皇家朝廷就设有太史官，令他们将地震及其他灾异事件记录下来。因古人相信灾异与王朝统治的安危有关，所以文献中留下了许多关于地震的宝贵资料。康熙年间编印的山东《郯城县志》记载：

康熙七年六月十七日（公元1668年7月25日）戌时地震，有声自西北来，一时楼房树木皆前俯后仰，从顶至地者连二三次，遂一颤即倾，城楼堞口，官舍民房并村落寺观，俱倒塌如平地。打死男妇子女八千七百有奇。地裂泉涌，上喷二三丈高，遍地水流，移时又干竭。合邑震塌房屋约数十万间。地裂处或缝宽不可越，或深不敢视，其陷塌处皆如阶级，有层次。裂缝两岸皆有淤泥细沙，其所陷深浅阔狭，形状难以备述，真为旷古奇灾。

据记载，郯城附近的莒县、临沂灾情也十分严重，当时有四百余县的县志记载了轻重不同的破坏情况，其影响远至长江以南。据有关部门推测，这次大地震的震中烈度达到12度，是世界上罕见的大灾难地震。

自秦始皇统一中国至东汉时代的360年间，收录在《汉书》、《史记》中的地震记载就有44条，平均不到十年就有一条地震记载。东汉时的地震相当频繁，东汉时期天文学家张衡（78—139年）在世61年就经历了12次地震，这促使他发明了“候

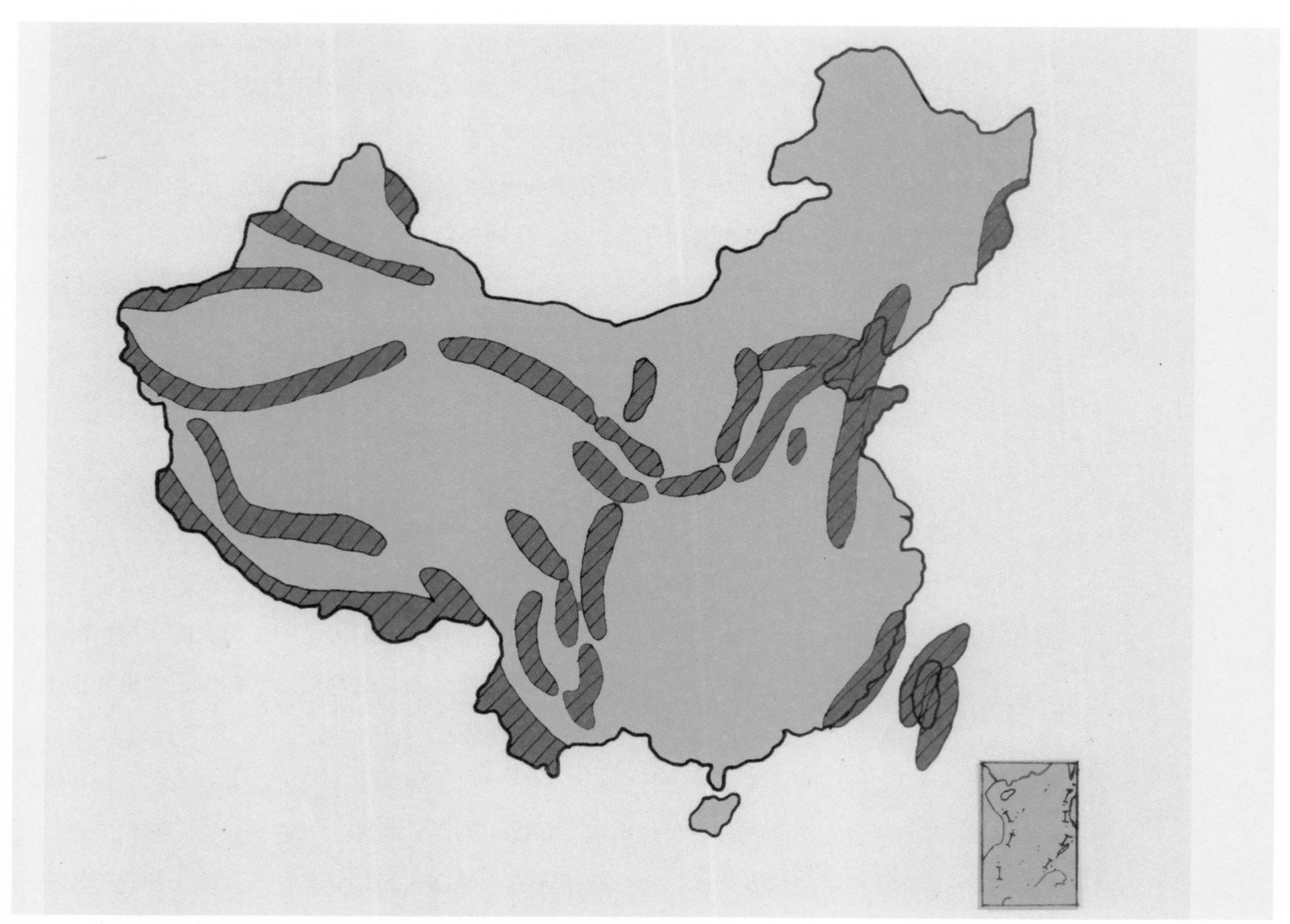

图2-35　中国强震震中分布示意图（自《中国自然地理图集》）

风地动仪”——世界第一台地震仪。人们在频繁的地震破坏中逐渐积累了对付其破坏的建房经验，尽管中国在东汉以前就掌握了砖石结构的技术，但地震灾害却减缓了其发展进程，终使中国人选择了木结构的建筑体系。汉代正是中国木结构建筑体系的成熟期。

木材是一种质轻、力学性能好的建筑材料，它具有一定的柔性，在外力的作用下比较容易变形，但在一定程度内又有恢复变形的能力。木构架中的所有节点又普遍使用榫卯结合，也具有一定的变形能力，再加上传统木构架都是采用均衡对称的柱网平面和梁架布置，配合檐柱的侧脚和生起做法，使其形成一个具有一定柔性（可变有限刚度）的整体框架结构体系。当地震袭来时，建筑便通过自身的变形消化地震力对结构的破坏能量，从而在一定限度内保障了建筑的安全性。

1976年7月28日唐山大地震中，许多钢筋混凝土结构和混合结构的现代建筑都倒塌了，但在烈度为8度的蓟县独乐寺内，辽代（984年）所建的高达20余米的观音阁与山门两座木构建筑却完整无损。在1975年2月4日的辽宁海城地震中，一些水泥砂浆砌筑的混合结构的建筑多数震塌，但城内三学寺和关帝庙等古建筑却基本保持完整。这些例子足以说明传统的木构架建筑的确具有良好的抗震性能。

当然，西方的古希腊、古罗马也处于世界强烈地震分布带，破坏性地震也频频发生。但与中国境内地震不同的是，该地震带地震时常伴随着火山的爆发。大量的火山灰遇到地中海带来的大量雨水，便凝结成像石头一样坚硬的材料。受这种自然现象的启发，古罗马人在公元前2世纪就发明和使用了天然混凝土。在公元前22年由古罗马建筑师维特鲁威所著的《建筑十书》中，就有专论火山灰做建筑材料的章节，其中提到了意大利拿破利湾巴伊埃火山和维苏威火山的火山灰的利用情况。现代水泥的发明与运用正是始于意大利维苏威火山灰的利用。而在中国，直到清末才有水泥的产生，钢筋混凝土的使用也不过是近代的事。

这样，西方人依靠这种坚固的黏结材料，解决了大跨度拱券技术和高耸建筑技术问题，以刚性的砖石结构也成功防御了地震的破坏，他们选择砖石结构的刚性体系并非无道理。同时，这也反映了西方人强调人的独立存在，强调人构建造物高大与永恒可成为与自然相抗衡的一种力量，这是“以刚克刚”，以征服自然为己任的世界观的表现。

相对于西方的砖石刚性结构的建筑体系来说，中国的木结构建筑的确可称为是一种柔性结构建筑体系。其实，柔性结构是中国人的一个创造。通过长期的实践总结，人们对“柔”的作用已提高到哲学的高度来认识，并作为一种理论知识反过来广泛地指导着人们的各项实践活动。

春秋战国时期，诸子百家的哲学思想、学术观点异常活跃，老子思想脱颖而出。老子继承和发展了春秋以前丰富的辩证法思想成就，开创了“尚柔、主静、贵无”的辩证法思想系统。

老子说：[①]

人之生也柔弱，其死也坚强。万物草木之生也柔脆，其死也枯槁。故坚强者死之徒，柔弱者生之徒。是以兵强则灭，木强则折。坚强处下，柔弱处上。

天下莫柔弱于水，而攻坚强者莫能胜，其无以易之。弱之胜强，柔之胜刚，天下莫不知，莫能行。是以圣人云：受国之垢，是谓社稷主，受国不祥，是为天下王。正言若反。

①《老子·七十六章》、《老子·七十八章》。

人活着的时候，身体充满柔性和活力，一旦死去却变得僵硬。水是天下最柔弱的东西了，却又无坚不摧。一味强硬只有死路一条，采取温和对策才有生的希望。遇事采取刚硬的对策是下策，采取怀柔的办法是上策。心胸宽阔、忍辱负重、不战自胜的人才是真正的圣明君王。

尽管老子在这里把“柔弱胜刚强”的道理绝对化了，但这种“贵柔”的思想却是极富辩证哲理意义的。从中国建筑史来看，战国时传统的以木结构为主的建筑体系已基本形成，至汉代，木结构建筑体系则基本成熟，老子“以柔克刚”、“贵柔”的辩证哲学思想已被人们自觉地运用于建筑技术之中。

战国以后，在建筑上出现了一种特别的构件——斗拱，它是由若干斗形的木块和弓形的短枋木相互交接组合而成的构件，用在柱头顶或额枋之上，起着承托梁架和出挑屋檐的作用。斗拱自身的发展经历了一个由简到繁的演变过程，由最初的“一斗二升、一斗三升”形式，发展到宋代的“双杪三下昂八铺作斗拱（图

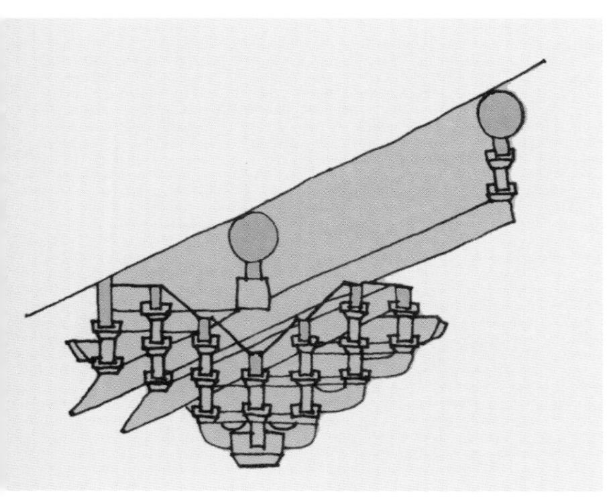

图2-36　宋代单杪重昂六铺作斗拱

2-36）”和清代的“重翘三重昂十一踩斗拱”。当地震发生时，屋顶与柱之间的若干组内外檐斗拱，犹如组成了一个弹簧层一样起着变形消能的作用，从而大大减小了建筑物的破坏程度（图2-37）。这便是老子的“柔”之用。

就木构架梁柱接点构造形式和文献记载，以及部分文物资料分析，斗拱显然是由柱头构造形式演化而来（图2-38）。秦汉时由于老子贵柔思想的盛行，以及地震的频繁发生，斗拱发生了质的变化，从初始的纯构造的意义转向了结构和缓震消能的意义。就斗拱的造型及涵义分析，它实质上应脱胎于对人体的造型及其机能的模仿。

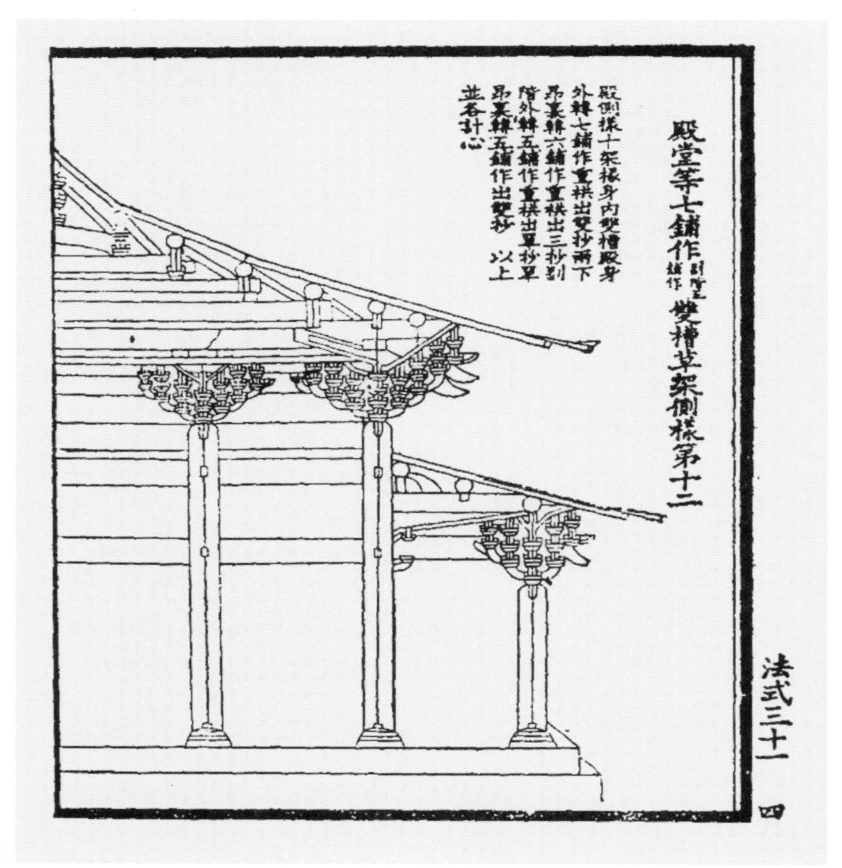

图2-37　《营造法式》殿堂侧样

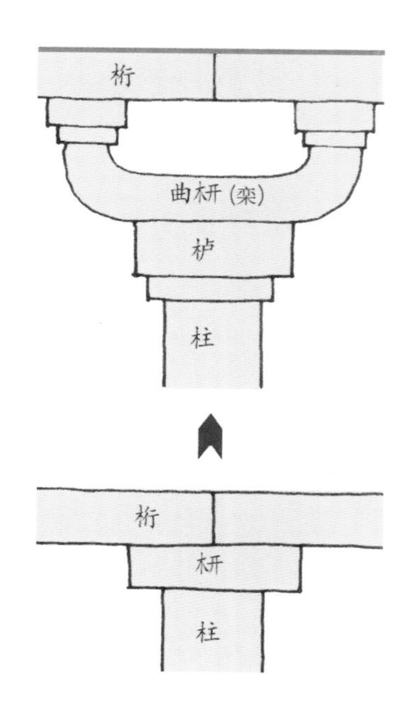

图2-38　柱头构造演化（据《华夏意匠》）

图2-39　汉武氏祠人像柱石刻（自《华夏意匠》）

在山东嘉祥县的汉代武氏祠画像石上，有一幅图中刻着两个大力士以手和头承托屋顶的形象（图2-39），这是中国古代建筑中出现最早的人像柱。在此，我们不难看出它与汉代“一斗二升、一斗三升”斗拱形式的渊源关系。在后来的佛塔基座或佛台须弥座的角部所看到的大力神造型，便是其演化形式（图2-40a、图2-40b），虽然造型已相去甚远，但含义却仍然相同。用手和头颅配合举持物品的习俗古来有之，世界上有不少少数民族是如斯。在我国，今朝鲜族仍保留有这种习惯，所不同的是，武氏祠的石刻内容

图2-40a　广东德庆县三元塔须弥座大力神

图2-40b　山西平遥双林寺佛像须弥座力士

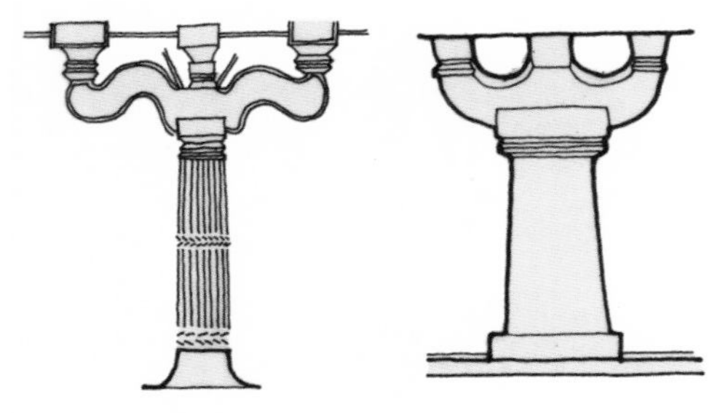
图2-41　四川汉墓人像柱（据《中国建筑史》）

造型比较夸张，力士举持的居然是一个房顶。

稍后，人像柱在汉代便大量出现，如四川彭山汉崖墓的人像柱，四川柿子湾汉墓的人像束竹柱等（图2-41）。从中你可以看出那由模仿人体而来、又稍具抽象造型的挺拔而健壮的躯干，富有弹性的臂膀和隆起的肌肉，他们以双手和头颅毫无畏惧地承受着屋顶的千斤重压。所有富有活动机能的关节，手腕、脖颈、腰节、脚踝都被着意刻画，完全是活脱脱的人像柱，甚至汉代人的服饰特征也历历在目。它的手、头成为汉魏时期斗拱的升和小斗；有力的胳臂成为曲拱；胸膛腰节便成了栌斗；手腕关节也就是后来斗下的皿板，脚踝关节则演变为柱櫍。这种曲拱和皿板形式，在唐代以后的中原地区已经绝迹，但在岭南的清代建筑中还能见到，实属宝贵。在宋代中原地区已基本消失的用于防潮的柱櫍，在湿热的岭南地区清代还在大量使用，亦属难得。南北朝时期在建筑上又出现了人字拱，至此以后，斗拱基本上脱离了对人体形式的模仿，变得复杂而更具人体“活”、“柔”的精蕴和结构意义了（图2-42、图2-43）。

图2-42　汉阙斗拱及南北朝人字拱（据《中国建筑史》）

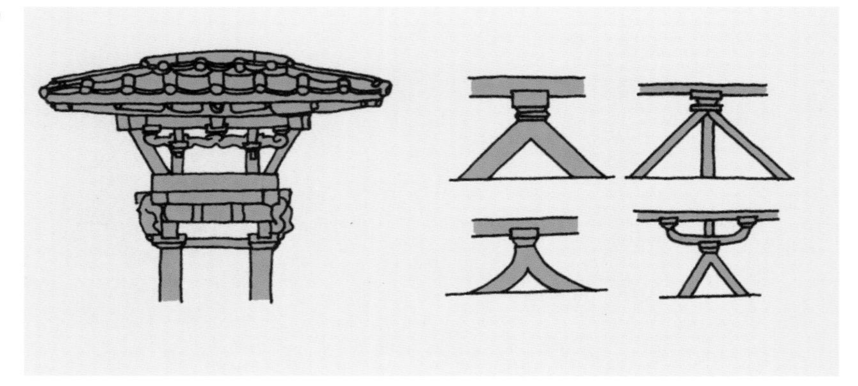

图2-43　岭南古建筑一斗三升斗拱形式

广东潮州开元寺天王殿，其结构基本保持了唐代时始建的原貌。与山西五台佛光寺唐代大殿的抬梁结构不同，天王殿的结构则是由抬梁、穿斗、井干等结构形式有机组合而成，这种构架具有南方闽南系古建筑的结构特征。明间梁架中有一特别构造之处，是在金柱柱头上层叠着十二层铰打叠斗，最上一层坐斗直托檩条。坐斗呈瓜楞形，斗间承穿拱枋和“凤冠”，整组叠斗（称铰打叠斗）可屈曲伸缩，当地震或台风发生时，使建筑构架处于一种“以柔克刚”的动态平衡状态，大大提高了建筑自身抗御自然灾害的能力。所以，在地震和台风经常光顾的潮汕沿海地区，天王殿千余年而不坠就不足为奇了（图2-44）。

再仔细审视这种铰打叠斗的结构构造形式和内涵，原来竟是模仿人体脊柱的形式与机能！这是多么令人惊讶的创造性结构设计。时至今日，我们仍不能不为古代匠人的聪明智慧所折服（图2-45）。然而，更叫人吃惊的是，这种做法甚至可以追溯到汉代。鲁灵光殿就可能有这种结构，“层栌磥硊以岌峨，曲研要绍而环句”（《鲁灵光殿赋》），“层栌”就是指这种层层相叠的斗拱构造形式。龙庆忠教授也断定天王殿的平面、立面和梁架结构均保留了不少汉朝和南北朝时期的建筑特征。

图2-44　潮州开元寺天王殿梁架结构

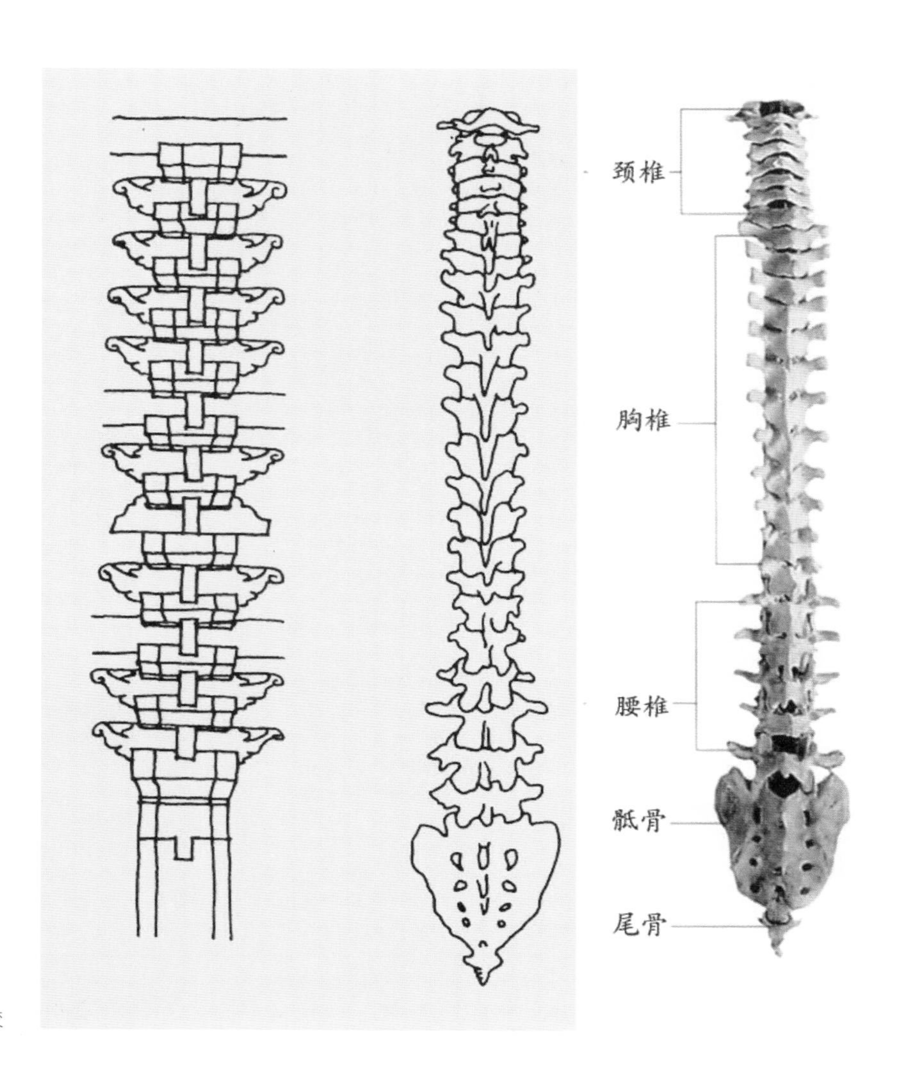

图2-45　铰打叠斗与人体脊柱比较

老子思想认为，“无”为万物之始，“有”为万物之母；“无”即道，“有”即德。无中生有，亦即万物得道以生，得德以成。“无为而无不为”（《老子·三十七章》），“天下之至柔，驰骋天下之至坚”（《老子·四十三章》）。看似柔弱、实则刚强的中国古代木构架建筑结构，把老子的“柔道”发挥得淋漓尽致。从斗拱到层栌，我们不难体会到古代匠师“尚柔”、“遂生”的良苦用意，如果说这是中国古代建筑仿生学也毫不过分。

古希腊建筑也有人像柱，模仿女子人体的柱子发展成了苗条秀美的“爱奥尼克”（Ionico）柱式；模仿男子人体的柱子变化为粗壮有力的“多立克”（Dorico）柱式；介于两者之间的是“科林斯”（Corintio）柱式（图2-46）。然而，西方人像柱及后来的柱式，追求的是人类健美的躯体，柱式优美的比例和尺度；中国人像柱却获得了人体“活”的精髓。西方人追求建筑形式的美，中国人追求建筑内在的“善”。这是古代东西方人的哲学思想、思维方式相异的反映。

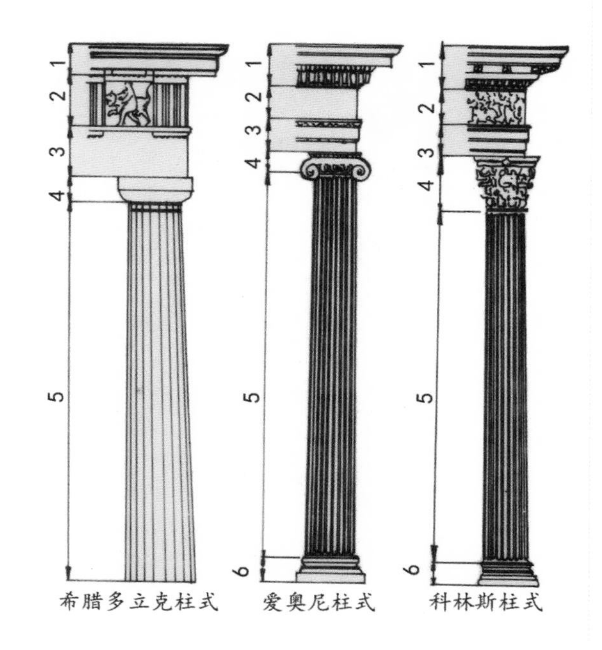

图2-46　古希腊三柱式（据《中国大百科全书·建筑》）

古希腊的三柱式后来发展为古罗马的五柱范，柱子的底径成为建筑设计的模数依据。西方石结构建筑的尺度比例，就是以柱范来权衡的。有趣的是，中国木结构建筑也是以柱高来权衡尺度的（早期建筑的柱高约与一人同高，后来，檐柱上承托的纵梁仍有称作“额枋”、“楣梁”的）。由人体柱柱头部位发展出来的斗拱，最终成为中国古代建筑设计的模数依据，确切地说，也就是宋代的拱断面“材”和清代的“斗口”。以生活为出发点，把人体尺度作为建筑设计的依据，东西方建筑却殊路同归。

辩证法在我国的哲学史上有两大系统，一个是老子开创的尚柔、主静、贵无的系统；一个是《易传》开创的尚刚、主动、贵有的系统。前者提倡“无为而无不为”、以柔弱胜刚强的思想，后者主张“天行健，君子以自强不息”的刚健有为的思想。在中国哲学史上，两者相互补充、并行不悖地指导着古代人们的思维方式和行为准则。这在建筑结构上则表现为柔构与刚构的相融。

山西应县佛宫寺释迦塔（应县木塔），建于辽清宁二年（1056年），是我国现存最古、最高的木构佛塔，也是我国古

图2-47　山西应县木塔

建筑中功能、技术和造型艺术取得完美统一的优秀范例。

木塔为八角形平面，底径30米，全高67.31米。平面结构采用了传统的柱网和内外两层环柱的对称布置方式。全塔结构分九层，有五个明层和四个暗层。实际上重叠九层，每层为各具梁柱、斗拱的完整构架。底层以上是平座暗层，再上为第二层明层，二层以上又是平座暗层，这样重复以至顶层为止。全部结构逐层制作、安装。每层柱脚均用地栿，柱头用阑额、普拍枋。内外两环柱头之间复用枋木斗拱相互联结，在横向上使每一层结合成一个坚固的整体，具有很高的稳定性。使用双层筒式的平面和结构，等于把早期塔中心柱扩大为内柱环，不但扩大了空间，而且还大大增强了塔的结构刚度。这种双层环形空间构架的结构形式，使整个塔身在竖向上获得了良好的结构稳定性。

木塔结构最显著的特征应该说是其明层结构与暗层结构的不同。明层如同单层木构架一样，通过柱、斗拱、梁枋的连接形成一个柔性层，具有一定的变形能力。这种能力可适当消解垂直方向的位移及水平方向的位移和扭转。各暗层则在内柱之间和内外角柱之间加设不同方向的斜撑，这种由斜撑和梁柱所组成的平座暗层结构，类似于现代结构中的空间桁架式的一道圈梁的刚构层。这样，明暗相间、一刚一柔、刚柔相济、相得益彰，有效地抵御了风力和地震波的推力，在结构力学上取得了很高的成就。因此，在近千年的漫长岁月中，虽经多次大风和强烈地震的考验，至今仍完好无缺地屹立在雁北盆地上，成为我国古建筑的珍宝（图2-47、图2-48）。

图2-48　应县木塔斗拱层细部

在东南沿海地区，地质构造不稳定，又具有海洋性气候，不仅地震时有发生，台风也常常来袭。在该地区，我们常常看到这种传统建筑结构形式，即中间的梁架采用柔性较大的抬梁式结构，以获得较大的室内使用空间，做山墙的两端梁架则采用刚性较大的穿斗式结构，以加强建筑结构的稳定性。福建莆田元妙观东岳殿，面宽三间，进深四间。心间的两缝梁架便是具有闽南特色的抬梁式结构，既有一定柔性又获得了较大的活动空间；在东西端的两个梁架则采用了刚度较大的穿斗排架结构（图2-49~图2-51）。这样边刚中柔，外刚内柔，既具备抵抗地震破坏的机能，又兼备防御台风袭击的铁骨。这种刚柔相济的结构形式正体现了《易经》“一阴一阳之谓道”，“立地之道曰柔与刚”的辩证思想。由此，我们不禁豁然开朗：中国传统建筑不仅是技术和艺术的产物，更有着中国哲学的意蕴。

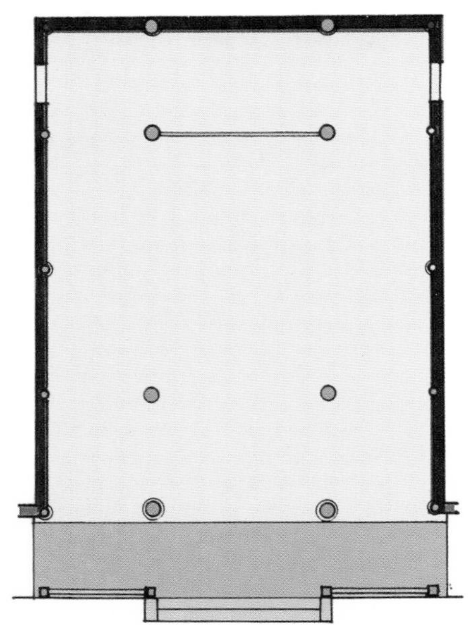
图2-49　元妙观东岳殿平面图

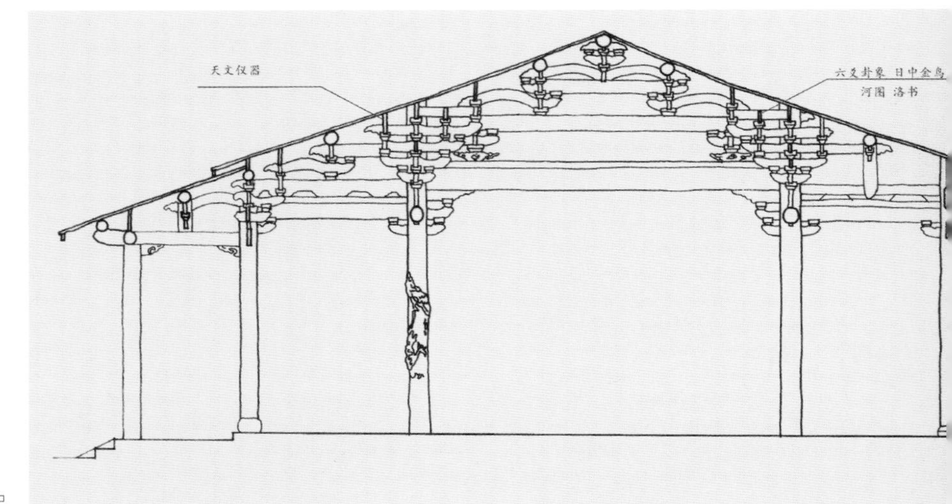

图2-50　东岳殿心间抬梁式梁架

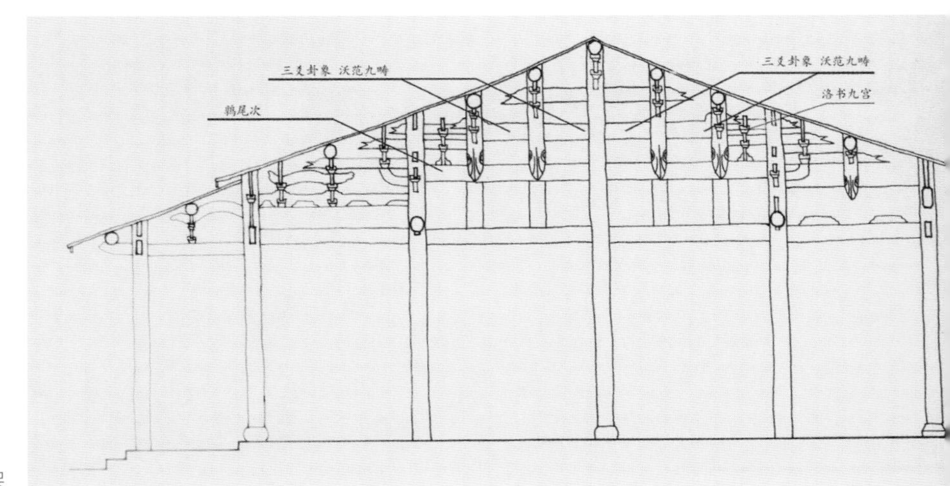

图2-51　东岳殿次间穿斗式梁架

第三章

法天象地

1 月令图式

由先天八卦的图式，引发了我们上章的大篇议论。现在，让我们再看看后天八卦的图式如何。

《易经·说卦传》说：

帝出乎震，齐乎巽，相见乎离，致役乎坤，说言乎兑，战乎乾，劳乎坎，成言乎艮。万物出乎震，震东方也。齐乎巽，巽东南也，齐也者，言万物之洁齐也。离也者，明也，万物皆相见，南方之卦也，圣人南面而听天下，向明而治，盖取诸此也。坤也者，地也，万物皆致养焉，故曰致役乎坤。兑，正秋也，万物之所说（悦）也，故曰说言乎兑。战乎乾，乾西北之卦也，言阴阳相薄也。坎者水也，正北方之卦也，劳卦也，万物之所归也，故曰劳乎坎。艮，东北之卦也，万物之所成，终而所成始也，故曰成言乎艮。

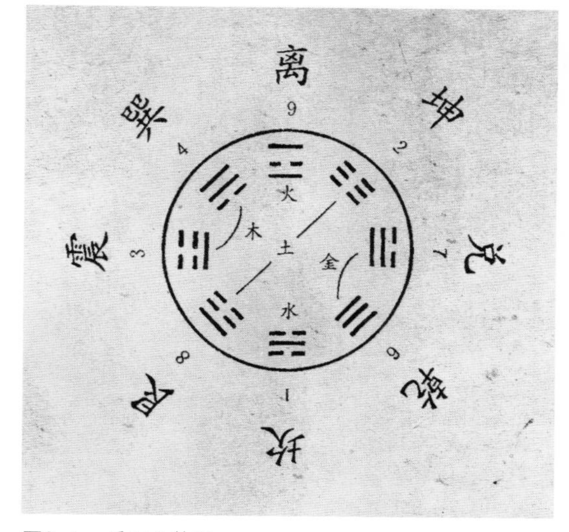

图3-1　后天八卦图

这便是后天八卦了，又叫文王八卦。“帝”指天之主宰，也指太阳。“帝出乎震”，正是因为震为东方，是太阳升起的地方，节令上与春天对应。宋代的学者依据《易经》的这段叙述，绘出了后天八卦图（图3-1）。后天八卦的方位与先天八卦的方位不同，卦位是离卦在南，坎卦位北，震卦位东，兑卦居西，乾卦在西北，艮卦在东北，巽卦位东南，坤卦位西南。其排列，是依方位的东南西北和节令的春夏秋冬顺时针方向而布置的。后天八卦的图式与五行学说的五行图式和月令图式内容是一致的。

为了后面叙述的方便，这里将五行学说作一简要介绍。

五行学说产生于战国时期的阴阳五行家，它是一种朴素的宇宙系统论。五行指金、木、水、火、土五种物质。五行学说认为世界是由“金、木、水、火、土”五种物质组成，自然界的各种事物和现象的发展变化，都是这五种物质不断运动和相互作用的结果。

五行学说主要是以五行生克规律来说明事物之间的相互生助和相互克制的关系。后来，五行学说把自然界的各种事物和现象作了广泛的联系和研究，并用“取类比象”的方法，按照事物的不同性质、作用与形态，把世间万物分别归属于金木水火土五行之中，借以阐释自然环境现象和人体器官甚至情感之间的关系，结果不免使五行学说原本朴素的唯物观转向神秘化了（图3-2、表 3-1）。五行学说在发展过程中，与阴阳学说相融，形成了阴阳五行学说，这个学说对古代中国人的思想影响很大。

现在来看看什么是月令图式。简单地说，月令图式是指世上万事万物按季节、方位、时序循环谐调变化的一种宇宙图式或称世界图式，它是古代中国人的一种思维模式。

月令图式同五行学说同样产生于战国时期的阴阳五行家。最早记载月令图式的是秦相吕不韦编纂的《吕氏春秋》，是吕氏为相的治国纲领。书中有以十二月份分成的“十二纪”，每一纪第一篇专讲某个月的天象、气候及相关的其他方面的情况，包括帝王衣食住行的位置、颜色等。

如《吕氏春秋·孟春纪第一》说：

孟春之月，日在营室，昏参中，旦尾中。其日甲乙，其帝太皞，其神句芒，其虫鳞，其音角，律中太蔟，其数八，其味酸，其臭膻，其祀户，祭先脾。东风解

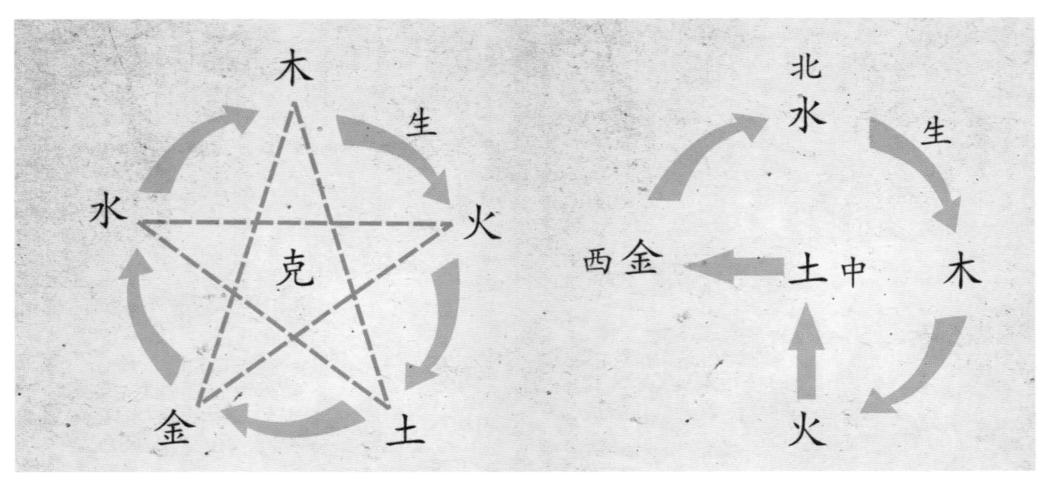

图3-2　五行生克方位图

表3-1 事物五行属性

五行	五方	五季	五色	五音	五气	五化	五味	天体	行星	数字	情志	五脏	五常
木	东	春	青	角	风	生	酸	星	木	八	怒	肝	仁
火	南	夏	红	征	暑	长	苦	日	火	七	喜	心	礼
土	中	长夏	黄	宫	湿	化	甘	地	土	五	思	脾	智
金	西	秋	白	商	燥	收	辛	辰	金	九	悲	肺	义
水	北	冬	黑	羽	寒	藏	咸	月	水	六	恐	肾	信

冻，蛰虫始振，鱼上冰，獭祭鱼，候雁北。天子居青阳左个，乘鸾辂，驾苍龙，载青旗，衣青衣，服青玉，食麦与羊，其器疏以达。

古人云："古往今来谓之宙，四方上下谓之宇。"（《淮南子·齐俗训》）宙是时间，宇是空间，在时间方面有一年春夏秋冬四季、十二月份和十二时辰；在空间方面有东南西北四面八方，天地上下前后左右六合。月令体系首先以春季配东方，夏季配南方，秋季配西方，冬季配北方，即把时间的四季和空间的四方配合起来，成为时空合一、宇宙一体的图式。后来，又将许多事物类比于四时四方，形成了一个普遍的万物时空合一的图式，一个普遍的宇宙体系的理论（图3-3）。

月令体系在比较系统地总结了春秋战国以来关于四季节气变化和农业生产的密切关系的经验基础上，进一步对节气变化和农业生产的关系作了理论的解释，使其具有丰富的哲学意义。月令图式与先秦的阴阳五行有着相同的时空构成意识，两者很快便融合起来，使阴阳五行说得到进一步的丰富和发展。

到了汉代，月令图式经过淮南王刘安《淮南子》的记述和汉儒董仲舒的发挥阐释而广为流传。汉代人把《吕氏春秋》的"十二纪"的开篇月历内容编入《礼记》，称为"月令"，从而正式成为儒家的经典。《管子》中的"四时"、"幼宫"篇中均有与月令相同的内容。《吕氏春秋》、《礼记》、《管子》等均是战国秦汉时期十分重要的著作，它们充满中国哲学的精髓思想，对历代统治者的治国方略均有重大影响。因此，在汉代以后的漫长的封建社会中，月令图式在中国政治文化及思维方式上始终居于支配地位。

月令图式的时空一体化的模式是对自然界规律的总结，而人们建立这个图式的

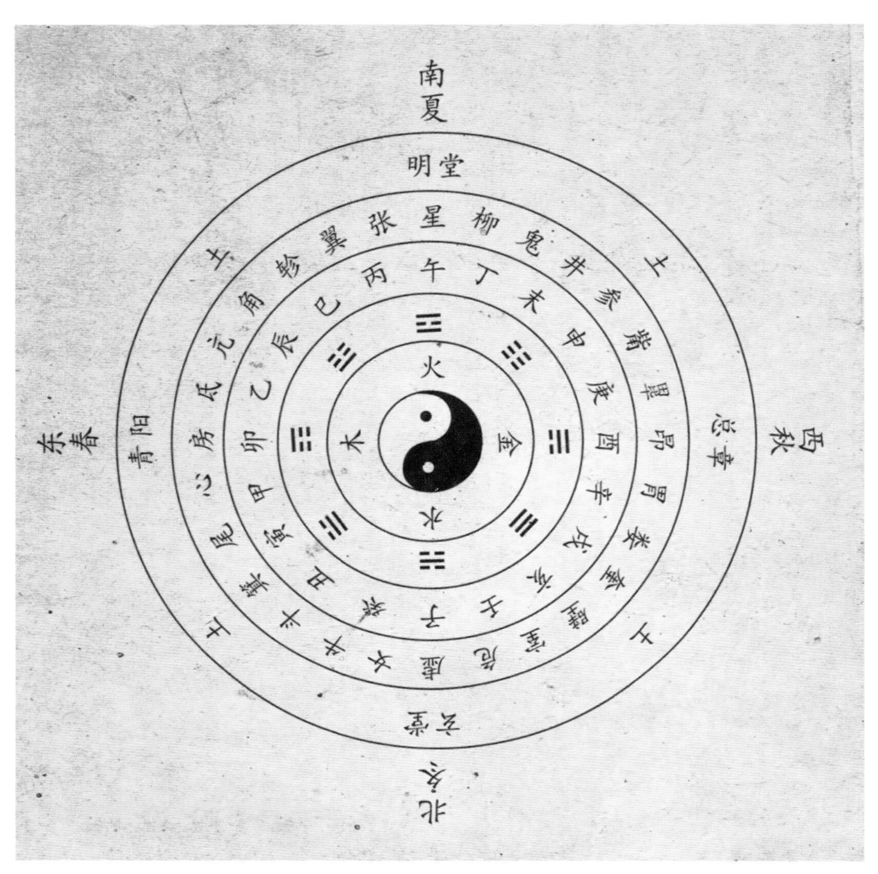

图3-3　月令图式示意图

目的在于为人们的社会生活指出一条正确的道路。一条什么样的道路呢？那就是要和自然规律相协调。如何协调，《易传·文言传》明确地回答了这个问题：

夫大人者，与天地合其德，与日月合其明，与四时合其序，与鬼神合其吉凶。先天而天不违，后天而奉天时，天且不违，而况于人乎。

这里的“先天”，指在自然变化之前加以引导；“后天”，指遵循自然的变化。“先天而天不违，后天而奉天时”，即指天人协调一致。这是《周易》所反映的天人合一的世界观，是月令图式的基调。

“天人合一”是中国哲学的一个根本观点，它含有两层意思：一是人与自然环境相协调；二是认为人的德性与“天的德性”是相通的。前者是唯物主义的科学观点，后者则是董仲舒“天人感应”、“人副天数”的唯心主义的谶纬之说，其中也不乏古代“天命观”的流露。月令图式的天人合一基调旨在把人纳入自然时空的秩序中，表达天地人三才合一的主题，实现人的社会发展规律与天地自然变化规律相吻合的理想。

作为一种思维方式和理想，“月令图式”在很大程度上规范和指导着中国古代建筑的规划设计构思，进而成为一种设计理论和构图依据，贯穿于中国古代建筑发展的时空中。对此，英国著名汉学家李约瑟先生深有感触地说：

再也没有其他地方表现得像中国人那样热心于体现他们伟大的设想：人不能离开大自然的原则。这个人并不是可以从社会中分割出来的人，皇宫、庙宇等重大建筑自然不在话下，城乡中不论集中的或者散布于田庄中的住宅，也都经常地表现一种对宇宙图案的感觉，以及作为方向、节令、风向和星宿的象征主义（转引自《华夏意匠》）。

这段话的本意就是说中国古代建筑是依照月令图式的宇宙理论、“宇宙的图案”去规划、设计、营造而成的。当月令图式反映到建筑设计中时，便转变成“月令建筑图式”，因而在中国古代建筑的各种类型中，都打上了这个图式的烙印。当然，作为天人合一的理想，这种“月令建筑图式”不免形式化，体现出强烈的象征主义色彩。

2 明堂格局

明堂，是中国古代建筑初期的一个特殊类型，它是按“月令图式”而设计的最具典型、最纯粹化的实例。明堂从三代的“世室”、“重屋”创立至今的两千余年，其起源、原型、功能、形制等一直是众说纷纭、莫衷一是，所以王国维在其《明堂庙寝通考》中说：“古制中之聚讼不决者，未有如明堂之甚者。”事实上，由于它是按“月令图式”揉宇宙观、自然观、人伦观为一体的原型意象化建筑，一方面表现出图式化的理性构图与造型模式，一方面则展现追求与自然与人伦的高度同构的内在文化，从而寻求用特定的空间模式将两者平衡统一于一体。

对于明堂的作用与形制，古人多有论述考证。

《淮南子·泰族训》说：

昔者，五帝三王之莅政施教，必用参五。何谓参五？仰取象于天，俯取度于地，中取法于人，乃立明堂之朝，行明堂之令，以调阴阳之气，以和四时之节，以辟疾病之菑。俯视地理，以制度量，察陵陆水泽肥墩高下之宜，立事生财，以除饥寒之患。中考乎人德，以制礼乐，行仁义之道，以治人伦而除暴乱之祸，……此治之纲纪也。

这便是明堂设置的意图和设计指导思想。帝王行明堂之令施政，如何与天地自然相和谐呢？即明堂取什么样的形式才能达到“调阴阳气氛，合四时之节”的目的呢？《礼记·月令》记载：

孟春，天子居青阳左个，仲春，居青阳太庙，季春，居青阳右个；孟夏，居明堂左个，仲夏，居明堂太庙，季夏，居明堂右个，中央土，居太庙太室；孟秋，居总章左个，仲秋，居总章太庙，季秋，居总章右个；孟冬，居玄堂左个，仲冬，启玄堂太庙，季冬，居玄堂右个。

青阳、明堂、总章、玄堂4个太庙是明堂东南西北四正的庙堂；“个”是毗邻庙堂的夹室或厢房。这样，帝王依据一年十二个月的时序，循着东南西北的方位来变换居住或施政的位置，以取得与自然变化同步的目的，并以此证明帝王政令是秉承天意、正确无疵的（图3-4）。

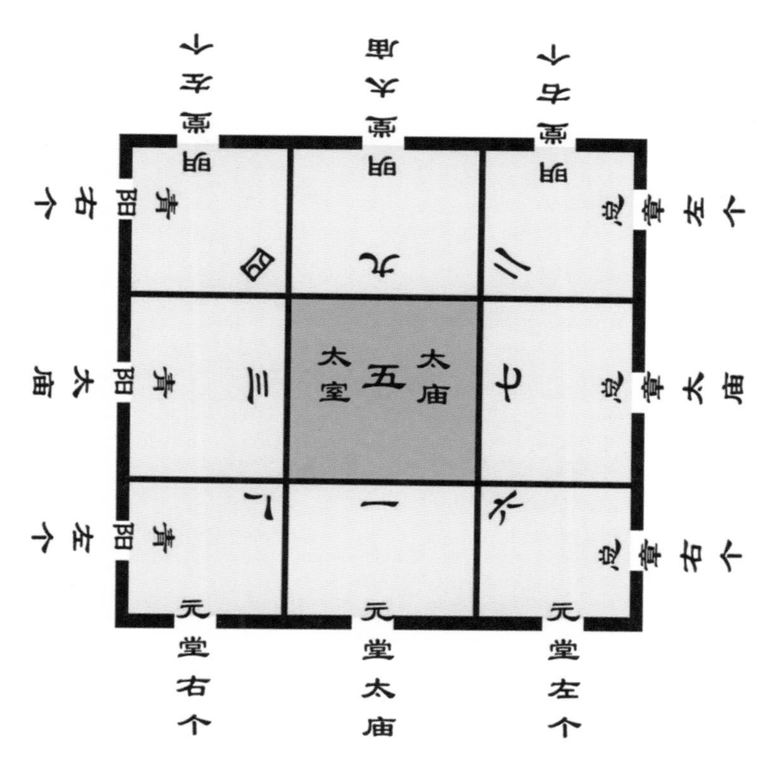

图3-4　明堂九宫

当游牧、渔猎生产进入农业生产为主的阶段后，人们必然能够从生产实践中逐渐认识到，五谷的生成与不同方向和不同季节的气候等有着密切的联系，从而进一步认识了方位、时序及它们之间的谐调关系和规律。为了求得风调雨顺、五谷丰登，就要对不同方向、不同季节、不同月份、不同神祇进行祈祷祭祀。如果这个祭祀场所的时空形式和祭祀的内容有着某种对应的关联呼应，那么它所赋予祭祀仪式的气氛就会更加浓厚。所以《淮南子·主术训》说：

昔者神农之治天下也……甘雨时降，五谷蕃植。春生夏长，秋收冬藏。月省时考，岁终献功，以时尝谷，祀于明堂。明堂之制，有盖而无四方，风雨不能袭，寒暑不能伤。迁延而入之。

起初，明堂就是这样按时序季节和空间方位进行祭祀的场所，后来，明堂又成为天子布政施教的地方。因其主要功能是“明政教”、“明诸侯尊卑”、“向明而治”、“依时而治”，故有“明堂”之称。帝王对明堂的设置和设计莫不十分重视。

明堂的历史十分悠久，早在夏代就有“世室”的记载，世室即是夏主的明堂。殷人的明堂称为“重屋”。明堂是周代以后的称谓。三代时明堂的形式“有盖而无四方”、“茅茨土阶”，大概十分简陋。战国以后，明堂形式在月令图式的指导下，极尽法天象地之能事，愈加复杂而讲究；至两汉时，已达登峰造极的程度。

《大戴礼记》载：

明堂九室而有八牖，宫室之饰，圆者像天，方者则地也。明堂者，上圆下方。

东汉蔡邕《明堂论》云：

堂方一百四十四尺，屋榍圆径二百一十六尺，通天屋径九丈，太室方六丈，八达，九室，十二宫，三十六户，七十二牖，户皆外设。通天屋高八十一尺，二十八柱布四方，堂高三尺，外广二十四丈，四周以水。

《后汉书·祭祀志》也说：

明堂的形式是上为圆形以象法天圆，下面平面为方形象法地方。八个窗子通八风，四面通达师法四季，九个堂室象天下九州，十二坐室仿十二个月份……

北魏时的贾思论明堂制度时讲得更清楚：

明堂平面方一百四十四尺，象坤卦的策数；屋的圆径为二百一十六尺，与乾卦的策数相同。太庙太室平面方六丈，取老阴数，室径九丈，取老阳数。九个堂室象九州大地，屋高八十一尺，取自古黄钟吕的九九之数，周边二十八根柱子象法二十八星宿，外围周长二十四丈模仿一年的二十四节气。

《水经注》描述的北魏明堂为：

明堂上圆下方，四周十二户九堂，而不为重隅也。室外柱内绮井之下，施机轮，饰缥，仰象天状，画北辰列宿，象盖天也。每月随斗所建之辰，转应天道，此之异古也。

《旧唐书》记述武则天明堂形制为：

凡高二百九十四尺，东西南北各三百尺。有三层：下层象四时，各随方色；中层法十二辰，圆盖，盖上盘九龙捧之；上层法二十四气，亦圆盖。亭中有巨木十围，上下贯通，栭、栌、撑、棍，籍以为本，亘之以铁索。盖为鸑鷟，黄金饰之，势若飞翥。刻木为瓦，夹纻漆之。明堂下施铁渠，以为辟雍之象。

这些记载，不仅描述了明堂的规划布局、建筑形式、平面布置、空间形态、建筑尺度，还涉及了明堂的内部构造、机构与装饰。可谓追求极致，甚为复杂。

不过，从上述记载中可以看出，明堂首先是向明设置于王城之南郊；其次，明堂的平面布置、立面形式、外观体型和空间分划等均极力吻合古典哲学的“象、数、理”文化内涵，而循着“月令图式”的宇宙图案而为之；再次，展现为中心式

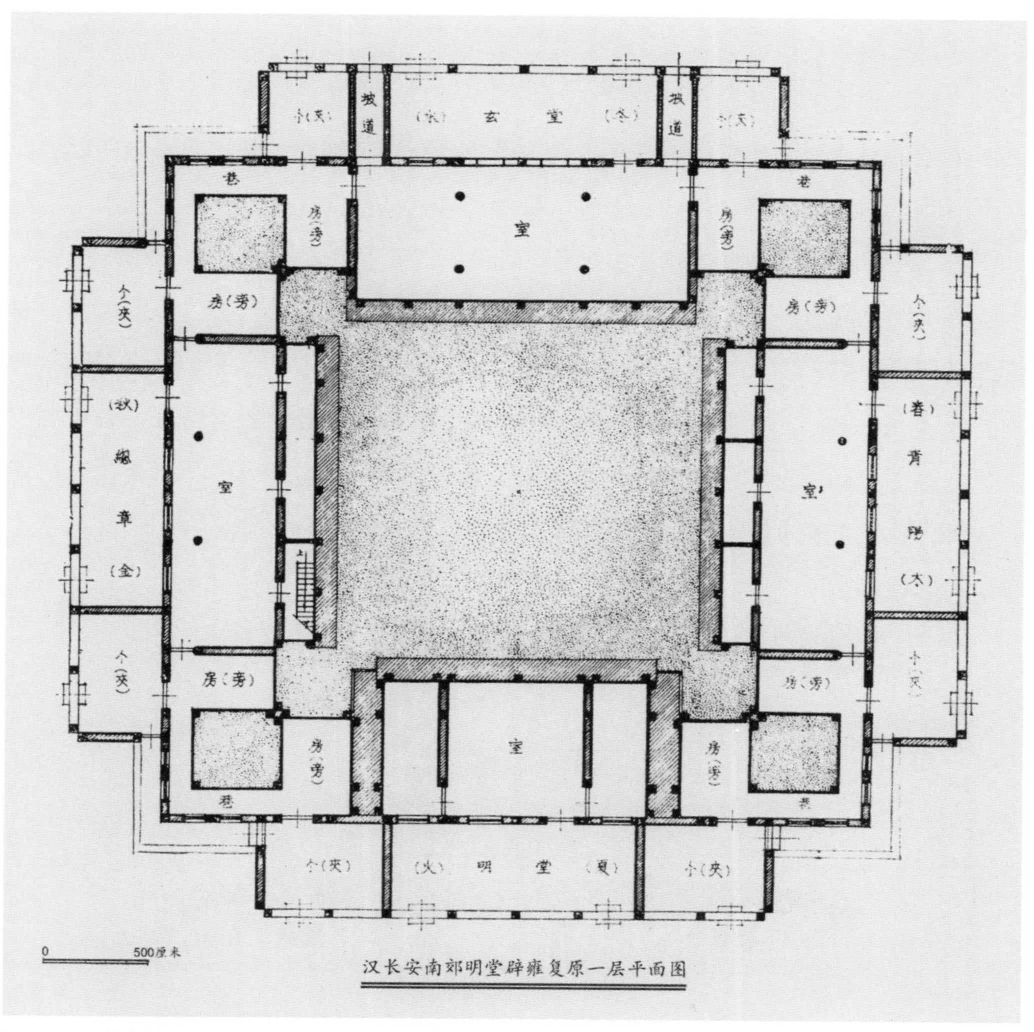

图3-5　汉长安明堂辟雍复原图一层平面（自《建筑考古学论文集》）

集中构图，体量高大超然的建筑实体。这种建筑组合方式似乎不同于中国传统建筑常用的以庭院为要素的空间组合方式。这种空间组合方式也影响到后世，成为集中式构图建筑组合的一个类型，如明清天坛圆丘与祈年殿，高大主体建筑位于空间的中心，四面均质，不分前后左右，形成视觉中心，象征意义与纪念性十分突出。

1956年，我国考古工作者发掘出汉代长安城南郊王莽礼制建筑群遗址，其中一处为明堂遗址。明堂遗址一层平面有青阳、明堂、总章、玄堂和太室等金木水火土五室，其中太室土室居中。东南西北四堂均有左右个，即“十二坐法十二月”，这与《礼记·月令》所载的明堂形制是相同的（图3–5）。太室平面方形，屋圆顶，符合古代中国人“天圆地方”的宇宙观（图3–6）。该遗址虽经破坏，但平面布局基本清楚，总体外围环有水沟，环水以内有方形宫垣，四面辟门，宫垣内四隅有曲尺形配房。中庭地坪整个抬高，中央又筑圆形地基，四面朝向的明堂就在圆形地基的中央。从遗址建筑复原图来看，其形式与古籍记载基本上是相符的（图3–7）。

关于明堂的平面布置，西汉时即有五室、四堂与九室、十二堂的不同说法。东南西北四堂一般无争议。西汉时古文学派立论《考工记》的明堂记载，坚持明堂五室之说（图3–8、表3–2）。今文学派则以《大戴礼记·盛德》为根据，力主九室之议。至于上圆下方的明堂形式，则无相反意见，然而后儒却有“中方外圆”的解释，其可能指中间方形的明堂与外环水沟而言。

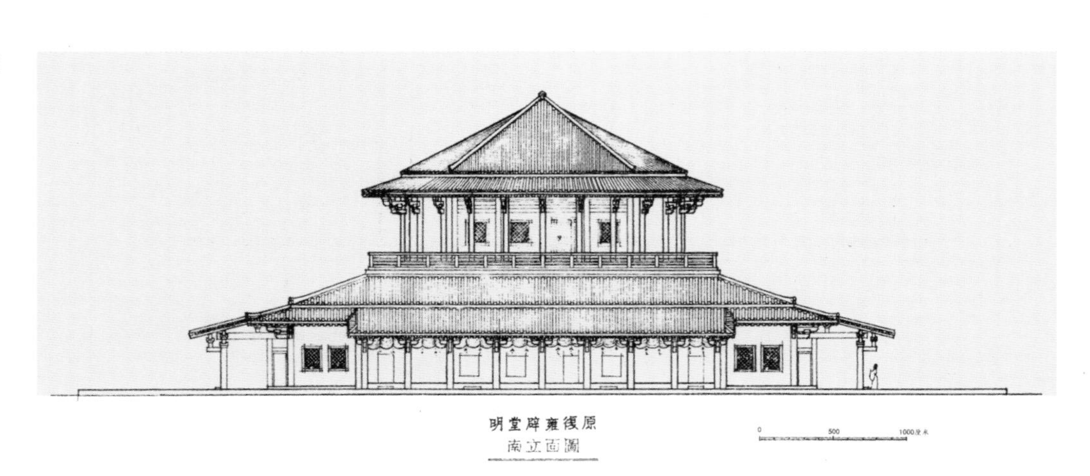

图3–6　汉长安明堂辟雍复原立面图（自《建筑考古学论文集》）

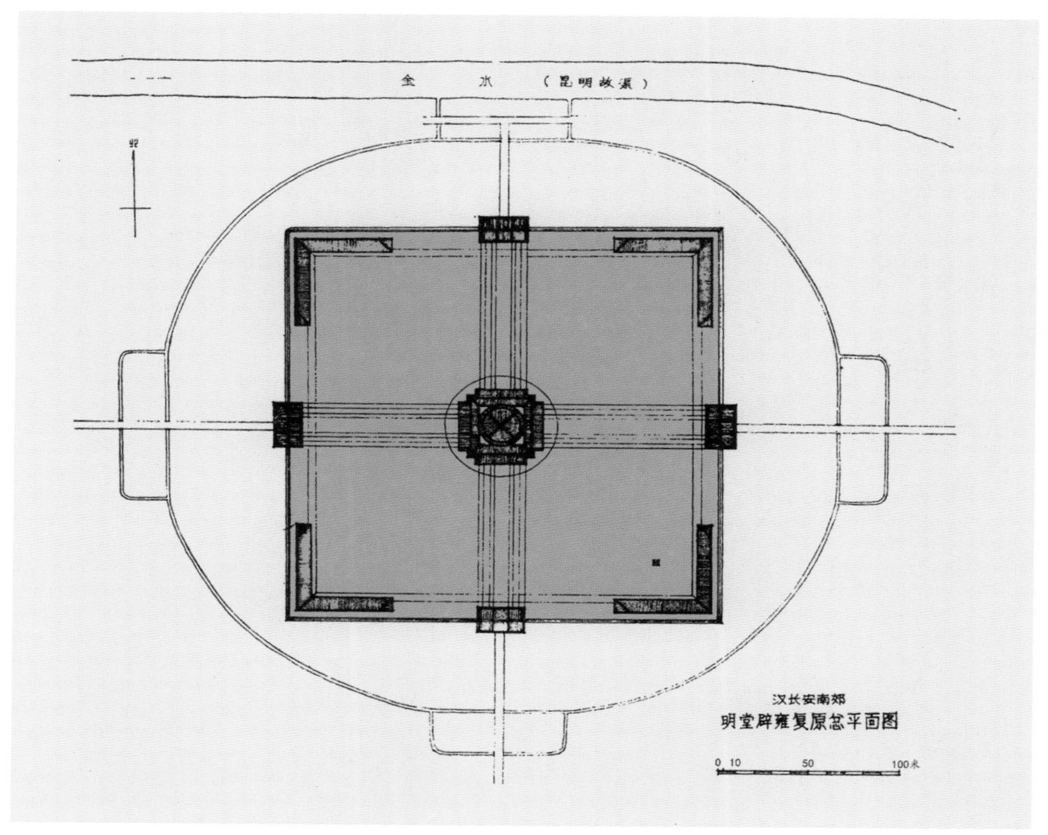

图3-7　汉长安明堂辟雍复原总平面图（据《建筑考古学论文集》）

《白虎通·卷二辟雍》说：

天子立明堂者，所以通神灵，感天地，正四时，出教化，宗有德，重有道，显有能，褒有行者也。

总之，虽然至今我们不能确知其具体形式、空间布局，但它以“月令图式”理想化的方式表现出古人对自然宇宙与人的关系、规律和谐统一的渴望和追求。

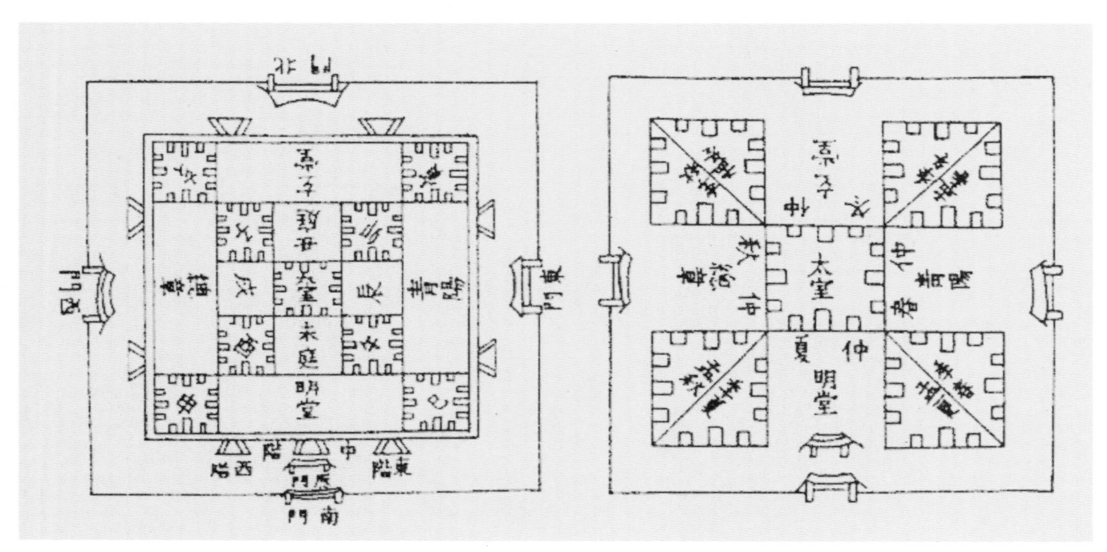

图3-8　焦循《群经宫室图》中的明堂图

表3-2　东汉明堂尺度、形式及其象征涵义

尺度及形式	象征涵义
堂方一百四十四尺	坤策、地方
堂径二百一十六尺	乾策、天圆
太室每面六丈，共三十六方丈	阴变
通天屋顶周长九丈、藻井径九尺	乾以九复六、圆盖方载
通天屋高八十一尺	黄钟九九之数
九室	九州
十二堂	十二月、十二辰
二十八柱	二十八宿
三十六户	阴变、三十六雨
七十二牖	五行所行日数、七十二候
八达(八阶)	八风
堂高三丈三尺、土阶三等	三统
明堂外广二十四丈	二十四气
四面对称	四时四方
方垣墙	地、阴
环水沟	四海

3 从秦都到北京

《易经・系辞上》说："在天成象，在地成形，变化见矣。"在城市规划层面，由于中国人希冀沟通天地的愿望以及对天的崇拜，将对天的认识或知识比附于地上的规划形象要素，所谓"人符天数"、"法天象地"的规划观念油然而生，成为影响中国古代城市规划的指导思想之一，其同管子的"凡立国都非于大山之下，必于广川之上，高毋近旱而水用足，下毋近水而沟防省，因天材就地利，故城郭不必中规矩，道路下必中准绳"（《管子・乘马》）的尊重自然条件的规划思想互补，成就了中国古代城市规划的理论体系。

在天人关系方面，人们在对天的探索中认识到日月星辰等天象，也逐渐掌握了天象与气候、大地甚至人事的种种联系与规律，将各种天文现象和身边发生的事物进行相应的联想，并深刻认识到天的崇高和对大地、人类的主宰地位，天不仅是自然宇宙的名称和对象，更成为一个至高无上的天神——天帝。在道家看来就是"道"，在星象学中就是众星拱卫的北极星。人们以对大地种种事物的认识来规范天象的现象，紫禁垣、营室星、朱雀、玄武、青龙、白虎等，构筑了一个具有空间方位、季节变换、各有所属的天庭。

为体现天的意志，显示皇权的神圣，古代帝王常自称"天子"，天子是天地的衔接，"奉天承运"成为皇权的天经地义的主旨。所以在都城规划中，以"法天象地"观念为指导，按照"天庭"的设计理念去建造。皇王犹如北极星，成为大地和群臣的中心，使各郡县对都城中央形成拱极之势。所以孔子说，"为政以德，譬如北辰居其所而众星拱之。"因之"象天设都，法天而治"，法天象地，以行其道，就成了中国古代都城的规划设计指导思想。

《吴越春秋・勾践》在讲到范蠡为勾践筑越都时记载："范蠡乃观天文，拟法于紫宫，筑作小城。周千一百二十步，一圆三方。西北立龙飞翼之楼，以象天门。东南伏漏石窦，以象地户。陵门四达，以象八风。"《白虎通义》卷一也说："天则有列宿，地则有州城。"可见模拟上天建城的观念早在先秦之际即已形成。

秦国兴起于今甘肃天水一带，随着国力的发展壮大，势力范围不断沿渭水而下，向东扩展。秦都也曾几次迁移，春秋时居雍（今陕西凤翔县南），已完全据有关中并称霸西戎。到了战国时代，随着形势的变化，斗争焦点已经转向东方，秦都又东迁至栎阳，以便于占据河西与三晋争霸。秦孝公于此任用商鞅，励精图治，进行了历史上著名的商鞅变法，使秦国逐步强大起来，为以后统一六国奠定了基础。战国后期，秦定都咸阳。

据说咸阳得名是因为它位于九峻山之南，渭水之北，山水俱阳。根据考古发掘，秦咸阳故城在今咸阳市东约10公里的窑家店一带。这里北依高原，南临渭水，是关中东西交通的枢纽，既能东出函谷关与诸侯争霸，又能照顾河西之争，因而企图问鼎中原的秦人定咸阳为国都。

秦王嬴政登上帝王宝座后，以咸阳为大本营，以各个击破的战略，仅用了十年时间就消灭了六国。公元前221年，天下归秦，秦王嬴政建立了我国第一个中央集权的大一统封建王朝，号称始皇帝。始皇自以为功过三皇五帝，德高齐天，于是在原咸阳城的基础上大兴土木。秦帝都的设计指导思想便取法于天象。《史记·天官书》说："众星列布，体生于地，精成于天，列居错峙，各有所属，在野象物，在朝象官，在人象事。"这种天人相应的观念在秦都设计中被体现得淋漓尽致。

《史记·秦始皇本纪》记载：

三十五年，……于是始皇以为咸阳人多，先王之宫廷小，……乃营作朝宫渭南上林苑中，先作前殿，……为复道，自阿房渡渭，属之咸阳，以象天极阁道绝汉抵营室也。

《三辅黄图》记载：

（始皇）二十七年作信宫渭南，已而更命信宫为极庙，象天极，自极庙道骊山。作甘泉前殿，筑甬道，自咸阳属之。始皇穷极奢侈，筑咸阳宫，因北陵营殿，端门四达，以则紫宫，象帝居。渭水贯都，以象天汉；横桥南渡，以法牵牛。

文中的"天极"、"阁道"、"营室"、"端门"、"紫宫"、"天汉"、"牵牛"均是天象星宿的名称。于是秦都咸阳的布局呈现出一幅壮丽而浪漫的景色，沿着北原高亢的地势，营造殿宇，宫门四达，以咸阳城为中心，建造象征"天

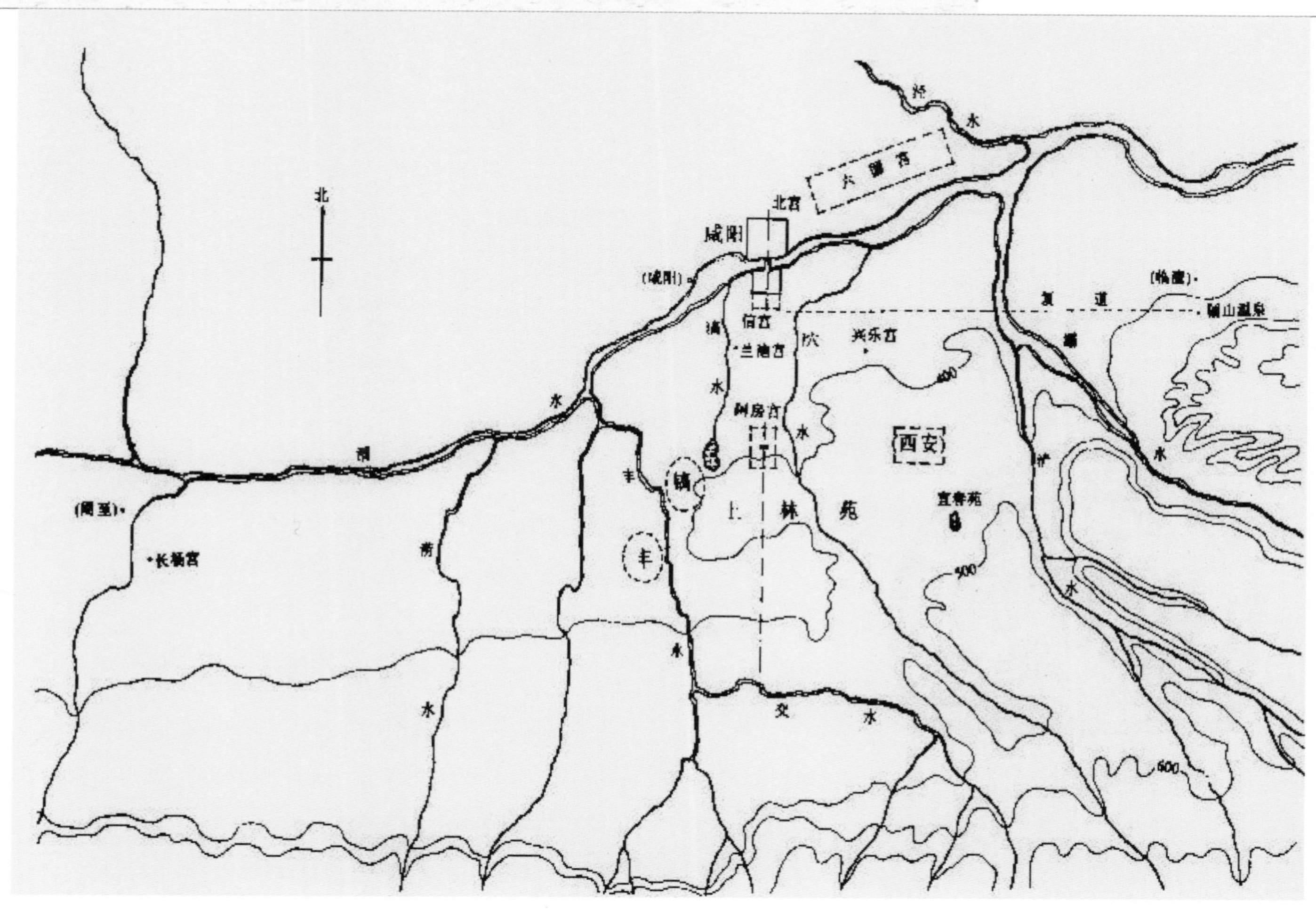

图3-9　秦咸阳主要宫殿分布图
（自《中国古典园林史》）

帝常居”的“紫微宫”；渭水自西向东横穿都城，恰似银河亘空而过；而横桥与“阁道”相映；把渭水南北宫阙林苑连为一体，象“鹊桥”使牛郎织女得以团聚；建阿房以象“离宫”，天下分三十六郡又似群星灿灿，拱卫北极（图3-9）。咸阳的平面布局和空间结构确实成了天体运行的缩影，每年十月，天象恰与咸阳城的布局完全吻合。此时天上的“银河”与地下的渭水相互重叠，“离宫”与阿房宫同经呼应，“阁道”与经由横桥通达阿房宫前殿的复道交相辉映，使人置身于一个天地人间一体化的神奇世界。秦朝就是以十月这个天地吻合的吉兆作为岁首的。

代信宫而起象征天极的阿房宫，是一座巍峨宏大的朝宫，帝王朝会、庆典、决事都在这里举行。“前殿阿房，东西五百步，南北五十丈，上可坐万人，下可建五丈旗。周驰为阁道，自殿下直抵南山。”（《史记·秦始皇本纪》）前殿遗址在今西安市西三桥镇南，夯土迤逦不绝，东西长1 300米，南北宽500米，建筑基址至今仍高出地面10米以上，可以想见当年宫殿的宏伟。不仅宫苑如此，陵墓亦不例外，据文献记载，始皇陵“以水银为百川江河大海，机相灌输，上具天文，下具地理”，“天为穹窿，上设星宿，以象天汉银河；下百物阜就，以象地上万物。”这又是一个完整的宇宙缩影（图3-10）。

图3-10　秦皇陵瓦当（据《东周与秦汉文明》）

秦都与天同构的宏图，充分显示了秦帝国与日月同辉的政治气魄和博大胸怀，是王权集中的思想在都城建设上的具体反映。当年刘邦入咸阳看到秦都的壮丽情景时，也不禁赞叹道：“大丈夫当如此！”

与秦都较为分散的布局不同，汉代以后城市规划布局趋于集中。从而以轴线对称、中心皇宫来统治全城，回应了《考工记》的“王城”规划理念。这个变化是从曹魏邺城开始的。据考古发掘，邺城东西宽3.5 公里，南北长2.5公里，城内以一条东西横街将城划分为南北两区，北区地势较高，其中部建宫和衙署，西部置苑，西北城隅高耸着冰井台、铜雀台、金虎台，是为军事需要而建的瞭望制高点。南区主要是居民区，有长寿、吉阳、永平、思忠四里，其中安置了当时强制集中的各地劳动人民和投奔曹操的强宗巨豪，以及他们的部曲。而南北大街形成一条强烈的中轴线将南北两区统一起来，其大街北端为皇城，南对城墙南大门——雍阳门，使城市形成了以皇城为中心、左右对称、格局规整的城市形态。与《考工记》王城规划皇宫居于城市几何中心不同，而是将皇宫置于城市北部的高地上，这不仅符合居高临下、日照四野的地理优势与气候特征，更附会了与天庭北极的对应关系。皇城南为端门，附会紫禁宫的南大门；后有齐斗楼，意喻高接北斗，以象征皇城乃地上之天宫。这种规划格局使朝廷与民居里坊“不复参杂”地区分开来，“天子面南而朝”，帝王高高在上临视四海万民，帝王真的成了“天之骄子”。其实，当年周公营洛邑也是以“瞻于伊洛，无远天室”（《逸周书·度邑》）作为一种依据的。而这个以皇城为中心、左右对称、格局规整的新规划模式，成为唐宋以来都城规划的杲臬（图3-11）。

在古代，中国天文学相当发达，与西方天文学的黄道式坐标系统不同，中国天文学的坐标系统是赤道式的。中国赤道式坐标系统的建立，可以追溯到遥远的史前时代。中国古代习惯于用北斗斗柄在初昏时的指向来定季节，如《鹖冠子》说：“斗柄东指，天下皆春；斗柄南指，天下皆夏；斗柄西指，天下皆秋；斗柄北指，天下皆冬。”人们早就认识到北斗及众星是围绕着北极作周日旋转的，北极的恒定不动这个自然现象，在古人的心目中是极其神圣的。由此，古人认为北极星便是天

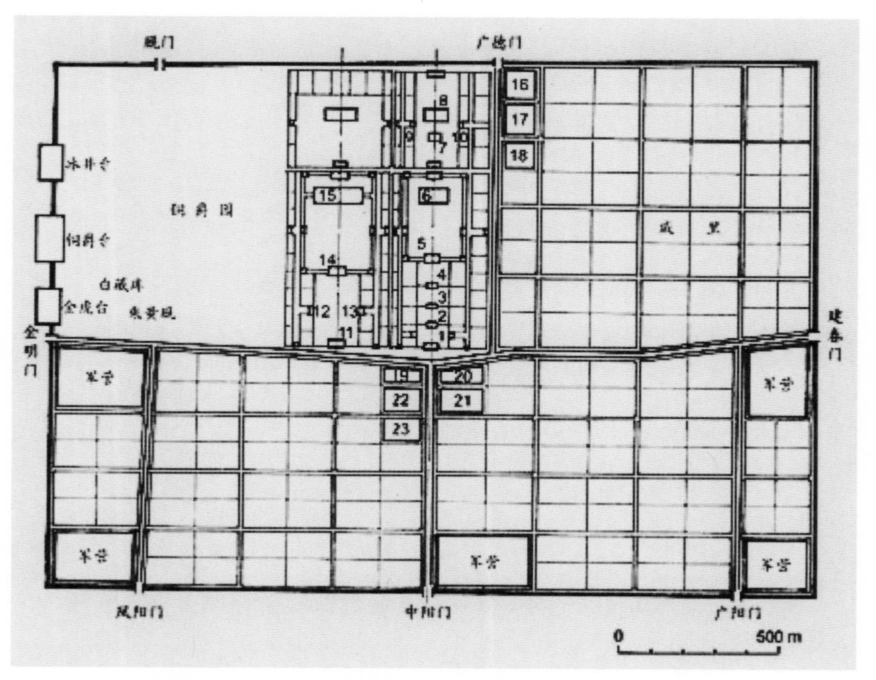

图3-11　曹魏邺城复原平面（自《中国古代建筑史》）

1. 凤阳门
2. 中阳门
3. 广阳门
4. 建春门
5. 广德门
6. 厩门
7. 金明门
8. 司马门
9. 显阳门
10. 宣明门
11. 升贤门
12. 听政殿门
13. 听政殿
14. 温室
15. 鸣鹤堂
16. 木兰坊
17. 楸梓坊
18. 次舍
19. 南止车门
20. 延秋门
21. 长春门
22. 端门
23. 文昌殿
24. 铜爵园
25. 乘黄厩
26. 白藏库
27. 金虎台
28. 铜爵台
29. 冰井台
30. 大理寺
31. 宫内大社
32. 郎中令府
33. 相国府
34. 奉常寺
35. 大农寺
36. 御史大夫府
37. 少府卿寺
38. 军营
39. 戚里

之中心，“北极，天枢。枢，天轴也，……盖虽转而保斗不移，天亦转周匝而斗极常在，知为天之中也”（《新论》）。古之人法天象地，天子“象天设都”，皇帝之居位自然要与天之中心——北极相吻合。唐长安城的规划就反映出这一特色。

唐长安城规模宏大，其面积达83.1平方公里，按中轴对称布局，由外郭城、宫城和皇城三部分组成。长安城平面略呈长方形，东西长9 721米，南北宽8 652米，周长36 700米。城墙宽12米左右，高10米多，全部用夯土版筑，城门处的墙段还砌有砖壁，防御坚固。城内以14条南北道路和11条东西道路形成纵横交错的道路网，并以此划分出110座里坊，形成城市的骨架。此外还有东市、西市等市场交易商业区和供休憩的芙蓉园。

宫城位于郭城北部正中，平面为长方形，东西长2 820米，南北宽1 492米，周长8 600米。城四周有围墙，南面正中开承天门，东西分别是延喜门和安福门，北墙中部开玄武门。宫城分为三部分，正中为太极宫，称作“大内”；东侧是东宫，为太子居所；西侧是掖庭宫，为后宫人员的住处。皇城亦为长方形，位于宫城以南，其东西与宫城等长，南北宽1 843米，周长9 200米。城北与宫城城墙之间有一条横街相隔，其余三面辟有五门：南面三门，中为朱雀门，两侧为安上门和含光门。城内有东西向街道7条，南北向5条，道路之间分布着中央官署和太庙、社稷等祭祀建筑。

皇城南面正中的朱雀门，向南经朱雀大街与外郭城的明德门相通，向北与宫城的承天门相对，构成了全城的南北中轴线。唐长安城沿袭了隋大兴城的格局，当时的规划者宇文凯设计时参考了魏都邺城和北魏洛阳城的布局。隋唐长安城总体上是以南北朱雀大街作为中轴线的对称格局，宫城和皇城位于城市北部的中心位置。唐长安城规模宏大，布局整齐，严谨有序，中轴对称，功能完善，既体现了皇权至高无上的思想，又满足了城市的基本功能，交通、基础设施和城市管理制度也较完备。

唐代长安城的规划形象地反映了古人与以北极为天之中相吻合的思想。在布局上将宫城放在南北中轴线北端，自承天门至明德门的南北中轴线——朱雀大街即是天轴的表现，宫城正门叫做承天门，顾名思义，承天门前的宽阔东西大街无疑是天界与地界的中界，由此向北便是天上宫殿，由此向南便是地上人间。宫城中太极宫则象征着以天上中心北极星为主的紫微宫。皇城位于宫城之南，居城中偏北，其中集中设置了中央集权的官府衙门、官办作坊和仓库及禁卫部队等。宫城、皇城东南西三面为居住里坊所围护，呈众星拱卫之势，而外郭城包绕又仿周天之象（图3-12）。

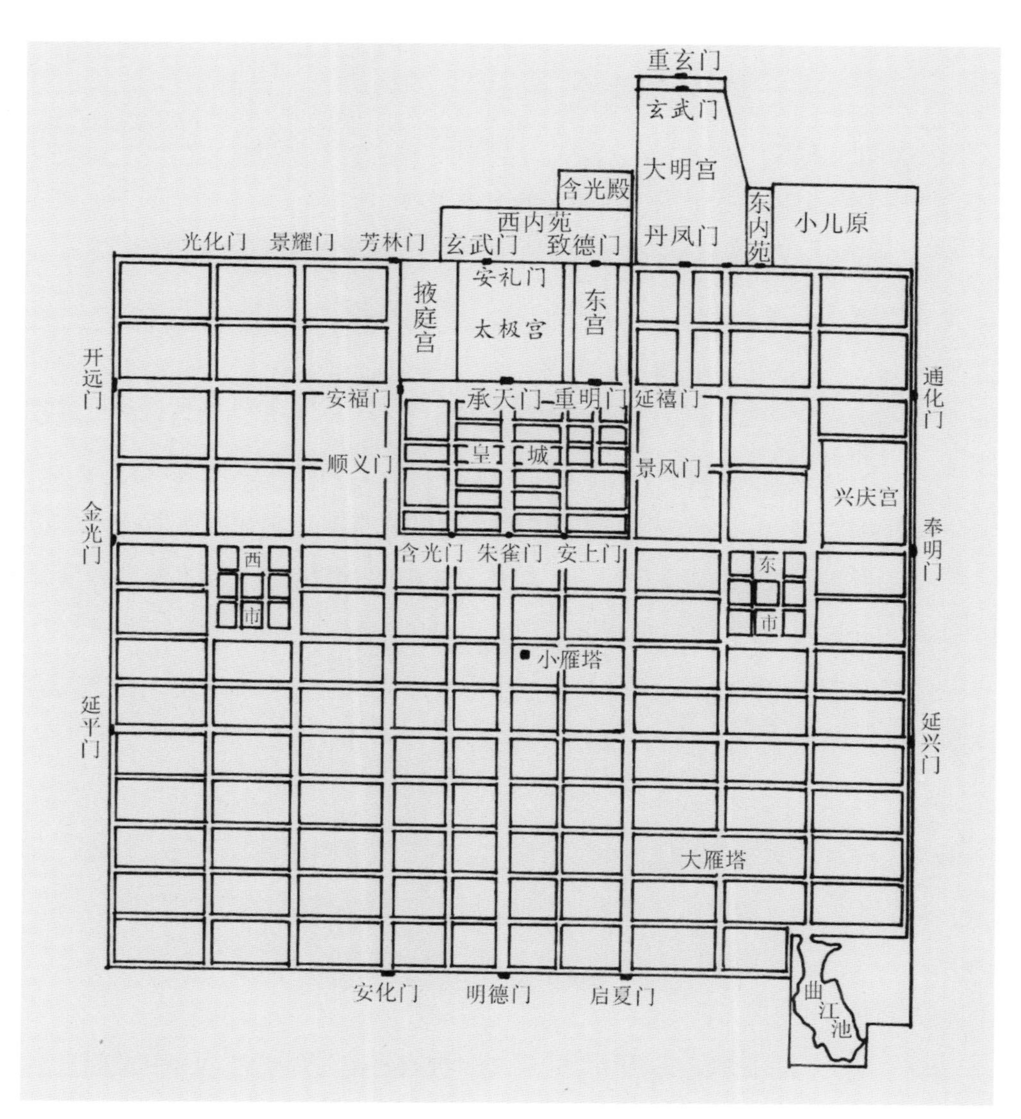

图3-12　唐长安城平面示意图
（据《中国古代城市规划史》）

唐长安城规划形制堪称中国古代都城的典范，不仅影响了后世的中国城市的规划，在当时作为先进的规划理念和模式也影响了邻近国家的都城建设。如唐渤海国上京龙泉府就是效仿了长安的规划。而日本的平城京、平安京不仅形制和布局模仿中国长安，就连一些宫殿、城门、街道的名字甚至也沿袭下来。

可以看出，秦都的法天思想为后世所传承，从魏都邺城至唐长安城，一直到明清的北京城的布局中还清晰可见。北京位于华北平原的北端，它三面环山，南向平原，关隘险要，进可攻，退可守，为历代兵家必争之地。唐朝诗人杜牧称其为“王不得不可为王之地”。早在战国时期，这里就曾是燕的国都。辽代在此建陪都，金时仿宋汴京的宫殿建中都。元灭金后，元世祖忽必烈以中都东北郊外保存下来的金代离宫大宁宫和琼华岛一带风景区（今北海）为核心，建造了新的宫殿，随后又建成了首都大都城。

明成祖定都北京后，在元大都的基础上进行了改建，将城址向南推移了约五里。嘉靖三十二年又加筑了南面的外城，由于当时财力不足，西、北、东三面的外城没有继续修筑，于是北京的城墙就成了“凸”字形。清朝北京城的规模与布局因袭了明代的格局，基本上没有再改变和扩充。

北京城的布局以皇城为中心，紫禁城作为皇城的核心部分居于全城正中心部位，以此象征居天中心的帝居紫微垣。紫禁城的南面端门名称正是取自紫微垣的正门。这种布局与魏都邺城、唐长安城皇城位于城市北部中心位置有所不同，是将宫城、皇城基本置于全城的几何中心，强调了居天中心的中央皇权意念，将形式构图的几何中心，和理想的社会统治的皇权重叠起来，而更符合《考工记》的王城制度。

规划中以起始于外郭南面永定门的南北轴线，贯穿内城的正阳门、皇城的天安门、宫城的午门，穿过整个宫城向北延伸，过景山直至钟楼而结束，这条轴线长达7 500米，具有极强的控制力和视觉冲击效果，把帝王的崇高威严、礼制的秩序、华夏民族的气概、中华历史的悠久和中国的地大物博体现得可谓登峰造极。

而整个城市的格局以皇城为中心，以南北轴线为对称轴就此展开。布局左右对称，城内道路经纬有序。东有朝阳门、东直门，西有阜成门、西直门，南有正阳门，北有安定门、德胜门。崇文、宣武文武门分列左右。紫禁城南有午门，北对神武门，东设日精门，西应月华门。皇城南又有天安门，北又有地安门。内城南设天坛祭天，城北设地坛礼地，东置日坛祀日，西置月坛祀月。这种天南地北、日升月降的布局，皆是法天象地而为，同时也与乾南坤北的先天八卦图式有某种内在的关系（图3-13）。

不可否认，这种规划模式尽管规划整齐，权力象征突出，在一定程度上与中国的传统社会结构有着吻合的特点，符合城市功能的部分需求。但由于其主观的意

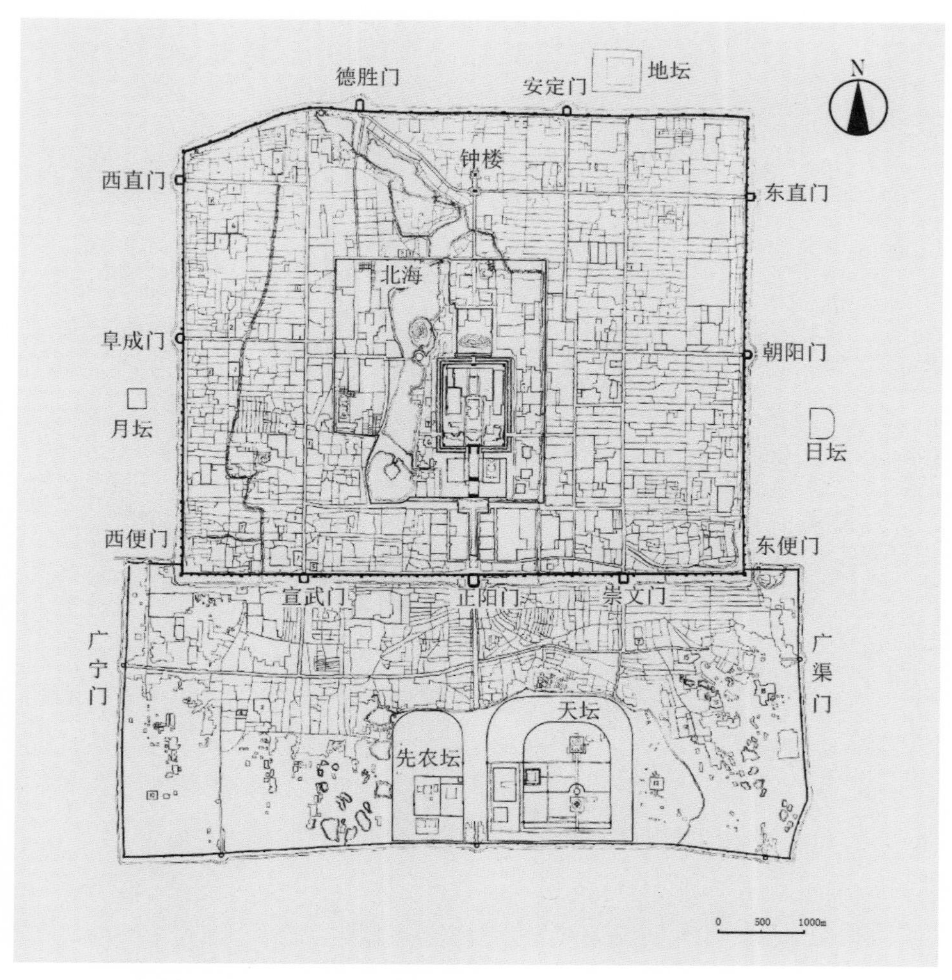

图3-13　明清北京城平面图（自《中国建筑史》）

志强烈，为附会一些文化意象，以几何模式和构图来统筹城市，这种统治、超越自然的规划模式，则在一定程度上是以牺牲或违背自然的地理地貌，以及社会有机生长和人性自由为前提的。所以它是一定时期的社会文化产物，即在那个特定的历史背景下作出其贡献，并取得了辉煌的艺术成就，同时也伴随着对自然的歉意。实际上，在众多的城市规划中，对自然的尊重和利用则是普遍的态度，这是“法天象地”的另一种含义，这里的天地还原为自然的天地、物质的天地。在封建社会中，历史上很多成功的城市规划例子则是严整与自由辩证统一的结果，也就是“礼”与“乐”的统一，“周礼”与“周易”互补。

4　天坛的象数理及空间模式

作为一种文化体系的思维定势，中国古人不仅在城市规划层面上有着哲理意蕴的指导，还深入到建筑设计的造型、空间、尺度，甚至构件、装饰装修的各种细节，使人无处无刻不在传统文化的浸润之中感悟世间的微妙。下面将举宗教建筑、景观建筑和建筑装饰的几个有趣的例子剖析之。

北京天坛位于北京城永定门内大街东侧，创建于明永乐十八年，是明清两代封建帝王祭天的地方，是原始宗教中自然崇拜发展的产物。天坛，初名天地坛，合祭天地。在规范天地形态上，古人认为天为圆，地为方，“天圆如张盖，地方如棋局”，所以其总平面南为方形，北为圆形，以取法天象地之义。明嘉靖九年（1530年），在城北郊另建方泽坛（地坛）祭地，南郊原有的天地坛只用于祭天，所以改名为天坛。

古人云：“国之大者在祀，祀之大者在郊。”郊祀天地，在中国古代历来是最大的典仪，天地也是自然崇拜中最重要的崇拜对象之一，其祀礼在汉唐以后越发隆重。在古代中国，生产力水平低下，农业的丰歉与天气有很大关系，天气的好坏甚至直接影响到国家的安危，然而这却常常是“听天由命”的。因此，人们最初祈求膏雨、期望获得五谷丰登所进行的简单仪式，逐渐演变为隆重的国家祭祀天地的仪式和制度。清代郊祀每年举行三次，皇帝亲临主祭，正月上辛日至祈年殿举行祈谷礼，祈祷皇天上帝保佑五谷丰登；四月吉日至圆丘坛举行雩礼，为百谷祈求膏雨；冬至，至圆丘坛举行告祀礼，禀告天帝五谷业已丰登（图3-14）。作为人神沟通的场所，天坛的规划布局和坛内最重要的建筑物祈年殿与圆丘坛，其设计是十分讲究的。

让我们先来看看天坛的布局情况。天坛面积广阔，占地273公顷，是故宫的两倍。天坛外围有两重坛墙，因由明初天地坛演变而来，所以两重坛墙都被修成南方北圆的形式，以象征天圆地方，因而有人叫它“天地墙”。在西部的内外坛墙之间，布置有神乐署，是明清演习礼乐的场所。明时常有乐舞生600名左右。神乐

图3-14　天坛鸟瞰（自《中国美术全集·建筑艺术编》）

署的南面是牺牲所，是饲养祭祀用的牛、羊、猪、鹿、兔等动物的地方。古代祭天要用很多牲畜，据记载，明代一般每岁用牛204头，绵羊806只，山羊1 909只，猪979口，鹿24只，兔216只。

内坛墙的西侧是斋宫，是专供皇帝斋戒的地方。在祭天大典前一日，皇帝要在此沐浴斋戒居住，所以不仅布局严谨，建筑四周有壕沟，防守严密，建筑也十分庄严华丽。由斋宫向东便是天坛的主要建筑所在。天坛有条长达千余米的轴线，由南而北依次布置着圆丘坛、皇穹宇、祈年殿和皇乾殿。为了象法天圆的概念，天坛中的主要祭祀建筑全部采用圆形的平面和形体。圆丘坛与祈年殿两座主要建筑圆心相距约725米，其中圆丘坛圆心至皇穹宇圆心约145米，两者有5倍的距离（图3-15）。

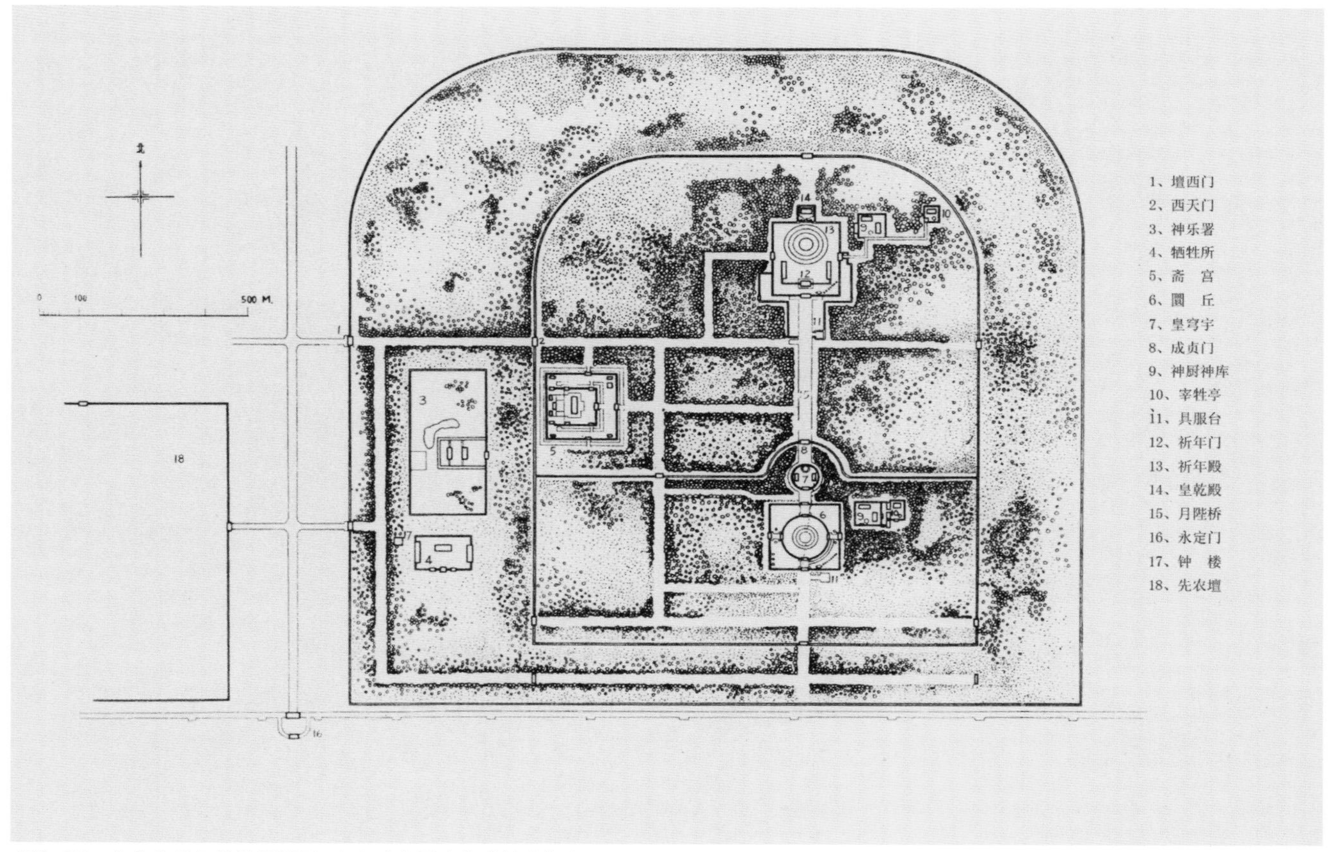

图3-15　北京市天坛总体平面图（自《中国古代建筑史》）

天坛的设计不仅以“天圆地方”和象征天象的“象”来体现“天”的涵义，在“数”和“理”上更是融会贯通。

圆丘坛建于明嘉靖九年（1530年），清乾隆十四年（1749年）曾大加扩建。圆丘坛是祭天时设祭场的地方，所以又称祭天台或拜天台。它是一座三层汉白玉砌成的圆石台，台上无建筑物，以便使地上的皇帝与皇天上帝直接对话。

因圆丘坛专用来祭天，其尺寸只能使用“天数”，不得掺杂一个“地数”，所以设计和建造这座圆形的坛台，既要符合几何原理，又不能违犯封建帝王的“天数”要求。为了解决这个难题，其全部尺度都采用了鸳鸯尺丈量的办法。所谓鸳鸯尺，就是用古尺（黄钟尺、法定尺）和今尺（明营造尺）两种混合用尺。设计丈量中用古尺丈量三层台面的直径，用今尺丈量坛台的高度。

“九”是天数之极，所以这座祭天坛所有的石板、栏板及台阶等，都和九字有关。坛作圆形，分为三层，每层四面出陛（台阶）各九级。最高一层台面的直径是九丈，名“一九”，中间一层台面的直径是15丈，名“三五”，最下一层台面的直径是21丈，名“三七”。这个丈量法，把一、三、五、七、九等天数全都用了进去。三层台面直径的总和是45丈，又是取了“九五”两个阳数，符合《周易》所说“九五”是“飞龙在天，利见大人”的瑞祥之兆。

根据《周易》的“太极生两仪，两仪生四象”之说，墁砌坛台时要在坛台中央嵌一块圆形台板，叫做“太极石”，又叫“天心石”，象征此为天之中心。太极石的四周墁砌9块扇形石板，名为“一九”，这第一个圆形叫做第一层第一重；第二重墁砌石极数为18块，取名“二九”，这样直到最后第九重，应用石板数为81块，取名“九九”，重阳又合黄钟数。第一层台面上共墁石板405块，由45个九按九级递加而成。台面墁砌九重石板，也符合天有九重的传说。[①]

①王成用，《天坛》，1989。

到了清朝，不仅坛面嵌用的扇面石板有一定的规矩，连四周的石栏板也有规定的数目。《大清会典事例》规定：上层每面栏板18块，由二九组成，四面共72块，由八九组成；中层每层栏板27块，由三九组成，四面共108块，由12个九组成；下层每面栏板45块，由五九组成，四面共180块，由20个九组成；上中下三层台面的栏板总数为360块，正合周天360度。实际上，上层每面为9块，共有36块，中层每面18块，共有72块；下层每面27块，共有108块。三层台面的栏板总数为216块，合“乾之策”数。三层坛台的外围以圆形的周垣象征天界，其外又围以方形的壝墙以似地表。绿色的草地为大地铺垫，红色的低矮壝墙做对比，清澈的蓝天为背景，三层逐次收分的白色汉白玉圆坛清新夺目，如此，天的纯洁、崇高、神圣的意境就呈现在人们的眼前（图3–16）。

祈年殿是一座攒尖顶三层檐殿堂，平面圆形，象征天圆；瓦用蓝色，象征蓝天。殿高9丈9尺，天数之极，无以复加。殿顶檐周长30丈，表示一月30天。殿内金龙藻井下的四根金柱，代表一年四季的春夏秋冬；中间一层12根楹柱，代表一年12个月；外层12根楹柱，代表一天中的12个时辰；里外两层楹柱共24根，表示一年的24个节气；再加藻井下的4根金柱，代表28星宿；殿顶四周36根短柱，则代表36天罡；金光灿灿的鎏金宝顶，又象征皇帝恩泽四布，一统天下。

祈年殿下以三层洁白的台基为衬托，三层蓝色屋檐逐层收缩，给人以蓝天重重、不断向上的感觉。金黄的宝顶，深蓝的屋檐，朱红的墙柱，金碧辉煌的彩画，使得整座建筑显得崇高、伟岸、端庄、华丽、圣洁（图3–17）。

图3–16　天坛圆丘坛

图3-17　天坛祈年殿

天坛的建筑形式、布局、结构、色彩等，全都具有独特的艺术风格和象征含义。在规划设计上运用中轴线对称、方圆对比的几何构图手法，其构思充满了幻想色彩；施工又匠心独运，使“天”的概念在现实世界中具体化、形象化了，站在圆丘坛的天心石上，远望祈年殿、皇穹宇等建筑的蓝色屋顶，在广阔蓝天白云的背景下，使人如凭虚御空、置身于天庭之中。环顾四周，松涛起伏，更衬托出“天”的崇伟和神秘，人神沟通成为可能，精神境界得以升华。

达到这一崇高的建筑艺术境界，是与天坛圆丘坛独特的建筑空间形式有密切关系的。这涉及原始宗教的崇拜仪式与仪式场所空间，而这些空间原型是形成地域文化、民族文化空间语言的基本发端。探讨一个文化体系下建筑空间原型，对于厘清具有文化内涵的空间形态源流，分析传统建筑的形成，探讨空间构成的内在规律，借鉴持续未来文化空间的发展均具有十分重要的意义。吴良镛院士在为《建筑文化文库丛书》所做的总序中指出，对中国的建筑文化的研究应该“追溯原型，探讨范式”。并进一步阐释：①

①吴良镛，论中国建筑文化的研究与创造，《建筑文化研究文库·总序一》，湖北教育出版社，2000。

图3-18　埃及金字塔的甬道

为了较为自觉地把研究推向更高的境界，要注意追溯原型，探讨范式。建筑历史文化研究一般常总结过去，找出原型（prototype），并理出发展源流，例如中国各地民居的基本类型、中国各种类型建筑的发展源流、聚居形式的发展以及城市演变，等等。找出原型及发展变化就易于理出其发展规律。但作为建筑与规划研究不仅要追溯过去，还要面向未来，特别要从纷繁的当代社会现象中尝试予以理论诠释，并预测未来。因为我们研究世界的目的不仅在于解释世界，更重要的是改造世界，对建筑文化探讨的基本任务亦在于此。

建筑空间一般会反映出文化与空间的基本关系，尤其是对成熟的文化体系和建筑体系来说更是如此，也就是说建筑是文化传统的物化与表征。王国维先生早就提出“都邑者，政治文化之表征也”（《殷周制度论》），梁思成先生也认识到了这一点，他说“建筑之规模、形体，工程艺术之嬗递、演变，乃民族文化兴衰潮汐之映影”（《梁思成文集·三》）。

龙庆忠教授指出：①

建筑乃为容纳人类在其中经营其生活而设之营造物也。故人与建筑之关系最为密切，建筑常依照其所用者之意志、情感、习惯等为最适合的设计之。从而建筑之表现，常为其中所使用人特性之表现，若扩而言之，则一国建筑之表现，常可反映其中所使用人之民族之特性也。

他进而从中国建筑的伟观堂皇、壮丽、整体美等十二个方面论证了中国建筑与民族性的关系，指出中国建筑的文化特征与中国文化的明达宽博、地理的物华天宝均有关系。如在“从中国建筑之伟观堂皇而观之我民族性”一节中阐释：②

中国建筑常表现有伟大气魄之感，此为中外人士所知者也。此伟观一语，非仅指大建筑而言，即小建筑亦有难以言喻之伟大感，其中之精神，似有百世不能泯灭之感。试观北平紫禁城之宫殿，或

①②龙庆忠，中国建筑与中华民族，《国立中山大学校刊》第18期，1948年。

图3-19 雕塑感的古希腊神庙

曲阜之孔子庙，其建筑全体有屹然而立、泰然自若之概。即属其他小建筑，如亭阁牌楼等，亦有见大人难藐之之感。

此种伟大虽可以大陆风景之雄壮，阶级思想之发达，以及人力物力之充裕解释之，然我民族之健壮，社会之有组织，理智之明确，心地之宽宏，意志之坚定，气概之伟大，似与此不无关系。要之此等伟大处，并非骄佚不敬畏之表现，实为我民族致中和、尽诚敬之发挥也。

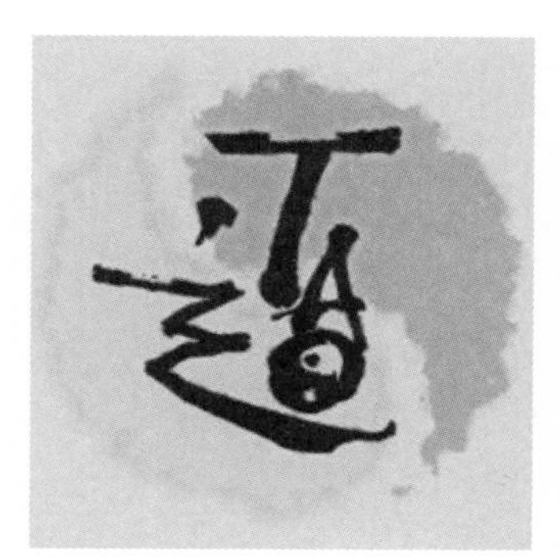
图3-20 "道"

以文化的切入点研究建筑文化性是近年建筑研究的滥觞，在国外也多有学者探讨。德国哲学家 O.Spengler在《西方之衰落》一书中指出，世界上每一种独立文化都有相应的基本的象征物，其能够反映本文化的基本精神。他列举了埃及文化的表征是"路途"——金字塔甬道；西方古典文化为"有限实体"——雕塑；西方文化（近代欧洲）则是"无尽的空间"——函数、烛光艺术；阿拉伯文化为"洞穴的感受"——密闭的建筑空间；俄罗斯文化以"无垠的平板"来表述白雪皑皑、地域广阔的空间场的文化感受。但在讨论到中国文化时，他没有列出相应的物质表征，而

图3-21　英国史前巨石建筑——大石圈

用一个“道”字表述中国文化的象征，以强调中国建筑空间在形式上的变幻莫测，与在思想意象上的“自由徘徊”（图3-18～图3-20）。

那么，天坛作为民族文化的一般象征物，建筑形式反映了什么样的民族文化精神和空间特质，以及民族的空间意识和审美趣味？它的空间原形又是如何？

天坛属宗教坛庙类建筑，要回答上述问题，必然涉及宗教哲学对建筑空间的观照。而讨论纯粹空间时，宗教建筑空间无疑是最恰当的对象，因为非生存性的精神空间，有着不为生产生活所紧迫的自由，而最能体现人类空间意境的纯粹观念的表述。为追溯空间原形，有必要从原始宗教开始。原始宗教包括：自然崇拜、生殖崇拜和祖先崇拜。对天地、山川、太阳等自然对象的自然崇拜是一种人类普世、朴实的宗教崇拜，世界各国、各民族、各群体都有自己对自然的感悟与崇拜对象和崇拜仪式，以及崇拜仪式进行的场所。

在欧洲，“史前巨石”（menhir）所营造的纪念性建筑空间——“圣域”，如法国克拉克巨石阵那种排列有序的空间物块集约，形成了无视觉中心的复合空间；英国的“大石圈”却是有明确范畴的空间形态，是环绕内敛的空间场；埃及的作为标志中心的方尖碑，则是有独立视觉形象的理想中心场空间形式。这些大概都与他们的明晰思辨的文化渊源有密切的联系——对物体几何形态、比例的特别敏锐。及至后来的金字塔、希腊柱式等都是打着几何空间的烙印（图3-21~图3-22）。

在西方建筑空间发展史上，西方那些逻辑思辨的哲学家，把空间作为哲学研究的对象，其成果成为近代西方空间理论的根源。古希腊哲学家柏拉图（公元前427—前347年）认为空间特性就是图形。他的学生亚里士多德继承了他的观点，认为空间就是有方向可

图3-22 埃及金字塔

定量场所。在古希腊人们把组成世界的土、火、气、水四种元素都以空间几何体来描述它们的形状，这和中国人对金、木、水、火、土五种组成世界物质元素的描述大相径庭，西方四原子是具象实体的物质，具体可以度量和有着明确的形状。五行则是物质的属性，没有具体的形态，不能以尺度来规范，但却包含了丰富的内涵，表3-3的有趣对比反映出了东西文化源头上的差异性。

及至后来西方古典文化发展出欧几里得几何和近代笛卡儿发明直角坐标系，最终确定物质实体和空间是统一的，它们都可以用长、高、宽三个向度来规范，空间是可描述、可测定的概念油然而生。从万神庙的纯粹方圆构图的几何审美意义的设计观念，到黄金律和方根矩形系统的发明，以美的规律构成的建筑物体的价值取向，富于理性审美情趣一直贯穿于西方建筑空间设计中，现代主义、解构主义，甚至现代拓扑空间的底蕴

图3-23 巴黎圣母院立面几何分析

表3-3　西方四原子与东方五行形态比较

元素名称	形状		图形	含义
土	四原子	立方体		
	五行	平缓		湿
火	四原子	四面体		
	五行	尖突		暑
水	四原子	十二面体		
	五行	屈曲		寒
气	四原子	八面体		
金	五行	圆凸	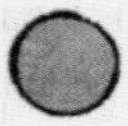	燥
木	五行			风

无不如是（图3−23）。

在中国，早在周代就建立起比较完善的礼制制度，社会形态从原始社会经短暂的奴隶社会快速进入封建社会，早期宗教意识未得充分发展，便为封建礼教所控制、同化，所以总体说来中国社会的宗教意识较西方社会薄弱，因而在中国没有出现像欧洲巨石建筑那样超尺度、纯粹的宗教建筑空间。中国的伟大的建筑工程，譬如宫殿、长城、运河等大概都是与社会政治、军事和经济活动密切相关的。早期的明堂建筑虽然具有一定的宗教色彩，但终究还是礼制的产物，即便后期的大型佛寺道观，其平面布局到建筑空间依然是“舍宅为寺”的脱胎于礼式布局的宫殿或世俗的民间建筑。

这并非说中国缺乏宗教信仰或无纯粹的宗教精神空间，其实如天坛就是中国宗教建筑空间的杰出代表。只是中国人的宗教信仰在心中的位置，以及宗教仪典的方式不同，这也影响到了中国人的空间意识。在中国人的对天地山川、五湖四海自然崇拜中，近年发现了多处原始社会祭祀空间，从发掘的资料看，这些宗教祭奠仪式场所只是一些特别的“坛”，或者“台”。这种空间模式似乎与原始聚落围合中心场有关联，但作为宗教场所的纯精神空间依然是以“坛”的形式存在，并最终成为中国建筑的一个重要类型（图3–24、图3–25）。

图3–24　原始社会祭祀场所遗址之一

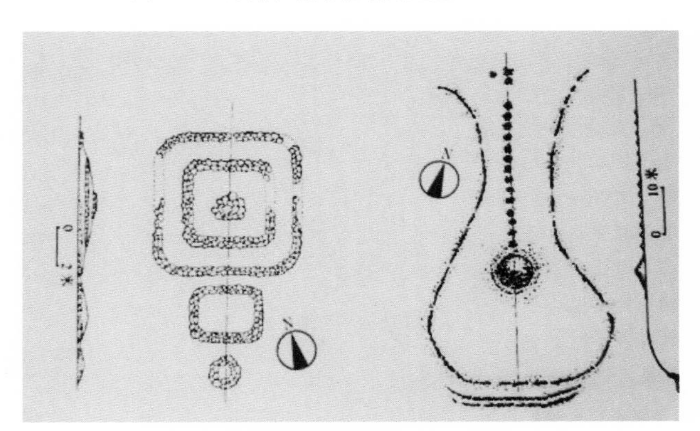

图3–25　原始社会祭祀场所遗址之二（自《中国建筑史》）

“坛”，是一种稍高出一般地面的土台，或用较好的材质铺砌地面，或以此划分坛的边界，但坛上无建筑物，无可使用的内部空间。坛的四周或有低矮围合，但高度并不会遮挡人的视线，相反，高的坛台可以获得居高临下、环顾四周的视野。人们在坛上进行祭祀仪式时，祭祀的主体人和被祭祀的客体对象得以直接地沟通对话，其过程和祈祷表述无需像神庙、教堂、佛寺道观那样通过教父、方丈拟或神像来转达，也不能有任何的天人间的物体阻隔。坛本身并非崇拜对象，也非中介物，这大概就是坛的空间意义。

“坛”的空间形态又是如何呢？它无中心标志物，也无围合因素确定空间的尺度，它是一种无形的空间，是以坛为中心向四周发散的空间，是一种虚空间，是一种“坦荡荡”的无限空间。这个具有发散特征的空间增强了人的

图3-26　中国园林空间

无限空间意念——直接与自然交融的空间，在观念上，人们突破了一般建筑空间的束缚，“宇东西，家南北”成为中国人对空间的理解和儒家对社会责任的关照。

这种无限空间的意识在中国的其他宗教中得到了认同，道教的“道”——“道，可道，非常道”，道是世界的主宰，但无象无形，空虚得不可感知，但又高于一切。“道生天地”，是一切实体和空间的根源，“道”实体的虚无和精神上的存在，扩大了中国人的空间观念，空间意识本身的局限获得突破——要得“道”必须融于自然，融于自然才会久远，长生不老，所以道的空间观也是无限的空间，是长生久视空间——“长生空间”。这就回归到道家崇尚原真、崇尚自然、返璞归真的真谛。中国古典园林中移天缩地、步移景异、借景对景、渗透自然的自由空间是对无限空间意识最好的诠释（图3-26）。

那么佛教的空间意识又如何？禅宗是内省的佛心宗，对世界的顿悟是内在的思辨，其禅定打坐是可面壁的冥想，不需要物质的空间（图3-27）。在禅宗观念里，佛我一体，无我无佛，四大皆

图3-27　面壁坐禅（自《五山十刹图与南宋江南禅寺》）

图3-28　梅县桥乡村民居自组织空间（自google地图）

空，在空间意识上是“零空间”。而佛在天边，佛在眼前，佛在心中，轮回转世，又形成了“再生空间”、“轮回空间”的空间意识。“零空间”、“再生空间”、“轮回空间”在观念上都具有无穷空间的意识，这和道教的“长生空间”、儒家的“国家有难，匹夫有责”、“修身、齐家、治国、平天下”，追求天地和谐、世界大同的“普世空间”，“和谐大同空间”，以及《周易》提倡的“物我一体”、“天人合一”的“月令空间”是融会贯通的，其空间特色都是一种“非自足性的空间”，要通过和建筑环境空间的结合才可达到最终的空间目的。

这些空间意识之大成，终成中国“游玄太空，吐纳宇宙”的非自足性空间意识和模式，它强调与自然的协调关系，其与气候的适应性、社会组织的秩序性以及结构的逻辑性，共同创造了中国建筑的单体可变平面与空间形式，以及庭院的群体空间组合方式，形成了中国建筑空间意识和空间形态的主流。所以“坛”的发散空间形式是中国传统特色建筑空间的重要原型之一。这不同于西方传统的注重空间的逻辑数量关系的自足性空间意识和模式。但在当代，东西方文化相互渗透，各自的文化传统也不断向前迈进，西方建筑师在非自足性空间的探索中也取得了令人瞩目的成果，美国洛杉矶新音乐厅就是没有立面、没有形体，试图消解自我、融入环境的作品，但同时又彰显了自我，尽管有时觉得有些夸张，但还是为严谨的城市空间增添了一丝笑容，成为这座城市的新地标（图3-28、图3-29）。

图3-29　洛杉矶音乐厅

5　楼阁两例

楼阁是古代建筑的一种形式，大多为二层以上的多层建筑，因其具有登高远眺和占地面积小的优点，所以人们在风景名胜之地常常见到它们的英姿。本节中我们举黄鹤楼和天一阁两个著名楼阁为例，谈谈楼阁设计中法天象地思想对建筑的影响。

黄鹤楼在武昌蛇山的黄鹄矶上，是一座千古名楼，与湖南的岳阳楼、江西的滕王阁齐名，并称为“江南三大楼阁”。而黄鹤楼却又以历史之悠久、楼姿之雄伟而居三楼之首，享有“天下绝景”的盛誉。

这座千古名楼为何以“黄鹤”命名呢？《南齐书》说，古代有个名叫王子安的仙人曾驾黄鹤到此小憩，后人便在这里建筑一座高楼，取名黄鹤楼。明代《南中记闻》中记载了更有趣的故事：古时候，有个姓辛的人在黄鹄山头卖酒度日。一天，有个衣衫褴褛的老道蹒跚而来，向他讨酒吃。辛氏的生意虽本小利微，但为人忠厚善良，乐善好施。他见老道非常可怜，就慷慨应允。以后，老道每日必来，辛氏则有求必应，这样过了一年多。有一天，老道忽然来告别说：“每日饮酒，无以为酬；幸有一鹤可借，聊表谢意。”说罢，拾起地上的一块桔子皮，在墙上画了一只黄鹤，对辛氏说，只要你拍手相招，黄鹤便会下来跳舞，为酒客助兴。说完便不见了。辛氏拍手一试，黄鹤果然从墙上一跃而下，应节起舞，舞毕又跳回墙上。消息传开后，吸引了远近游人，都来饮酒，一睹鹤舞为快，酒店生意大为兴隆，辛氏因此发了财。十年后，老道突然出现在酒店，对辛氏说，十年所赚的钱，够还我欠的酒债吗？辛氏忙道谢，老道取下身上所带的铁笛，对着墙上的鹤吹起一曲奇妙的调子，黄鹤闻声而下，载着老道飞走了。大家这才看清，老道还成本像后，竟是八仙之一的吕洞宾。辛氏将多年积攒的钱拿出来，在原地盖起一座高楼，取名“黄鹤楼”，楼内供奉着吕洞宾乘鹤而行的像，以资纪念。当然，这都是神话传说，有人考证黄鹤楼得名于黄鹄矶。而建楼的真正原因想必是为了更好地欣赏此地的独特风光吧。

据考证，黄鹤楼始建于三国吴黄武二年（223年），至今已有1 700多年的历史，其间屡毁屡建，不绝于世。黄鹤楼楼雄势险，风格独异。由于黄鹄矶深入江中，截波阻流，形成漩流云雾一片，波涛轰鸣。登楼临视，只见浩浩长江与千里汉水汇流一处，龟蛇二山隔江耸然相对，两岸夹峙，一川东流，其气势之磅礴令人惊心动魄，感慨万千。民间的许多神话传说，给黄鹤楼又蒙上了一层神秘的色彩，引得众多骚人墨客在此登楼赋诗唱吟，纵情讴歌黄鹤楼的壮丽景观与祖国的大好河山。

黄鹤楼的形制，各朝有所不同。唐代虽有不少文献记载，但却未留下形象的资料。我们今天所能看到的最早的黄鹤楼形象，便是宋代界画中的黄鹤楼了（图3-30）。宋时的黄鹤楼组群建筑，雄峙在下瞰大江、紧邻城墙的高台上，黄鹤楼是一座方形平面的二层楼阁，檐宇下斗拱参差，檐牙高啄，十字脊顶更是引人驻足。

图3-30 宋代界画《黄鹤楼》（自《永乐宫殿壁画》）

楼上临江开窗，邻窗设席。游人憩座宴饮，极目楚天。加上主楼周围的曲廊亭轩的衬托，黄鹤楼更是显得雄伟壮观。元明界画中的黄鹤楼更是宏丽（图3-31），但是，人们最后见到的实物是清同治年间重建的黄鹤楼。

清代的黄鹤楼高踞城垣之上，背山面江，楼凡三层，总高九丈七尺五寸（32.52米）。据参加过20世纪20年代初重建黄鹤楼筹备工作的张子安老先生回忆，清黄鹤楼构思甚是奇特：清同治黄鹤楼建于同治七年（1868年），楼的平面明为四方法四象，实为八角法八卦；明为三层象天地人三才，暗为六层喻易卦六爻之数、中层十二角法十二月，上层十二角法十二辰；平面檐柱二十八根象二十八宿（柱顶外柱面绘有二十八宿星象），内柱四根以表四维；三层平座上共有鹊巢形斗拱三百六十个，合周天三百六十度之意；大小屋脊共七十二条，会全年七十二候之意（五天为一候），又远应湖南衡山七十二峰之数。第三层天花为二阶式，一阶外围八方分列画八卦之象，二阶为圆形平板，上画太极图，如日月经天分明阴阳之象。内部楼梯左右分置，楼顶攒尖，宛若华盖，配以紫铜顶，顶装三坛，表上中下三元之意。加上四面牌楼屋脊正中的小顶，合为五岳，又含五行之意。四渎总汇，一山（龟山）远朝，既擅河图之理，又准洛书之数。[1]还要注意的是其高度九丈七尺五寸是用了九、七、五三个阳数，而宽深均为四丈八尺，则是用了四、八二个阴数（图3-32、图3-33）。

图3-31　明初安正文画《黄鹤楼》（自《辉煌古中华》）

① 《华中建筑》1985年第2期第39页。

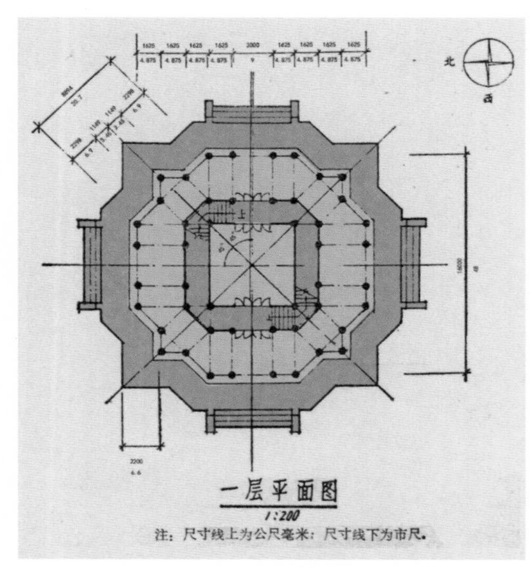

图3-32　清同治黄鹤楼一层平面图（据《华中建筑》1985年第二期）

1985年，新时代的黄鹤楼以空前的雄姿重新耸立于黄鹄矶蛇山之巅，龟蛇依然锁大江，一桥天堑变通途，新的景致又增添了中外游人的无限情趣（图3-34）。

下面再看看天一阁的设计意念。

浙江宁波天一阁是私家藏书楼。藏书楼是中国古代供收藏和阅览图书用的建筑，类似于今日的图书馆。中国最早的藏书建筑见于宫廷。早在公元前两千多年，周朝就设置了收藏盟书的“盟府”。汉代的石渠阁、天禄阁就是当时著名的藏书建筑。宋代，随着印刷术的发明，文化事业迅速发展，书籍文献大量增加，对藏书建筑提出了新的要求。自宋真宗到宋徽宗就先后建有龙图阁、天章阁、宝文阁、显漠阁、徽猷阁、敷文阁等，后人称为“藏书六阁”。龙图阁采用分类单幢收藏制度，除龙图阁本阁收藏御书、御制文集外，其下又分建经典、史传、子书、文集、天文、瑞总等六阁，按类分藏图书，以便检阅。

图3-33　清黄鹤楼（自孔夫子旧书网）

古代御书及一般书籍多用绢帛或宣纸制成，最怕受潮和火烧，所以防潮和防火是藏书场所的两个重要条件。防潮的主要措施是抬高建筑台基，前后开窗使空气流通，以及建造楼阁，将书放于二层以上的楼层上。所以，古代藏书建筑多为楼阁式建筑，如佛寺中的藏经阁或藏经楼都是两层以上的建筑。而防火措施，一方面，设法隔离火种、火源，并配备灭火设施（前面提到的汉代石渠阁就是在阁的四周设有引水渠，以隔离火源和灭火之用）。另一方面，藏书建筑本身则使用耐火材料如石、砖等来建造，如古代的一些砖结构无梁殿建筑，其本身具有较强的防火性能。位于北京南池子大街南口东侧的皇史宬，可以说是该方面的典型实物。

图3-34　新黄鹤楼英姿

皇史宬是我国现存最完整的皇家档案库，明嘉靖十三年（1534年）按古代“金匮石室”制库建造。皇史宬专门收藏各朝的“实录”、“圣训”、“御谍”等皇家重要档案。

皇史宬正殿坐北向南，面阔九间，黄琉璃瓦庑殿顶，砖石拱券结构。整座大殿建在高大的石台基上。门设两重，墙厚6米，东西山墙对开两个石窗。室内有高1.42米的须弥座，上铺磨光汉白玉石板，台上置有贮藏档案的雕云龙纹镏金铜皮樟木柜152个。整个建筑具有防火、防雷、防潮、防虫鼠害及防盗的特点。储存在里面的明清两代文档至今完好无损。这的确是一座防灾科学价值很高的建筑实例（图3-35）。

图3-35　皇史宬

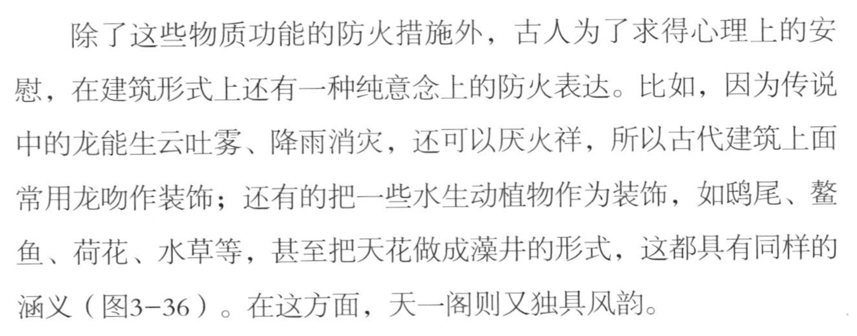

除了这些物质功能的防火措施外，古人为了求得心理上的安慰，在建筑形式上还有一种纯意念上的防火表达。比如，因为传说中的龙能生云吐雾、降雨消灾，还可以厌火祥，所以古代建筑上面常用龙吻作装饰；还有的把一些水生动植物作为装饰，如鸱尾、鳌鱼、荷花、水草等，甚至把天花做成藻井的形式，这都具有同样的涵义（图3-36）。在这方面，天一阁则又独具风韵。

天一阁建于1561年前后，是我国现存最古老的书馆建筑。它是明嘉靖时兵部右侍郎范钦所建的私家藏书楼。这个藏书楼是二层硬山木结构。下层供阅览读书和收藏石刻用，上层按经、史、子、集分类列柜藏书。阁中原藏书7万多卷。建筑分南北两面开窗，空气对流，通风防霉。东西两山墙采用了封火山墙，以免邻屋火患蔓延书阁。

然而，使人费解的是古代建筑多为奇数开间，天一阁为何却采用了偶数六开间？又为何取名“天一”？这与“河图”的哲理不无关系。

图3-36　大同华严寺大雄宝殿鸱吻

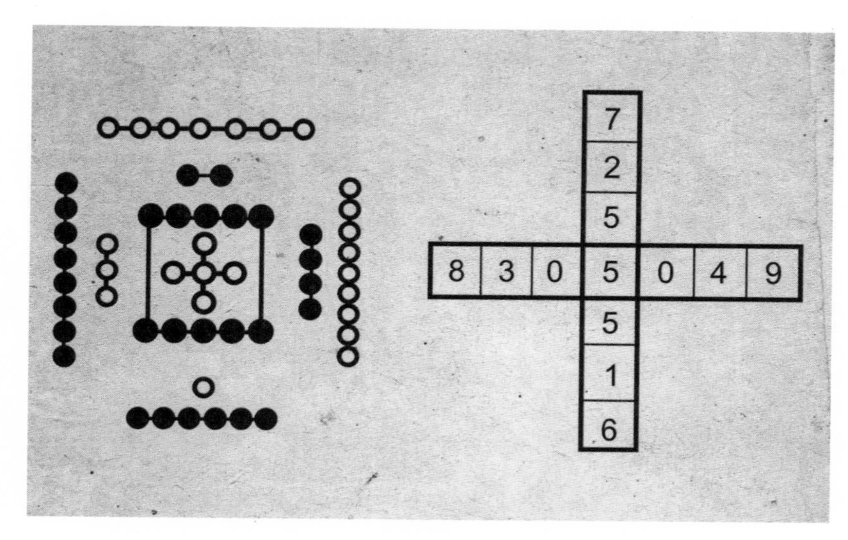

图3-37　河图

河图与洛书是最古老的中国文化之谜。传说伏羲氏得天下时，黄河中有龙马驮了一张图，作为礼物献给他。伏羲氏以此画出了八卦。《易经·系辞》说："天一、地二……天五、地六……凡天地之数五十有五，此所以成变化而行鬼神也。"五十五便是河图数，它是由一至十个点组成的图（图3-37），其中白点表示阳数，黑点表示阴数。关于这个排列方式，杨雄在《太玄·玄图篇》中解释说：

一与六共宗居于北，二与七为朋而居乎南，三与八同道而居乎东，四与九为友而居乎西，五与十相守而居乎中。

一六为水，为北方，为冬日；二七为火，为南方，为夏日；三八为木，为东方，为春日；四九为金，为西方，为秋日；五十为土，为中央，为四维日。

这段话说明了河图数列与方位、节令的关系，也说明了它与五行之间的关系。河图数与五行结合起来，刚好构成了五行相生的关系。河图每个方位所配的数都是一奇一偶，正是天地相配、阴阳平和之意。图中天数一和地数六同在北方，北方五行属水，天数又叫生数，地数又叫成数，天生地成，所以《易经》说："天一生水，地六成之。"按五行生克，水是火的克星，当时范钦鉴于书楼多患于火灾，便

图3-38　宁波天一阁

据河图及五行的数理，将藏书楼平面设计为六开间，并取名“天一阁”。除开间取六数外，其房屋的高低深广，以及书橱的尺寸也都含有“六”数。阁前又凿有“天一池”，池上建亭，既可做防火蓄水池，又可观景。如此，在精神和物质两方面都满足了防火的要求（图3-38）。

6 东岳殿彩画

法天象地的思想不仅体现于建筑的规划布局和设计方面，室内装修彩画亦不例外。道教建筑东岳殿的彩画内容和布局所体现的法天象地的思想，达到了登峰造极的地步。

东岳殿在福建莆田城北部元妙观内，西邻著名古建筑三清殿。元妙观创建于唐贞观二年（628年），其创始观名，今已无从考查。宋大中祥符二年（1009年）易名天庆观；元元贞二年（1296年）易名玄妙观；清代为避熙帝御讳“玄烨”改名元妙观。原建筑群以山门、三清殿、通明殿、九御殿、三宫殿、文昌殿为南北中轴线；五殿由东西廊庑前后相连。横轴线又以三清殿为中心，东翼五帝庙、东岳殿；西翼五显庙、西岳殿。东西南北各五殿相贯，其规模宏大，甚为壮观（图3-39）。惜经历1 300多年的沧桑岁月，原观中北部大部分建筑已毁废，而横轴五殿至今幸存。

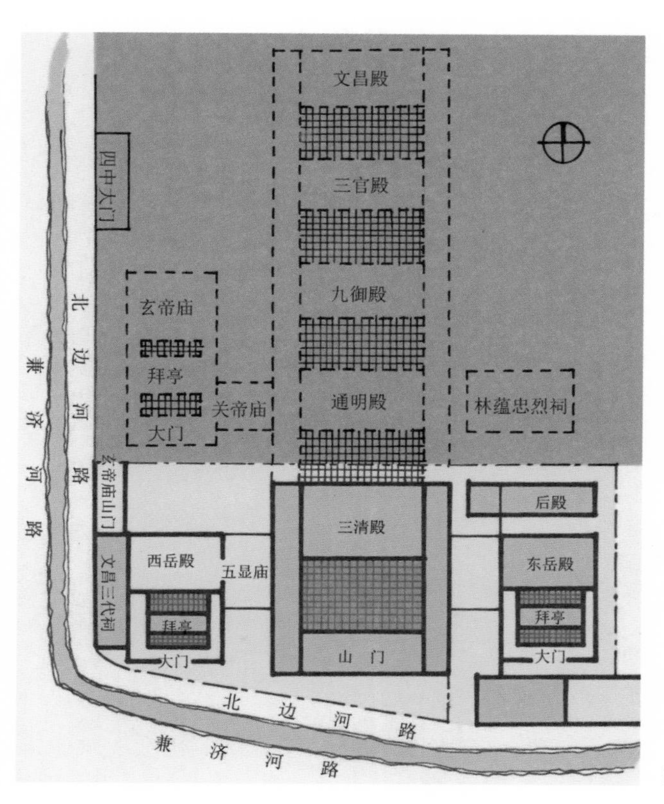

图3-39　元妙观原建筑平面示意图

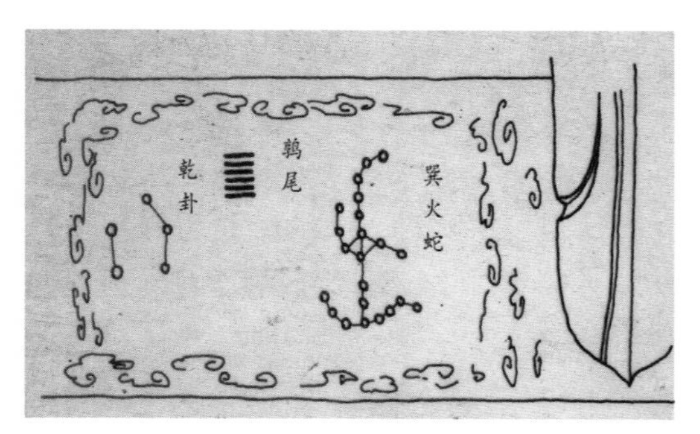

图3-40　东岳殿星象图鹑尾次

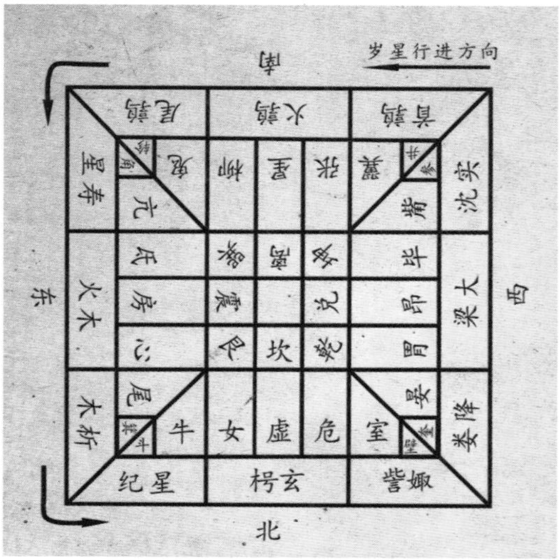

图3-41　二十八宿与十二星次

东岳殿为三清殿之东配殿，殿南向，硬山小坡檐顶，面阔三间，进深五间；两山梁架为穿斗式构架；心间东西两缝梁架为抬梁式构架，结构形式具有南方明代建筑特征。据记载，西岳殿祀注死大帝，东岳殿祀注生大帝，因而香火独盛。东岳殿始建于宋大中祥符年间，现存建筑为清嘉庆三年（1798年）重建物。

除前后两间外，东岳殿整个梁架及斗拱上均铺满彩绘，面积有100多平方米。彩画题材广泛，涉及天文、哲学、生活、谶讳、神话传说及艺术等，其中仅天文仪器就有九台，如浑天仪、纪限仪、简仪、浑象仪等。但彩绘中更引人注目的还是其星象，《周易》卦象和《洪范》九畴。

在西山梁架第二层穿枋的最南一方，发现幅星象图案（图3-40），上写有“乾卦”，“巽”、“火蛇”、“鹑尾”等文字。鹑尾为古代中国天文十二星次之一，其对应的二十八宿应为轸和翼。1977年在长沙马王堆三号墓出土的帛书中，有“岁星居维，宿星二”、“岁星居中，宿星三”之句，意即岁星所在的次，居维含二宿，居中含三宿。十二次和二十八宿搭配如图3-41所示。

该殿所绘星象图中，右边的星宿与传统的翼宿星体形状及个数一致，左边星宿脱落不全，但就残存部分看与轸宿很相似。该星象为鹑尾次无疑。按周文王后天八卦方位，巽位于东南向，火蛇为二十八禽之一，与二十八宿之翼宿对应，也为东南方，而朱雀之尾（即鹑尾）也位于东南方，这些内容因属于同一方位而集中于一块穿枋上。而六爻乾卦及卦象则按先天八卦方位属南方朱雀宫，并相应孟夏四月，如此也顺理成章。

可惜的是星象图绘仅剩此一方，余皆脱落无存，但由两山梁架彩绘的整体布局及鹑尾次的位置判断，原二层穿枋板应顺序排列有十二次星象图案。

西山梁架六次应为北→南：

降娄、大梁、实沈、鹑首、鹑火、鹑尾。

东山梁架六次应为南→北：

寿星、大火、析木、星纪、玄枵、陬訾。

位于西山梁架第三层穿枋上，每间架穿枋有一卦象，从左至右排列为巽、离、坤、兑四卦象，并同《洪范》九畴等图案结合在一起（图3-42）。

这四个图象来源于《洪范》九畴。《洪范》九畴的名目为："初一曰五行；次二曰敬用五事；次三曰农用八政；次四曰协用五纪；次五曰建用皇极；次六曰乂用三德；次七曰明用稽疑；次八曰念用庶征；次九曰飨用五福，威用六极。"以上65字，刘歆在《汉书·五行志》中认为就是洛书本文。从其与后天八卦方位配合看，是很吻合的。九畴的次序与方位就是依洛九宫图来排列的（图3-43）。

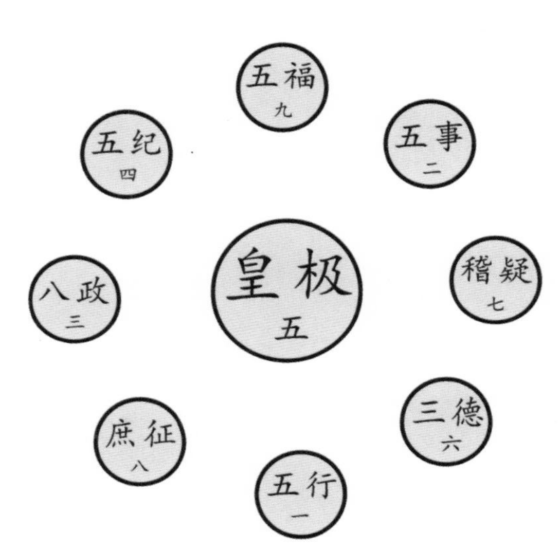

图3-43　伏生洪范九畴示意图

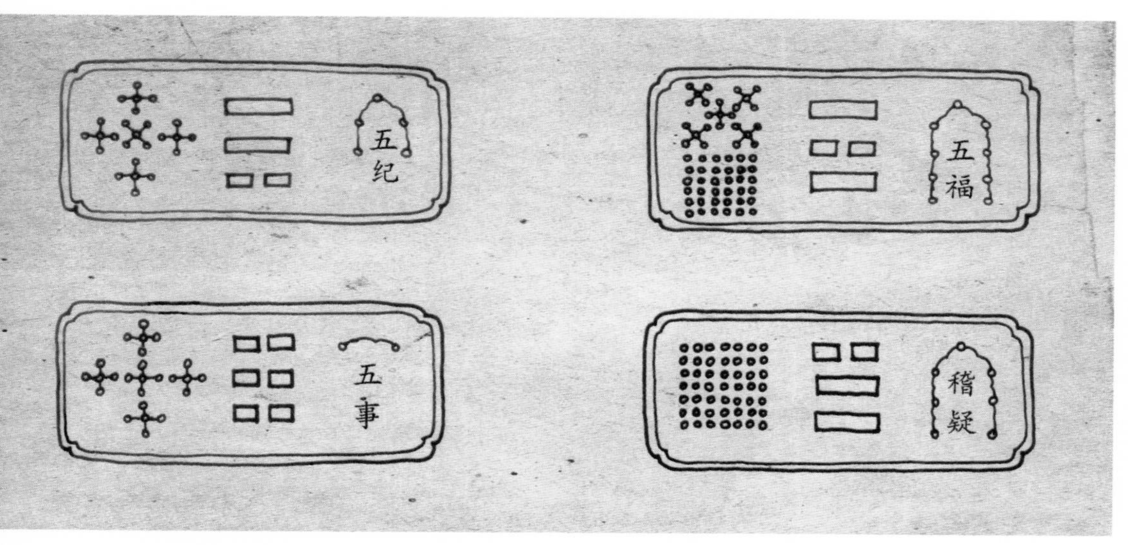

图3-42　西山梁架八卦九畴图

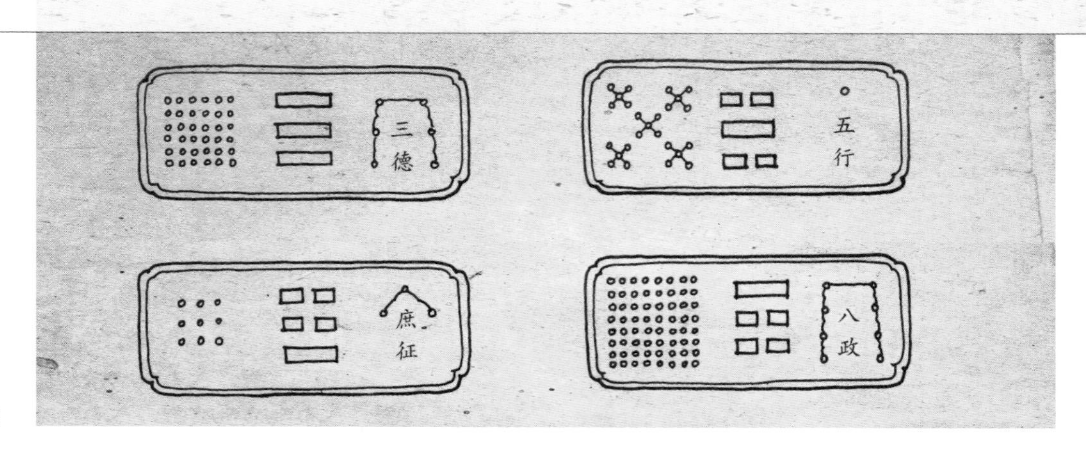

图3-44　东山梁架八乙卦九畴图

虽然东山梁架穿枋板图案也脱落殆尽，但据九畴和后天八卦方位，可推测绘出其4个图案如图3-44所示。图案中由“十”组合成的图案应是九畴相乘之得数，五行五事，五福五纪相乘均为25，其象天圆而有变。同理，图中方形点阵也是九畴相乘所得，如八政在三宫，故有3×3=9，形成九点方阵；三德在六宫，故有6×6=36，形成36点方阵。余类推，则有稽疑七宫49点方阵，庶征八宫64点方阵，其象地方而无变。

在后金柱心间斗拱上横向枋木的右侧，绘有日中金乌图，象征太阳；左侧相对位置有月中银蜍图，象征月亮。位于东次间和金乌图同一枋木上，绘有河图和“龙马负图”之图象，图数五十五，是为天数；在西次间与河图相对位置又绘有洛书和“神龟出书”之图象，洛书数四十五，以表地数（图3-45）。这样，太阳东升，月亮西启，河图天道，洛书地道，八卦排定，九畴世界，星宿四布。建筑便是一个宇宙，宇宙便是一个建筑，无怪乎中国建筑有“见大人难藐之”之感。

图3-45　东岳殿梁架纵剖面图

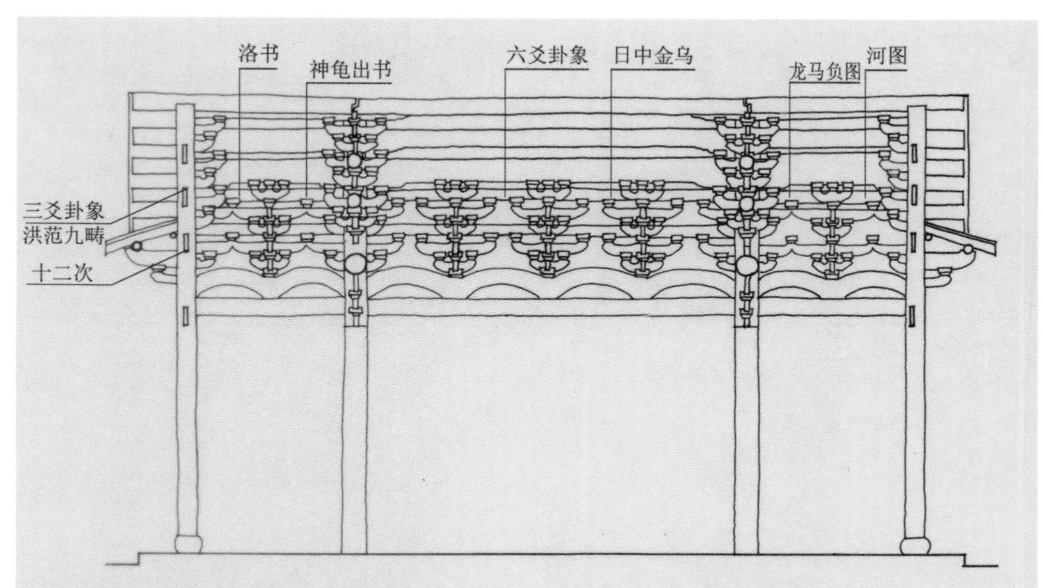

第四章

“时中”与“择中”

1 《易经》“时中”

《周易》作为筮占之典，必以预断吉凶休咎为己任。占卦，可以说是一种猜度术，它是依据对各种机遇与偶然事件得失成败的统计和偶然性的概率来预言、判断事物的后果的，而不是依据客观必然性来预言和猜度后果。

有人把《易经》中卦爻辞的吉凶断语分为大吉、吉祥、有利、无咎无悔、悔吝咎不利、凶、厉七类，对其在占卦中出现的次数和所占比重作了一个概率统计，结果得到一个大吉、吉、厉两端低，中间高的概率曲线，[①]吉祥类断语的内容远大于非吉祥类断语的内容（图4-1）。这种很好和很不好断语概率较小、好坏适中断语概率较大的结果，是筮占取中的一种方法。如果断语吉凶两极的比重都很大，那谁还会相信筮占呢？《易经》也早就不复存在了。

①《中国哲学》第6辑，第24页。

《易经》的卦爻，阳爻称“九”，阴爻称“六”。六十四卦卦象是由三爻单卦相叠而成的六爻重卦。六爻的顺序由下往上依次数去为：初（即最下第一爻）、二、三、四、五、上（即最上第六爻）。

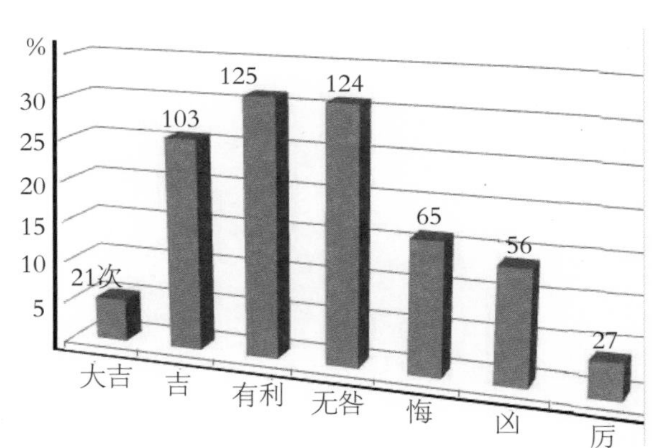

图4-1 《易经》筮占吉凶概率统计

如是乾卦，六爻全为阳爻，则依次称为：初九、九二、九三、九四、九五、上九。

如是坤卦，六爻全为阴爻，则依次称为：初六、六二、六三、六四、六九、上六。

如遇阴爻阳爻相错之卦，则九在哪位就称“九×”，六在哪位就称“六×”。如家人卦（☲☴）：

—………… 上九

—………… 九五

- -………… 六四

—………… 九三

- -………… 六二

—………… 初九

《彖》是《易传》中的一篇，用以解说《周易》六十四卦的卦象、卦名和卦辞。《彖》解释筮法的一条重要原则为“时中”，即认为一卦六爻，二五爻居于上下卦之中位，一般情况下，中爻往往为吉，故以“中”或“中正”为事物的最佳状态。如其释需卦（䷄）说：“位乎天位，以正中也。”释讼卦（䷅）说：“利见大人，尚中正也。”释同人卦（䷌）说：“文明以健，中正而应，君子正也。”

“尚中正”是《周易》的观点之一，也是儒家学说的宗旨之一。《中庸》作为儒家的主要经典而备受推崇，故有“中庸之道”之广播。在古代，“中庸”成了中国人的一个信条，一个处世的原则或诀窍。

《中庸》说：

喜怒哀乐未发谓之中，发而皆中节谓之和。中也者，天下之大本也；和也者，天下之达道。致中和，天地位焉，万物育焉。

“中和”被认为是处理政事的哲学指导思想和有效的方法，因而受到历代统治阶级的莫大重视。但怎样才能“尚中”而达到“中和”的状态呢？那就是要做到“不偏不倚，无过不及”。宋代理学家程氏诠释中庸说：“不偏之谓中，不倚之谓庸；中者，天下之正道；庸者，天下之定理。”并认为，《中庸》“乃孔门传授心法”，是儒家哲学思想的精华之一。

“中”是位置、空间方位，处事的度。仅有中还不行，还要有“时”，有时间和时机相配合才行。关于时，《彖》认为重卦六爻的吉凶因所处的条件而不同，因时而变，所以把因时而行视为美德。如其释大有卦（䷍）说：“应乎天而时行，是以元亨。”释损卦（䷨）说：“损刚益柔有时，损益盈虚，与时偕行。”其释艮卦（䷳）说：“时止则止，时行则行，动静不失其时，其道光明。”

儒家也注重“时”，孟子便推崇“时”。他赞扬孔子说：“孔子，圣之时者也。”[①]意谓孔子因时而行，所以为圣人。《彖》认为，“中”与“时”是相关联的，从而把“时中”——因时而行中道作为人们行为的准则。其释蒙卦（䷃）说：“蒙亨，以亨行时中也。”其意指做事只要行动切合时机，而且把握不偏激的中庸原则，就能够畅行无阻，一切顺利。时中说乃儒家之学说，所以《彖》提出中位说，以此来解释卦象的吉凶。

①《孟子·万章》

2 “天子中而处”

古人把空间视觉的中心与权利、均衡观念上的中心结合在一起，加强了尚中的涵义，认为“居中”就意味着公正，中正不倚。

古代明堂中，帝王随季节和方位的变化而有规律地变换行政、居住的时间和场所，这便是《易传》“时中”的反映。然而，这样经常变换行政中心毕竟是不切合实际的，而帝王在方位上只有居东西南北之中才能“中立不倚”；而中立不倚才能动静不失其时，以不变应万变，达到悠久无疆的境界。所以古代“王者必居土中”的观念和实践都是十分强烈的。天子居中心至尊之位，意喻着其替天行道、权威的至高无上和行事光明正大、无过不及。这除了深受《易传》“时中”儒家的中庸之道和道家阴阳平和思想的影响外，天子居中还在于方便于国家的治理。

《吕氏春秋·慎势》说：

古之王者，择天下之中而立国，择国之中而立宫，择宫之中而立庙。天下之地，方千里以为国，所以极治任也。

这里“国”指千里京畿。这段话的意思是：古代称王的人，选择天下的正中来建立京畿，选择京畿的正中来建立宫廷，选择宫廷的正中来建立祖庙。普天下，只把千里见方的地方作为京畿，是为了更好地担起治理国家的担子。这个“择中”统治的思想一直为统治者重视和继承，成为中国古代城市规划的指导思想和设计理论，由大到小，由外而内，层层相套，形成了中国古代建筑的一种构图模式（图4−2）。

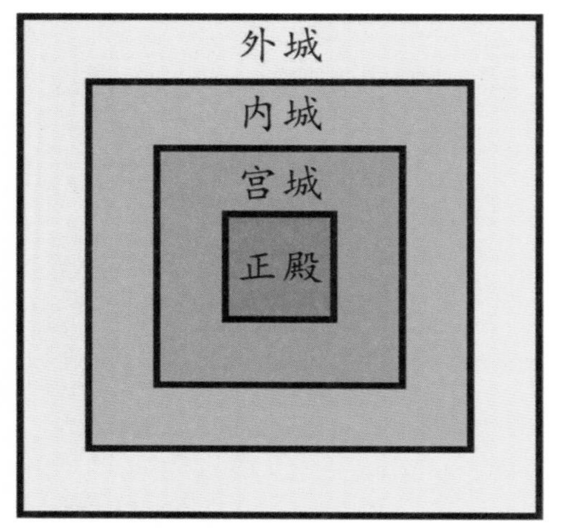

图4−2　择中规划模式

其实，“择中”的观念起源很早。远在仰韶文化时期的西安半坡村遗址中，其居住区的46座房屋就是围绕着一所氏族成员公共活动用的大房子而布局的。无独有偶，在陕西临潼姜寨仰韶文化村落

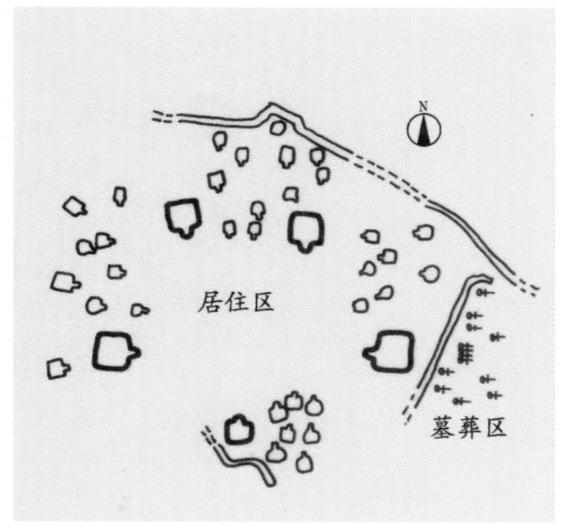

图4−3　陕西临潼姜寨村落遗址平面图（据《中国建筑史》）

遗址中，居住区的房子共分五组，每一组都以一栋大房子为核心，其他较小的房屋环绕中间的空地与大房作环形布局（图4-3）。可见，村落中的大房子和中间的空地有着特殊的功用，具有尊高的地位。这说明，早在石器时代人们就有了“择中”的思想意识，并存在着一种“向心型”的建筑布局。我们知道，氏族部落是以血缘关系为基础的组织，一个组织需要一个领导机构，并由一个最具威望的人——部落酋长来领导这个机构，以有效地处理部落中的各种事务。酋长便是部落的权力中心，原始村落的环形向心布局对加强酋长的权威无疑是一种最简单明了的方法，因为大房子和中间的空地是部落举行宗教仪式和作出决定的主要空间场所。

甲骨文“中”字作“中 中”，前者像以旌旗（即日）测口之形，后者像以直立木杆（即表）测口之形。中之古义正是“日午”，故有中正、平直、不阿之义。殷人已有五方的观念，“中央”的概念在商代已很强烈。甲骨文中有“中商”名词出现，据考证，“中商”即择中而建的商王城或位于中央的大邑。

周人也沿袭了商人在“中央”方位建王城的传统思想，《逸周书·作雒》有：“作大邑成周于土中”的记载。其实，“中国”的称谓就是源自于地理方位中央的概念，《诗·大雅·民劳》说：“惠此中国，以绥四方。”《集解》中刘熙曰：“帝王所都为中，故曰中国。”在观念上，“中央”这个方位最尊，是一种最高权威的象征，故“天子中而处”（《管子·度地》）。在城市规划布局上，以中央这个最显赫的方位来表达“王者之尊”再合适不过了。因此，自商周之际始，“择中”思想一直为后世所传承，并广泛地指导着城市的规划布局，以致形成了中国古代城市颇具特色的中心为尊的格局，规划布局便是围绕中心展开实施的。纵观历史，在世界文化体系中，恐怕再没有比中国人更推崇“中”这个概念的了，由国土规划到民间小居，其已深深地渗透在人们的心目中并被广泛实践，“尚中”观念已经成为中国文化特色之一。

2010年8月，第34届世界遗产大会上，我国河南登封“天地之中”历史建筑群被成功列入《世界遗产名录》。这里是中国早期王朝建都之地和文化荟萃的中心，儒、佛、道都在这里建立了弘扬传播本流派文化的核心基地，也成为人们测天量地的中心，因而汇聚和留存了大量珍贵的文化纪念建筑。“天地之中”历史建筑群共有8处11项，包括周公测影台和观星台两处；少林寺建筑群三处（塔林、初祖庵、常住院）；会善寺；嵩阳书院；中岳庙和东汉三阙（太室阙，少室阙，启母阙）；嵩岳寺塔。这些建筑都与中国“天地之中”传统宇宙观有着重要的联系，也是中国礼制建筑、宗教建筑、科技建筑和书院建筑的杰出代表和范例。

《周礼·地官·司徒》说：以土圭日影测量土地的方法，测量南北远近，校正日影，便可知道土地的方位，以求得不偏于东南西北的中央地方。在中央偏南的地方，日影短而气候炎热；偏北的地方，日影长而气候寒冷。偏东的地方得日较早，所以当中央地方日当正午时，此地则已日影西斜了，而又多风；偏西的地方得日较迟，所以当中央地方日正当中时，此地还是朝日东升，而又多阴。夏至那天中午的八尺高的表杆日影长达一尺五寸的地方，即是天下的中央。这地方天地之气和合，风调雨顺，阴阳谐调，所以土肥水美，物产丰富，这是建立王国最理想的地方，然后制定规划方千里的王畿，在边界沟洫上种植树木作为阻固。天下之中央古称“地中”，也叫“土中”，也即国家疆土的地理中心。择地中建王畿的观念与中国的自然地理和人文地理有密切关系。

图4-4　登封告成镇周公测影台（自河南文化产业网）

那么，古人所认为的地中在什么地方呢？它又是以什么方法和标准确定的呢？东汉经学家郑玄说：“土圭之长，尺有五寸，以夏至日，立八尺之表，其景适与土圭等，谓之地中，今颍川阳城地为然。”在夏至日中午时刻立8尺高的表，如表的影子恰好等于1.5尺长的土圭长度，那么这个地方就称为地中。实际上以表影求得的并非一点，而是一条东西向的线，地中点的确定还要通盘考虑。从史料来看，最早用土圭测得的夏至日影长都是1.5尺左右。《易纬·通卦验》所载的是1.48尺；公元前25年左右的刘向采用1.58

尺；而597年的袁充则采用1.45尺。诸文献中记载大多数测量地中的地点，是位于河南洛阳东南约160华里的古阳城（今登封县告成镇）。洛阳夏至日中午12时的太阳高度角为 78° 47′，按表高8尺、圭长1.5尺之比求得地中此时的太阳高度角为79° 11′，古阳城纬度较洛阳为低，所以在该地测得日影长按其纬度计算，误差确实很小。洛阳、告成镇一带确为古地中无疑。在告成镇，至今仍保存着元代天文学家郭守敬所建的观星台，为了准确地测定日影的数据，郭守敬把直立的表长度从8尺延长至4丈，扩大了5倍，而石圭也长达128尺（实测为30.3米），使相对误差由原来的6.6%减少到 1.3%，其测量精度有了很大提高。观星台成为我国保存至今最早的古代天文台（图4-4、图4-5）。

汉代著名科学家张衡在《东京赋》中说："土圭测景，不缩不盈，总风雨之所交，然后以建王城。"汉东京即洛阳。洛阳是我国六大古都之一，从东周起，先后有东周、东汉、曹魏、西晋、北魏、隋、唐、后梁、后唐等九个朝代建都于此，故

图4-5　河南登封元代测影台（自《人民日报海外版》2012. 03. 01）

洛阳以“九朝名都”而闻名天下。如再加上后晋石敬唐曾建都洛阳的一段时间，洛阳就是“十朝名都”了。总之，洛阳是中国历史上建都最多的地方之一。

黄河中下游及关中一带是中国文明的摇篮，我们的祖先自上古、中古时期就活跃于此。从中国气候区域划分的角度看，该地区处于南温带，由此向北为中温带和北温带，向南则为亚热带和热带。而且中国西北部冬季寒风凛冽，东南部沿海又多暴风骤雨。所以在古代人们抵御自然灾害能力较低的情况下，依据经验去选择、迁徙到“天地所合，四时所交，风雨所会，阴阳所合”，百物阜安，寒暑适宜的自然环境中，以改善其生产生活的状况（图4–6）。

历史上，殷人屡次迁都，中期以后则定都于这个地区（河南中部黄河两岸）。如已发掘的位于郑州的商城遗址，安阳小屯村殷墟遗址及偃师二里头商代宫殿遗址等，都证明了殷商后期的古人曾活跃于此。从殷人整个迁徙过程来看，迁徙的原因

图4–6　中国气候区划示意图（据《中国自然地理图集》）

除了与内外斗争和黄河下游改道、洪水泛滥等因素有关外，还应与殷人寻找地中，营建“中商”有着密切的关系（图4-7）。

周人击败殷人后，其势力向东南发展，周武王承继了殷人择中建王城的观念，并精心经营建了洛邑。《尚书·多士》说：“王曰……令朕作大邑于兹洛（洛邑），予惟四方罔攸宾，亦惟尔多士攸服奔走，臣我多逊。”意为周王在洛这个地方建造一座大城，是因为四方诸侯无处朝贡，也是为了殷国遗民服务王事、奔走效劳的方便，并要殷民顺从地臣服周王。为了使人们臣服周王的统治，周王朝自然把天命搬出来，以表明其统治权力的天经地义和神圣，所以《尚书·诏诰》又说：“王来诏上帝，自服于土中。旦曰：‘其作大邑，其自时配天皇，毖祀于上下，其自时中乂，王厥有成命，治民今休。’”“乂”是治理的意思。认为在天下的中部营建洛邑，也是上帝的意志，王受天命，百姓方可安宁，从此便可以居于天下之中而治理国家了。可以看出，周人择中营建王城是“以土中治天下”的思想为指导的。在交通、通讯不甚发达的古代，将政治、经济和军事中心设于国土疆域的中央，无疑是具有重大意义的。《尚书·洛诰》记载：周公“卜涧水东，瀍水西，惟洛食”，“又卜瀍水东，亦惟洛食。”即周召公来洛阳于洛水之滨卜兆大吉，看到这里山川秀丽，土肥水美，遂选择了涧水东、瀍水西，濒临洛水一带建城。周成王又亲临洛阳确定了建城方案，至公元前770年，周平王将王城自陕西渭水流域的镐京迁来洛阳，史称东周。周人迁洛虽与周人和犬戎之争及内部权力分化等政治、军事事件有关，但周人灭商后其势力和疆土向东南

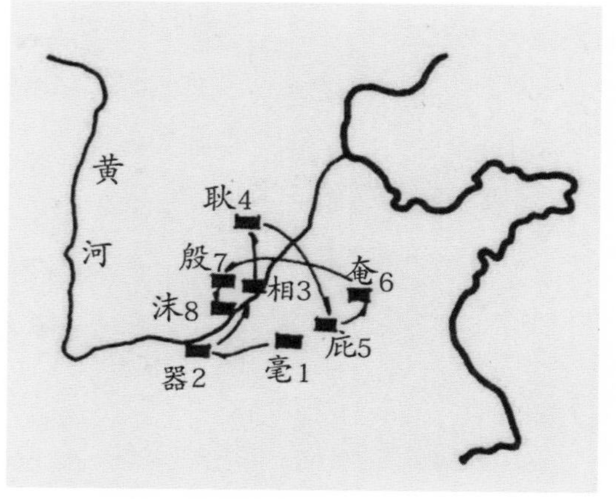

图4-7　商代历次迁都示意图

图4-8　太保相宅图（自清《钦定书经图说》）

发展，西周的原首都镐京，地处偏僻，交通不便，而洛阳地处中原，物产丰富，文化发达，所以周公想迁都中原，于是就有了周公占卜相地、寻求地中这段情节（图4-8）。

从洛阳的地理环境分析，其位置确实十分重要。它不仅为东南西北的水陆交通枢纽，是"天下之中，四方入贡道里均"（《史记·周本纪》），而且地理形势十分险要。它西依秦岭，东望嵩岳，北有邙山屏障，南对龙门伊阙，洛水自西向东横贯全城（隋唐时），依山傍水，冬暖夏凉，进可攻，退可守，水陆交通四达，物产丰富，真不愧为是物华天宝的好地方。所以，历史上除了众多朝代于此立都外，还有若干朝代于洛阳营建东京、中京、西京、东都、西都等陪都（图4-9）。

《吕氏春秋·慎势》说："王者之封建也，弥近弥大；弥远弥小。"认为称王的人分封诸侯国，越近的就越大，越远的就越小，边远之处甚至有仅十里大的诸侯国。用大的诸侯国役使小的诸侯国，用权势重的诸侯国役使权势轻的诸侯国，用人

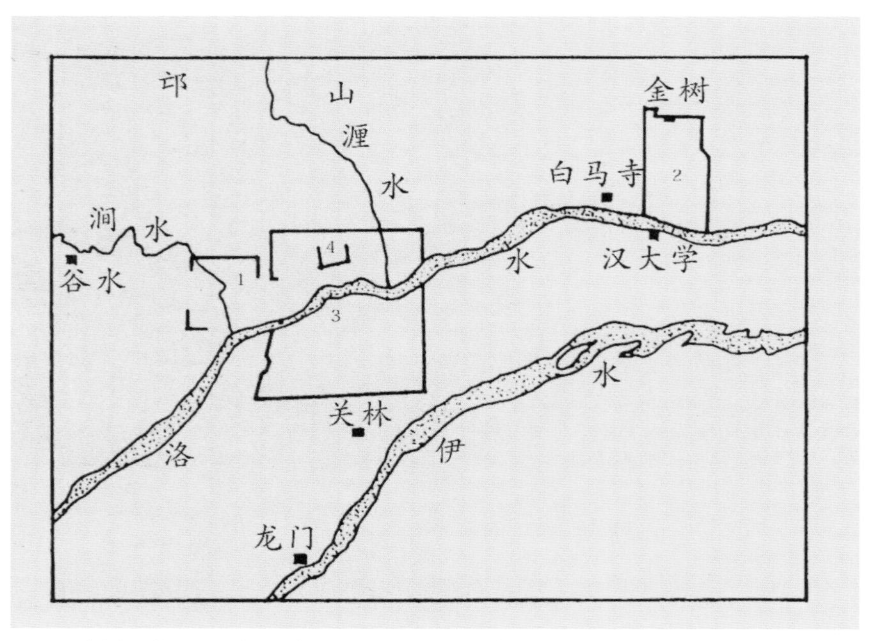

1. 东周王城　2. 汉、晋、魏洛阳城　3. 隋、唐洛阳城　4. 明、清洛阳城

图4-9　洛阳城历代演变图（据《中国历代都城》）

多的诸侯国役使人少的诸侯国，这就是称王的人能统治天下的原因。所以《周礼·地官·司徒》说：

凡建邦国，以土圭土其地，而制其域。诸公之地，封疆方五百里，其食者半；诸侯之地，封疆方四百里，其食者三之一；诸伯之地，封疆方三百里，其食者三之一；诸子之地，封疆方二百里，其食者四之一；诸男之地，封疆方百里，其食者四之一。

这个按爵位的等级大小分配以不同的疆域与俸禄，以王畿为中心递级缩减的模式反映了统治者以己为中心、以礼治国的思想（图4-10）。

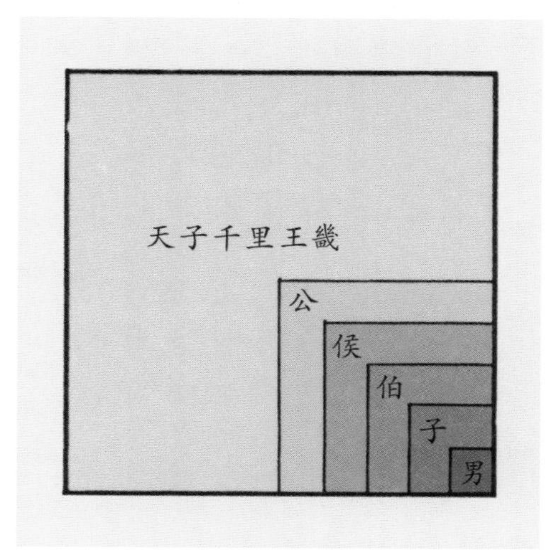

图4-10 《周礼》爵位疆域示意图

清代《钦定书经图说·禹贡》中有一幅“弼成五服图”（图4-11），五服同心矩形的中心是帝都，由中心向外扩展的各带是：①甸服，即王畿；②侯服，即诸侯领地；③绥服，即已绥靖的地区，亦即接受了中原文化、帝王权力所及的边境地区；④要服，即与这个中心结成同盟的外族地区；⑤荒服，即尚未开化的地区。这张图向我们展示了古代中国社会政治、经济、文化以帝都为中心向外层层扩展的理想模式——帝都千里，每服向外延伸五百里。这虽然是一种理想模式，但却形象地反映了统治者的居中意识。他们把中国视为天下中心，皇帝为天下共主，这种自我中心的文化心理直到明代还十分强烈。

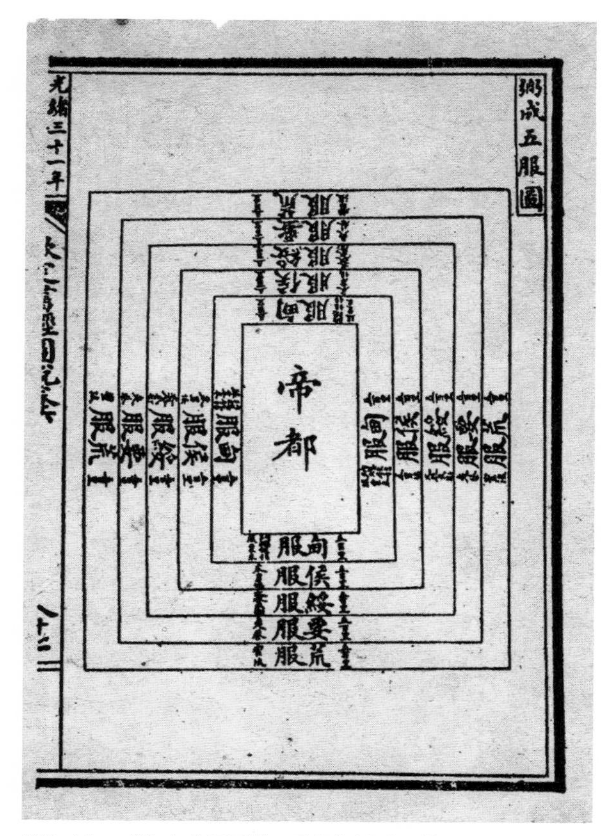

图4-11 《钦定书经图说·禹贡》弼成五服图

这个“五服”的概念应与中国家庭以血缘亲疏关系的“五服”关系密切。为了明晰家族成员在族群社会中的位置和地位，以儒家父子孝悌为核心的伦理秩序为根本依据，在家族丧礼中，由亲疏关系的不同而身着不同的衰衰孝服，来表示孝意哀悼及表明与逝者的远近关系。这本来是出自周礼，是儒家的礼制，后来又被人们引申成为亡人“免罪”。每个家族成员根据自己与死者的血缘关系，和当时社会所公认的形式来穿孝、戴孝，称为“遵礼成服”。两千年来，汉族的孝服虽然有传承和变异，但仍然保持了原有的定制，基本上分为五等，即，斩缞（cuī）、齐缞、大功、小功、缌（sī）麻。这明了了家族众人的相互血缘关系，成为家族团结的重要措施之一。五服图纵向上下有九族：父母、祖父母、曾祖父母、高祖父母、己身（丈夫）、子、孙、曾孙、玄孙；横向左右各有五列：己身（丈夫）、兄弟、堂兄弟、再堂兄弟、三堂兄弟；姊妹、堂姊妹、再堂姊妹、三堂姊妹。围绕着己身，形成了九族与五服的家族结构图。往上数，上辈中有叔伯父母、堂伯父母、再堂伯父母、祖伯父母、堂伯祖父母、曾祖伯父母、姑、堂姑、再堂姑、祖姑、堂祖姑、曾祖姑等。往下数，下辈中有侄妇、堂侄妇、再堂侄妇、侄女、堂侄女、再堂侄女、侄孙妇、堂侄孙姑、曾侄孙妇、曾侄孙女等。其五服图表显示，以“己”为中心的上下、左右五个层次的家族亲疏关系，出五服其血缘关系和亲疏关系已经十分淡薄了（图4-12）。

择中建王城的目的是为了便于治理天下，但王城位于地中则不一定就有利于达到这一目的。因为除了地理位置交通方便外，政治、经济、军事等诸要素都是建都治理天下所要考虑的主要内容。显然，历史上的国都并不都建于地中洛阳一带。“凡立国都，非于大山之下，必于广川之上。高毋近旱而水用足，下毋近水而沟防省。因天材，就地利。故城郭不必中规矩，道路不必中准绳”（《管子·乘马》）。这种从实际情况出发灵活地规划的思想，不为封建礼制和择中模式所束缚，无疑是对择中思想的发展和补充。其实，陪都的设置就是弥补择中建都不足的一项重要措施。

择中思想不仅仅体现在“择天下之中而立国”，而尤其体现于城市本身的规划之中。“择国之中而立宫”，就是城市总体规划的指导思想，它广泛地指导和规范着城池的布局。

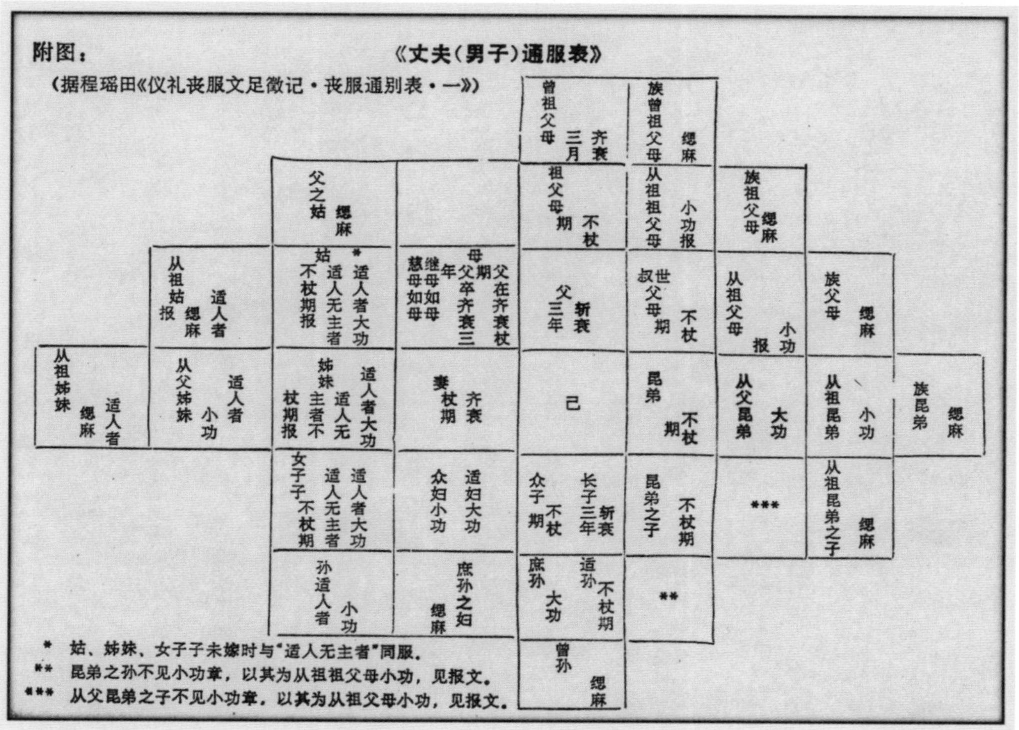

附图：《丈夫（男子）通服表》

（据程瑶田《仪礼丧服文足徵记·丧服通别表·一》）

				曾祖父母 齐衰三月	族曾祖父母 缌麻			
		父之姑 缌麻		祖父母 不杖期	从祖祖父母 小功报	族祖父母 缌麻		
	从祖姑 适人者 缌麻报	姑* 适人者大功 适人无主者不杖期报	父在齐衰杖期 父卒齐衰三年 母 继母如母 慈母如母	父 斩衰三年	世叔父母 不杖期	从祖父母 小功报	族父母 缌麻	
从祖姊妹 适人者 缌麻	从父姊妹 适人者 小功	姊妹 适人者大功 适人无主者不杖期报	妻 齐衰杖期	己	昆弟 不杖期	从父昆弟 大功	从祖昆弟 小功	族昆弟 缌麻
		女子子 适人者大功 适人无主者不杖期	适妇大功 众妇小功	长子斩衰三年 众子不杖期	昆弟之子 不杖期	***	从祖昆弟之子 缌麻	
		孙适人者 小功	庶孙之妇 缌麻	适孙不杖期 庶孙大功	**			
				曾孙 缌麻				

* 姑、姊妹、女子子未嫁时与“适人无主者”同服。

** 昆弟之孙不见小功章，以其为从祖父母小功，见报文。

*** 从父昆弟之子不见小功章，以其为从祖父母小功，见报文。

图4-12　丈夫通服表（五服图自《周代宗法制度史研究》）

《管子·度地篇》说：“内为之城，城外为之郭”、“筑城以卫君，造郭以守民”。王城规划自内而外为宫城（子城）、内城、外城（郭城、罗城），而王室所居的宫城总是居于中心显赫位置，成为王城的主体（图4-2）。淹城是西周时代淹国的都城（在今江苏常州市南），它有三重城墙，分王城（子城）、内城、外城三道。王城呈方形，周长约500米，城墙现高约5米，宽约10米；内城为不规则圆形，周长约1 500米，城墙现高12～15米，宽约 20米；外城也是不规则圆形，周长约3 000米，城墙残高9～13米，宽25～50米。城墙均用土筑成，三道城墙都只有一个旱路城门，并且三个城门不开在同一个方向上，内城城门朝正南，中城城门朝西南，外城城门朝西北。三道城墙外都围绕有宽阔的护城河，当时人们出入全靠渡船往来，防卫性极强，真可谓达到“筑城以卫君”的目的了。淹城被考古学家喻为“中国江南第一城”，它的城市形制，不仅反映了远古时期人们的智慧和创造，而且为研究中国古代建筑史提供了极为珍贵的实物依据（图4-13）。

图4-13　江苏武进淹城遗址
（常州市武进区博物馆）

北宋都城汴梁（开封），也有三重城墙。中心是宫城（大内），为南北略长、东西稍短的矩形平面。城设四门，南为宣德门，北为拱宸门，东为东华门，西为西华门，四面开门与宫城居中有关。第二重城墙为里城，文献记载城垣周围长20里50步，东南西北四面各有三个城门，与《考工记》王城制度中的“旁三门”相符。最外一重为外城，开封城内河道众多，有金水河、五丈河、汴河、蔡河流注其中，号称“四水贯都”，所以外城水旱门共有20个，其中水门就有7个。汴京城三重城墙，宫城居中的形制，是承袭了周王城的制度，并影响到金中都、元大都及明清城的规划（图4-14）。

在中国古代中小城镇的布局中，也同样贯穿着择中思想，它们大多是以王府、衙署或钟鼓楼为中心布局，旨在表现地方统治权力的至高无上。南通城是典型的一般府州城的平面，城为长方形，城周长6里70步，原为土城，明代加砌砖石。城之东南西各开一门。城之四角有角楼，城上尚有16处敌台。城外有宽阔的护城河，最

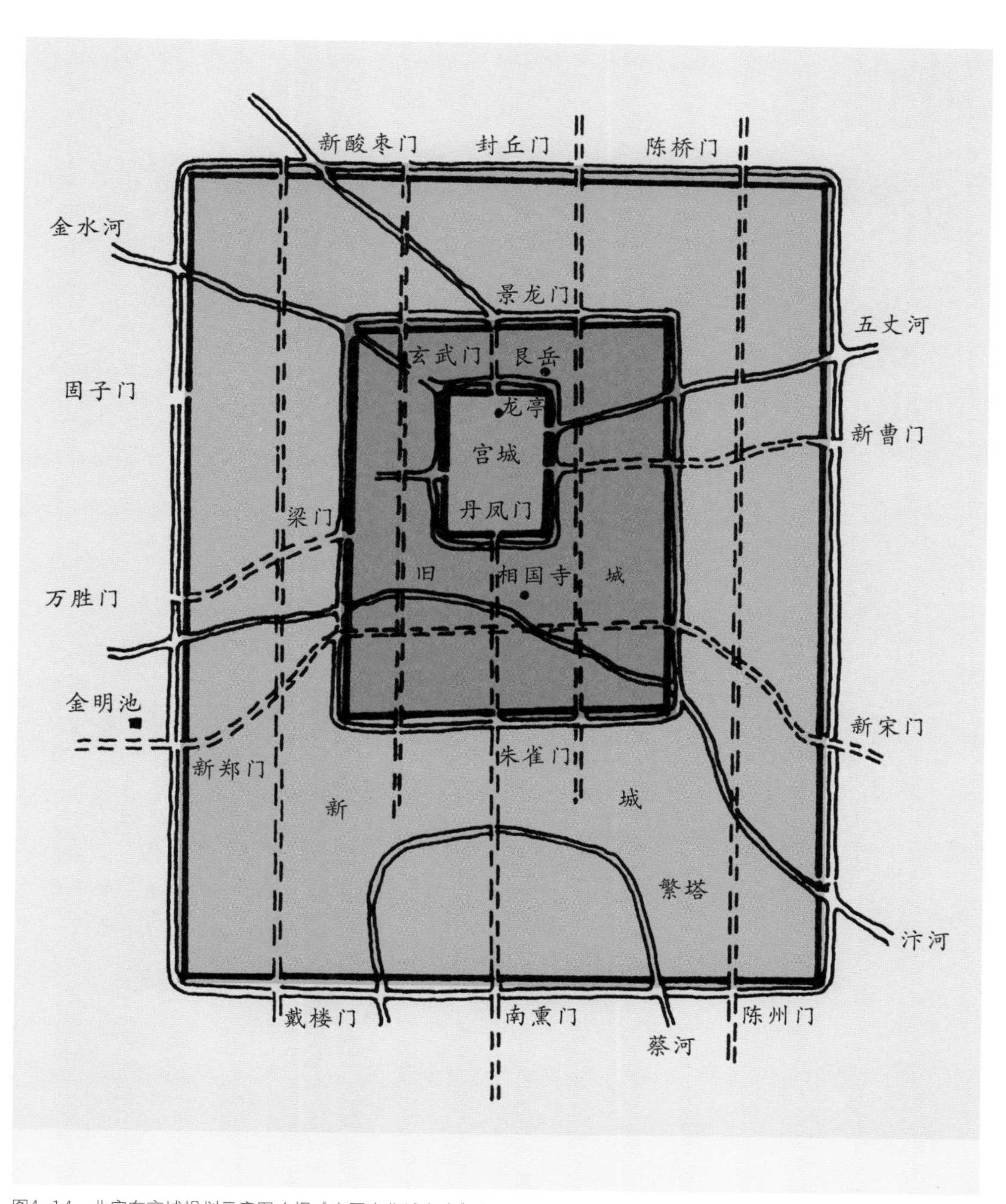

图4-14　北宋东京城规划示意图（据《中国古代城市史》）

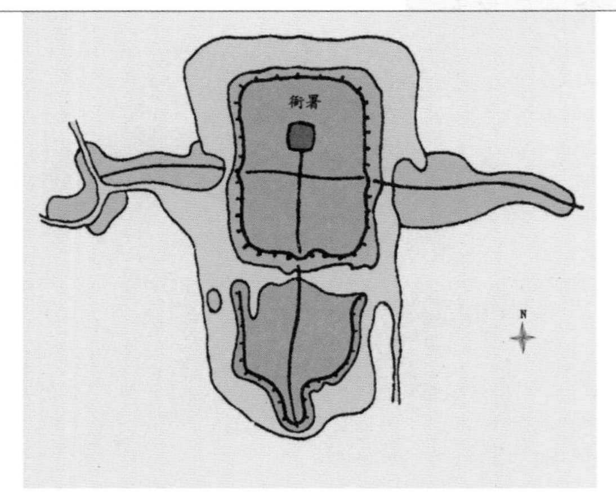

图4-15　清代南通城（据《中国城市建设史》）

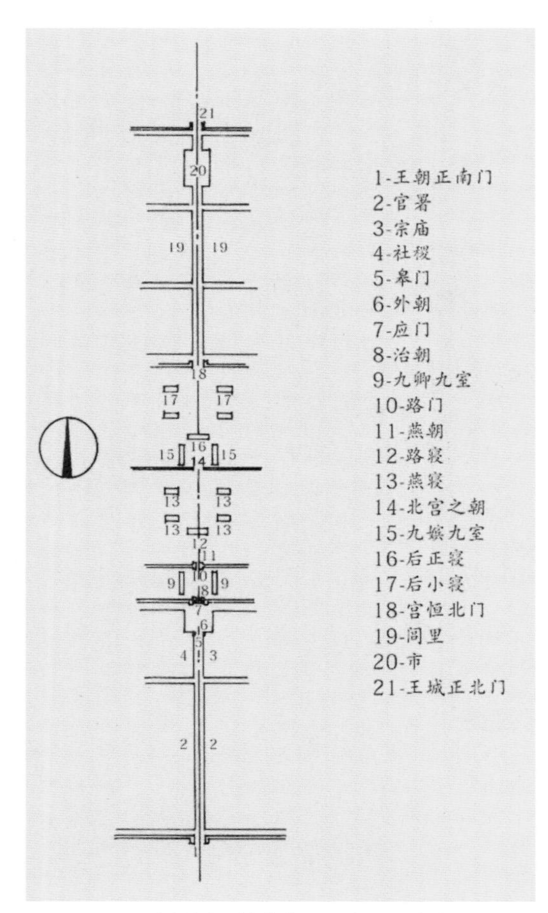

图4-16　王城规划主轴线布置示意图（据贺业钜《考工记营国制度研究》）

宽处达200米，城门处设吊桥。城内干道与三个城门相通，呈丁字形。丁字街口的北面为府州衙署，其系政治中心又是城市的中心。而文庙、学宫、军事机构及仓库等城市重要机关也布置于靠近衙署的四周。明中叶以后，由于倭寇海盗曾屡次侵扰，又在城南加筑城墙一圈，称新城，中轴线一直延长至称为海山楼的南门楼（图4-15）。

浏览中国古代城市建筑史，不难发现都城的规划布局，除了以皇城为中心的形式外，还有一种典型的布局——皇城位于南北中轴线北部，其他官署、里坊沿中轴线对称设置，如上述曹魏邺城、唐长安城等。与“土中”、“择中”意识并行不悖的是，这种布局是来自天—地结构中心的认同，即法天象地的城市规划。

这样，在王城的规划中，皇宫的南北中轴线往往就是全城的主轴线，各主要建筑物都依次排列在这条中轴线上，借其来表达中心思想，以突出政权的威严和崇高。通过主轴线的控制，把朝寝、庙社、官署、市肆、里坊等各部分统一起来，使整个城市聚结成为一个有序、有机的整体（图4-16）。

城市规划的中心思想展现的又一个层次，即是“择中之中而立庙”，这相当于今天城市的详细规划或小区规划。“庙”其实可泛指主体建筑，将主要建筑立于组群的中央或中轴线上，其他次要建筑则按等级和功能围绕主体建筑布列，这就更进一步强化了王者之尊，强化了礼治秩序。不仅王宫，这种择中格局横贯于古代中国多类建筑布局中，寺庙、市肆、闾里、陵墓、民居等莫不如是。

总之，王宫居中，正对天极，天下中心，为民立极。轴线纵横，天地一体，希冀天人和谐，国康民安，以绝对的服从追求空间观和宇宙观、社会观的高度统一，反映了封建社会所特有的皇权至上、惟我是从、一统天下的强权思想。

3 “金井”——陵墓的中心

“择中”思想和构图不仅体现于国家规划、国都规划和帝王的宫廷设计中，在帝王陵寝规划中也表现得十分强烈。古代帝陵中，常有一中轴线贯穿南北，长长的神道往往是中轴线的标志。

“生者南向，死者北首”，如清陵寝的主要建筑隆恩殿、方城、明楼和宝顶等，对应天上北极星的位置，一概沿中轴线坐北向南布置在中轴线的北部，同样具有居中当阳的尊高意义。陵寝的其他建筑沿中轴线向南依次排列开，对主体建筑起着拱卫和衬托的作用（图4-17、图4-18）。

图4-17 清慕陵俯视

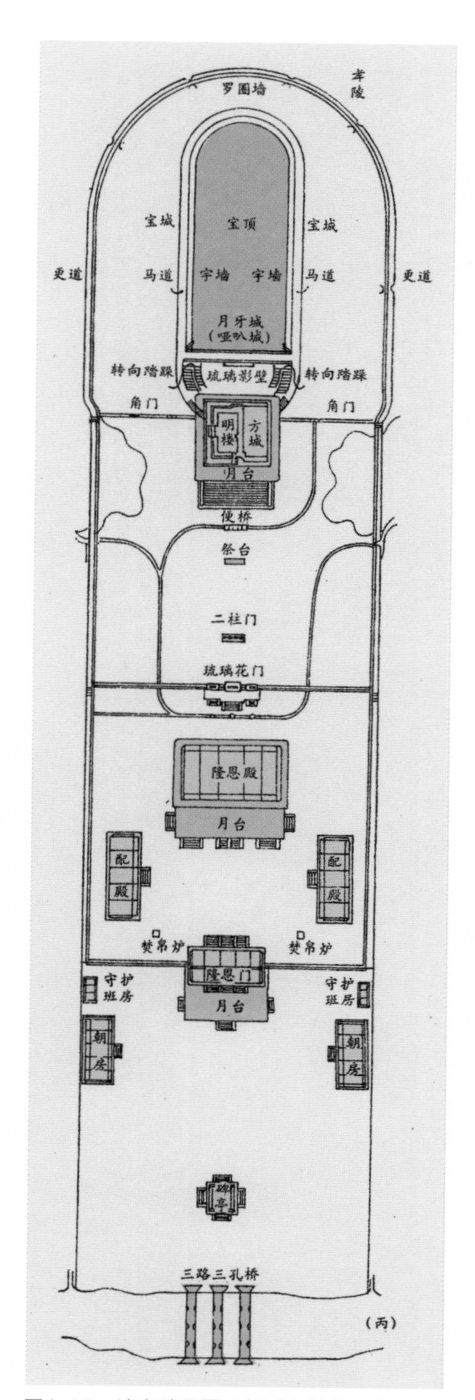

图4-18 清孝陵平面（据《刘敦桢文集二》）

可见，布局的对称和均衡，追求阴阳合和，也是陵墓建筑规划的一个显著特点。中轴线是对称构图的中心线，中轴线两侧的建筑，如配殿、朝房、班房、焚帛炉以及石象生都作对称的布置。这种布局左右对称，整齐划一，创造出帝王陵寝平衡稳定、庄重肃穆的特有纪念性气氛，加之建筑本身与四周秀丽山川的彼此呼应，给人一种不同凡响的心理感受，设计出了一个十分适宜于谒陵祭祖仪式的空间环境。

然而，如此井然有秩的建筑设计是如何完成的呢？当然，首先要选定一个中心点，以此为基准，再由点到线、由线至面地逐步全面铺开来。在陵寝建筑中，这个中心点叫做“金井”。

在陵寝地宫的核心，棺床正中央的位置，有一个圆形通地脉的深孔，它便是颇具神秘色彩的“金井”了。《汉唐地理书钞》说，古代有金人以杖撞地而成井，深不可测，故有“金井”之称谓。而流行于民间关于金井的传说更是众说纷纭，愈使神秘色彩更加浓重。其传闻大致有二类：一说金井为风水之穴，藉以沟通阴阳地气；另一说则以“井”字附会，认为金井内有水，有一股终年不竭不盈的泉脉。无稽的传说流传颇广，甚至引发了轻举妄动：1956年清西陵北厂子村兴修水利，水源难寻，有人认定村东畔端顺固伦公主园寝地宫金井内必有好水，于是公主园寝成了打井工地，兴奋的人们翘首期盼，结果水最终未能引出，而这处文物古迹却荡然无存。

除了许多神秘离奇的传闻外，据清代丧葬典仪的有关记载，说明金井是帝后们生前所格外关注的，每每诚惶诚恐施之以礼。例如，在菩陀峪万年吉地，慈禧太后曾亲自到地宫看视金井，并把她手腕上的一件稀世珍宝“十八颗珍珠手串”摘下来，投入金井，作为镇墓之宝，以示息壤。此外，慈禧还屡派大臣自内廷前往地宫，在金井中安放了数量惊人的金玉宝器，“金井”真的成了价值千金的金井了。

古之帝王对丧葬是格外重视的，常常是登基伊始就遣人勘察万年吉地。吉地选定以后的工作便是点穴，点穴就是确定金井的位置（对小型坟墓来说，穴处便是棺木葬口）。然后，破土挖出一个磨盘大小的圆坑，再在圆坑上覆盖以斛形的木箱，以后就永远不让这个坑再见日月星三光。在点穴得到的穴中前方一定距离竖立志桩，穴中和志桩均慎加保护，直至钦定动工。在确定清末皇帝溥仪的吉地龙穴时，据岳樑向溥仪奏报说，开创以后，见土色甚佳，风水甚好。事竣以后，即派人守护打桩，以待兴工（图4-19）。

在帝王、帝后的大葬秘典中，围绕金井，有着隆重的仪式。棺椁安奉前，要由王宫大臣将陵寝兴工动土时初掘的“金井吉土”捧入地宫，覆置于金井中，然后，再将棺椁安放在金井上面。1980年有关部门发掘整理清西陵崇陵地宫时，曾在光绪皇帝梓棺下的金井中，出土了金质、银质、珐琅质怀表和其他珠宝，以及光绪生前脱落的一枚臼齿。此外，还出土有大葬时用黄绫布包着置于金井的黄土约半斤。这些出土实物，证实了清档案关于金井典仪方面的记载。

那么，金井到底是怎么回事呢？原来，勘探陵寝基址，有一项重要的工作就是挖掘探井，以判明工程地质方面的情况，这就是所谓的“点穴”，相当于现代工程地质钻探工序。

早在商周之际的墓葬坑中，在棺椁的正中底下，就有一个深洞，其中常发现有人殉葬遗骨和青铜玉器等，这就是用以探明墓葬地下土质水文情况而挖的探井，是后世金井的前身，考古学界称其为“腰坑”，因为其位置正当墓主人尸体腰部之下。在河南安阳武官村北发掘的商代大墓，墓室平面为长方形。它的南北两端，各有一条长墓道。这是一座“中”字形墓葬，墓主人是商代

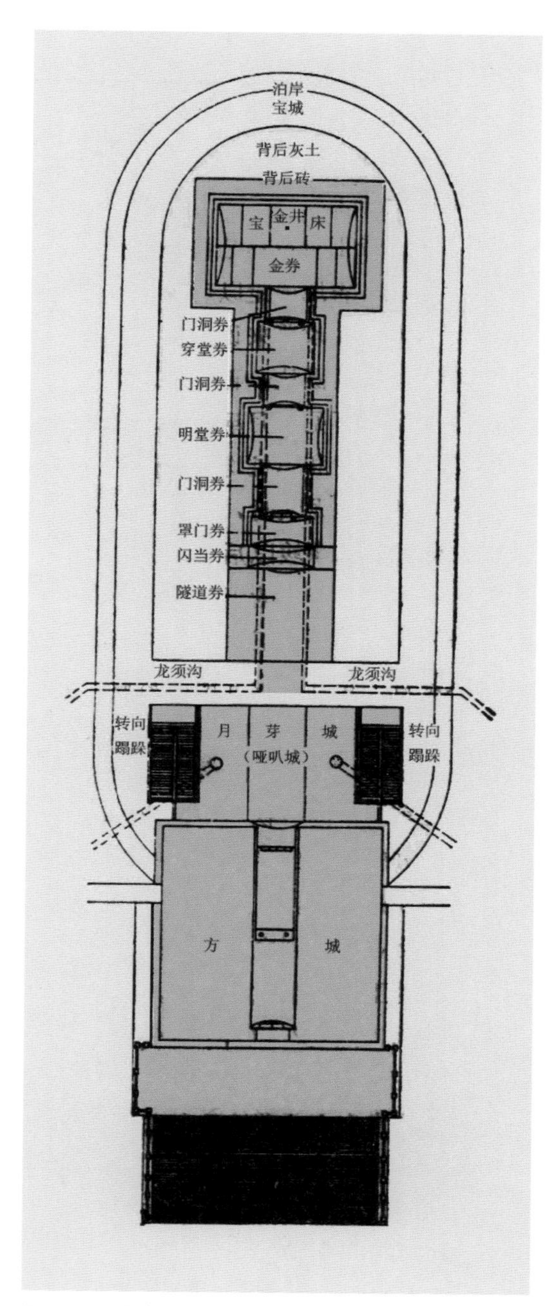

图4-19　清崇陵地宫平面图（自《刘敦桢文集二》）

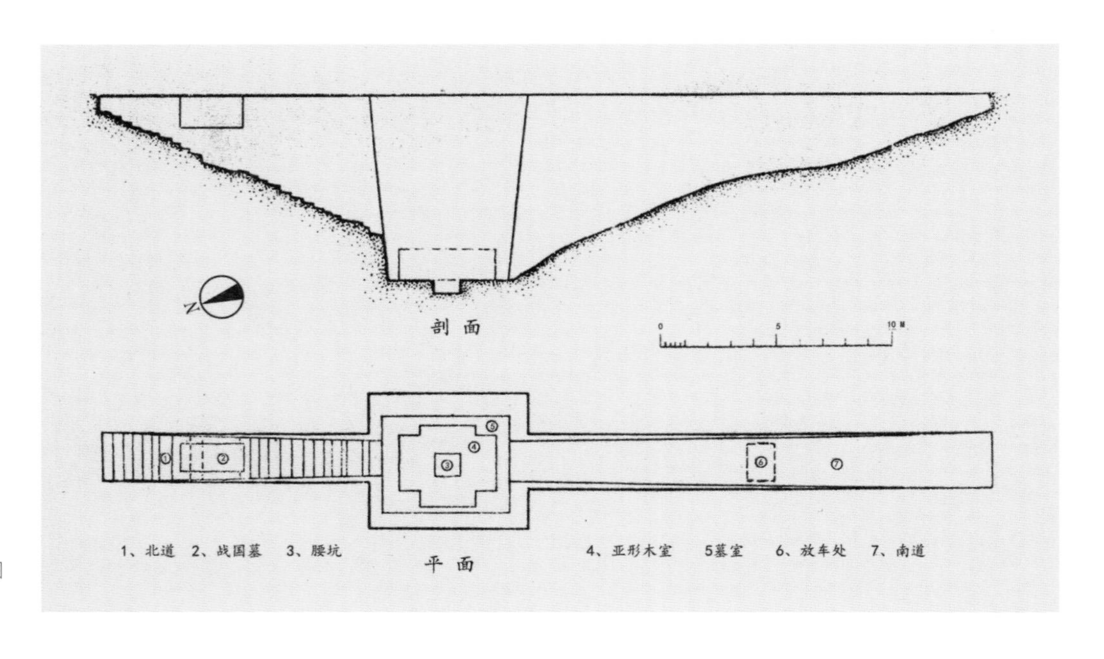

图4-20 殷墟武官村大墓平剖图（自《中国古代建筑史》）

奴隶主阶层的成员。武官大墓墓室的上口，南北长14米，东西宽12米，自口至底深7.2米。墓室下部的中间有椁室，椁室长6.3米、宽5.2米、深2.5米，内置棺椁。在椁室的底部中央，就有一个长1米、宽0.8米的腰坑，坑内埋有殉葬一个，青铜戈一柄。可见腰坑除了具有勘探地质水文的实用功能外，还伴有神秘的宗教祭祀功能，这和后世的金井大致是相同的（图4-20）。

据王其亨先生研究，“点穴”的中心工作，就是在选好的地宫基址中央，挖掘一个中心探井，这即是金井，文称穴中。金井的挖掘深度，以能判明地宫地面所在水平面的地质情况为限。金井的下底标高，将用作地宫地坪设计标高的依据。在金井的后部，另挖有更深的探井（又叫样坑），用来判明和决定地宫基础的合宜深度。此外，金井两翼地势低下处，也挖有探井。[①]

①王其亨，《清东陵建筑研究》，硕士论文，天津大学出版社，1986。

清代陵寝的建筑设计，是由“样子房”匠人根据陵寝制度要求，结合周围地势丈尺，以及地质水文等资料，推敲构思，作出陵墓总体平面和竖向布局，以及各单体建筑的设计。在整个设计过程中，金井便作为控制整个地宫，乃至整座陵寝建筑格局的基准点，而展示在平面设计和竖向设计中。

陵寝建筑设计方案呈皇帝御览钦准后，由礼部钦天监刻漏科慎重选择吉日良辰，并经皇帝批准定下兴土动土时日。届时，行典礼祭告山神，后土之神，司工之神，而后破土开挖地宫基槽，陵寝工程自此进入施工阶段。

大槽开挖后，志桩不再保留，点穴所掘深井，亦趋消失，唯在穴中正下方，自大槽原有土层中留下一个土墩，立于大槽中。这个土墩，在帝王、帝后陵寝中称为金井吉土（又叫原山吉土），其形制为底大上小的四方棱台，顶部有一小段呈圆柱状。金井吉土的上皮，正是穴中探井的下底面，其在设计中定作地宫地坪的控制标高（图4-21）。

在大槽刨齐以后，继而进行墓础和地宫地面施工，原山吉土逐渐被各结构层所围合。原山吉土的四方棱台的下段被掩埋在基础中，而上段圆柱则套在地宫宝座床下的底垫石中央凿留的透孔中。宝床底垫石上平，同地宫地坪在一个水平面上，其也正是原山吉土的顶面标高。底垫石上面，安砌宝床，宝床正中央，也凿有圆形透孔，这就是最后形成的金井。透孔称为金井透眼或穴跟，穴眼有盖封护（图4-22、图4-23）[①]。

①王其亨，《清东陵建筑研究》，硕士论文，天津大学出版社，1986。

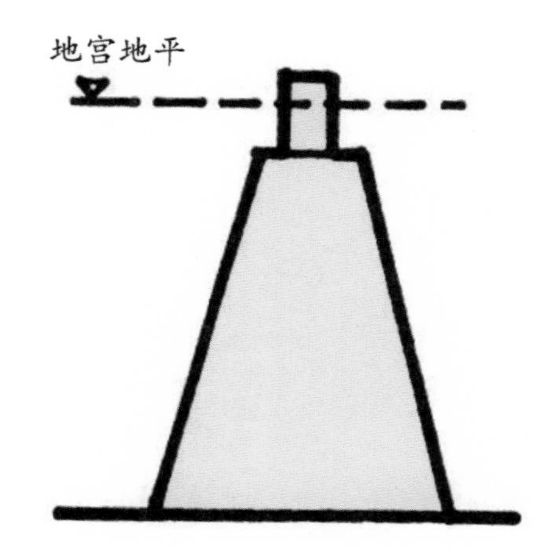

图4-21　原山吉土（自《风水理论研究》）

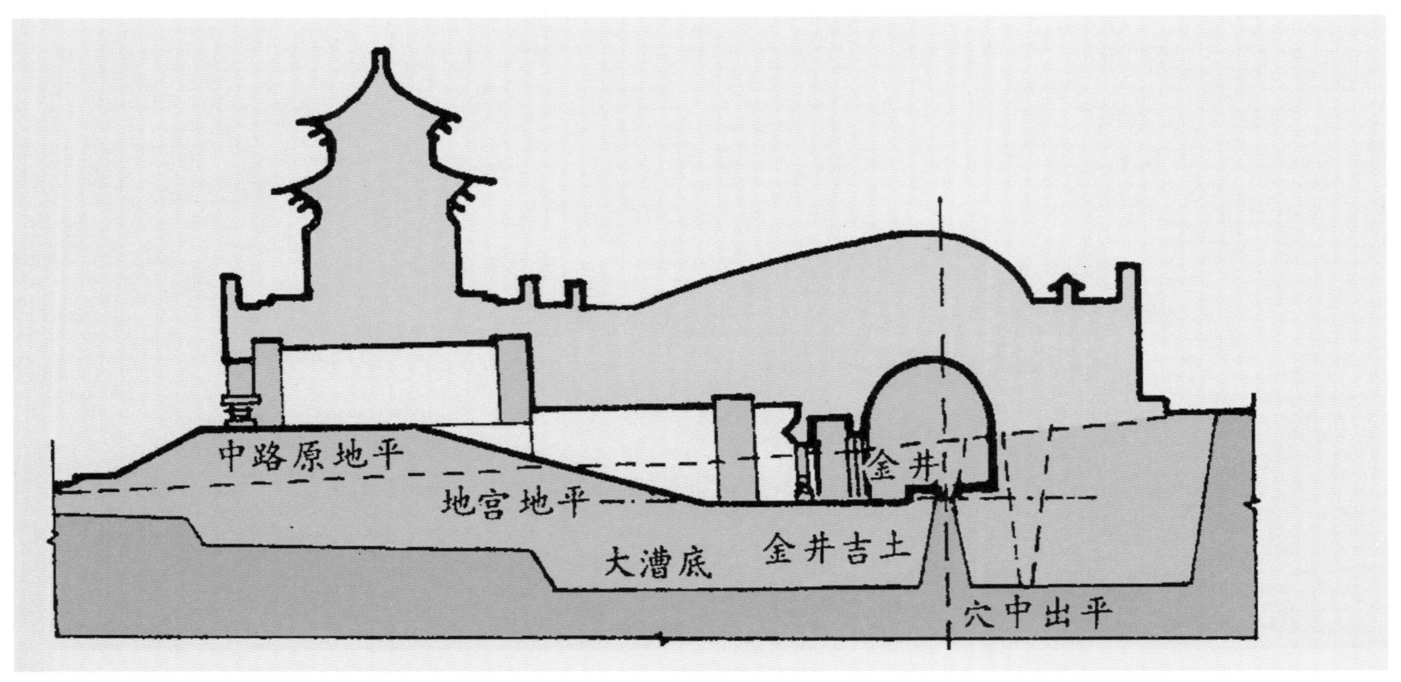

图4-22　金井——地宫地平控制基准（据王其亨）

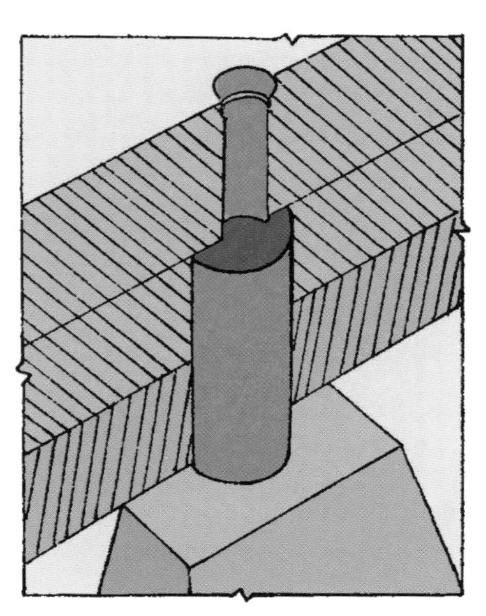

图4-23　金井吉土构造（据王其亨）

可见，金井、金井吉土是在陵寝卜地勘察、设计和施工全过程中形成的。其构造虽不复杂，却作为陵寝工程的一个关键核心，发挥着极为重要的实际功用。

由此观之，中心的作用不仅于视觉上、观念上有突出聚焦，加强地位的功能，还在设计施工中发挥着巨大的实用价值。

4 九宫图与王城规划

九宫图源于洛书，最早记载洛书内容的古籍是《论语》和《尚书》。古书中记载了这样一个故事：在大禹治洪水时，自洛水中跃出一头神龟，背负一套图书献给他。这套书就叫做“洛书”，上有数九个，大禹据其作成九畴，作为治理天下的大法。后人把“洛书”形容为圣人的符瑞，并加以大肆赞颂和渲染。其实，河图和洛书已经暗示人们，黄河和洛水一带是中国文明的策源地，河图洛书的数理是古代中国人聪明才智的表现。

洛书是一至九的九个数字的排列，其数字是以白点和黑点的数目来表示的，与河图相同，白点代表阳，黑点代表阴。最先把数和图形联系起来的是庄子。北朝数学家甄鸾在《数术记遗》注中解释说：

九宫者，即二四为肩，六八为足，左三右七，戴九履一，五居中央。

据上述说法，洛书数字可排列为一个方阵，这个方阵西方人称为幻方或魔方阵（译为奇平方Magic Squares）；日本人称之为方阵；在中国数学史上，称之为纵横图；而在哲学史和历史学中，又称之为九宫图。图中数字无论按对角线、横线或竖线相加结果都等于十五，即古书中讲的“太乙取其数以行九宫，四正四维，皆合于十五”。按甄鸾的说法，九宫数的方位是一在正北，九在正南，三在正东，七在正

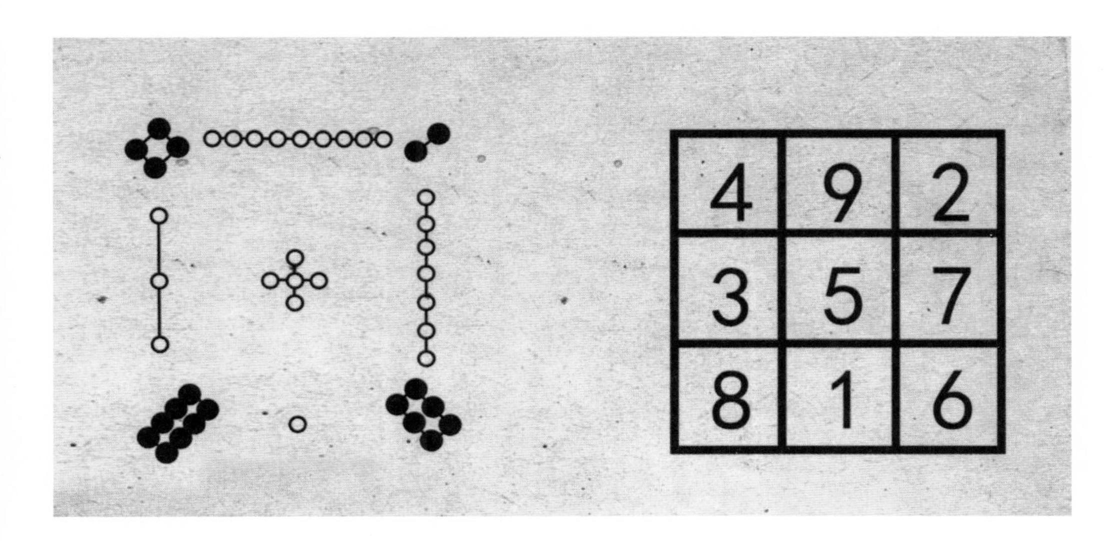

图4-24 洛书九宫图

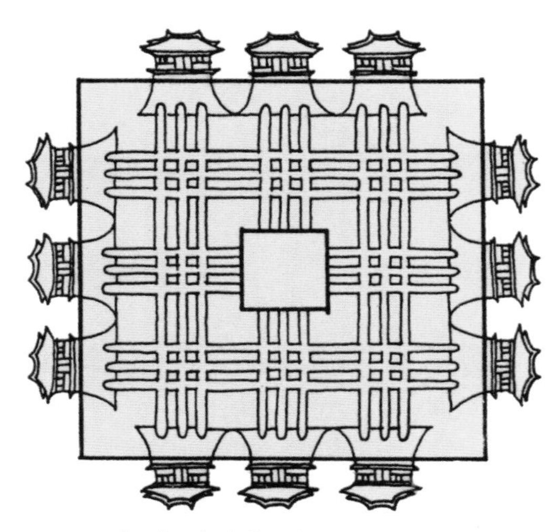

图4-25　《三礼图》中的王城图

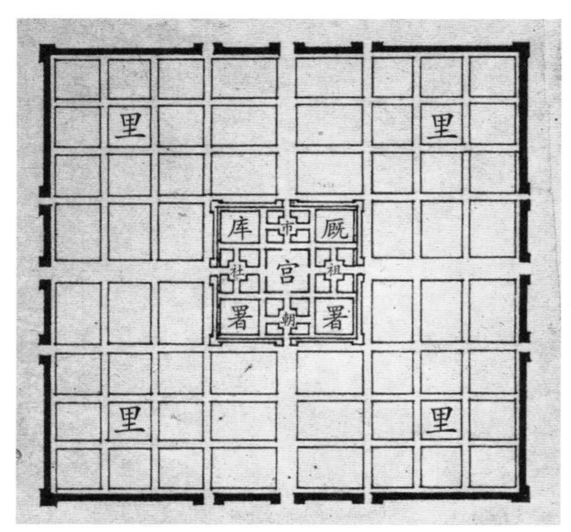

图4-26　《考工记》王城复原图（据王世仁）

西，二在西南，四在东南，六在西北，八在东北，五居中央。其一三五七九等五个奇数在四正和中央，二四六八等四个偶数都在四维。奇数为阳，偶数为阴，同河图一样阴阳相配，一六为水，二七为火……与五行结合起来，形成了五行相克的关系。九宫图也反映了以五为中心的思想（图4-24）。

九宫图对中国古代建筑的影响很大。图中居北的一暗示着北极星的恒静守一，这与唐长安城宫城居北的涵义是一致的。《大戴礼记·明堂篇》曰："明堂者，古有之也。凡九室，二九四，七五三，六一八。"这是指按九宫图来布置明堂九室平面的记述，其与汉长安明堂遗址复原图也是吻合的（图3-4、图3-5）。

《周礼·考工记》记载了周朝王城的规划制度。《考工记·匠人》说：

匠人营国，方九里，旁三门，国中九经九纬，经涂九轨，左祖右社，面朝后市，市朝一夫。……内有九室，九嫔居之；外有九室，九卿朝焉。九分其国，以为九分，九卿治之。

在这个规划布局中，王城为边长9里的正方形，每面开3个城门，城内有南北和东西道路各9条，路宽9轨（轨宽8尺）。城墙周长为36里，面积达到81平方里。王朝宫寝居于王城的正中，其左边设置祖庙，右边设置社稷坛。朝廷于前，市井位后，朝和市的规模各占地方百步。朝廷路门里面有九室，供九嫔居住；路门外面有九室，供九卿处理政务。这样按功能以及道路系统将王城大至分为9个相等的方块。

《周礼》是汉儒所作的记述周人制度的书，九宫图在汉代已较为流行，不难看出，王城规划9块划分的形式与九宫图有着密切的关系（图4-25、图4-26）。

5 井田制与大同理想模式

事实上，一个都城的总体规划并非是一个神秘图形能够决定的。如，周王城的规划形式和制度，其实就是以坚实的社会生产方式和政权管理体制为基础的。这个基础就是井田制和编户制。

在古代，人们为了方便农业的经营，把土地大体划分成整齐的方块，并且筑成疆界，出现了棋盘状地块。“经界不正，井块不均，谷禄不平。”（《孟子，滕文公》）这种古老的平均主义，也促使人们把土地划分成整齐的方块，这便形成了我国历史上极重要的土地制度——井田制。

商代继承了这种划分田地的形式，甲骨文的▦ ▦ ▦ ▦等字，就是当时井田的形象记录。周人因袭了商代的井田制，并使其得到了进一步的发展。有关井田的最早文献记载见于《孟子·滕文公》。孟子在回答滕文公如何治理国家的问题时说：你们在郊野可实行九分抽一的助法，在城邑使人们自行缴纳十分之一的赋税。卿以下的官吏各分给他们供祭祀用的圭田，圭田面积为五十亩；对于那些被称为“余夫”的剩余劳动力，就每人另给田二十五亩。这样，居者搬家或埋葬都不用背井离乡，人们在家乡同耕一井的田地，平日出入相亲相爱，互相帮助，防守盗贼，一家有病人，八家共照顾，如此大家便会真正地友爱团结，国家就会兴盛了。孟子这里提出了“乡田共井”的井田制及邻里互助的思想。

孟子在讲述井田制度时又说：

方里而井，井九百亩，其中为公田。八家皆私百亩，同养公田。公事毕，然后敢治私事，所以别野人也。

田百步见方为“一夫”，合百亩，九夫方块便组合为一井，共九百亩。井田九夫中，四周八夫为私田，私田各属一家耕种，中央的一夫为公田，公田由八家共同耕种管理，先公后私，这便是古代的井田制（图4-27）。

这里我们发现了一个十分有趣的现象，即这个八家共井的九夫井田规划，在图式上恰与洛书九宫图和王城规划制度是一致的。同九宫图中宫和王城宫寝居中的特

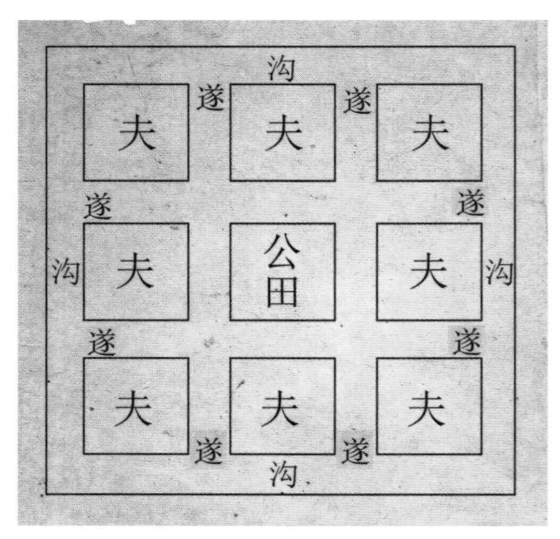

图4-27 《农政全书》所载井田制

殊地位一样，井田制则是以公田为中心的。显然，井田制对王城规划是有启发意义的，明代王圻在《三才图会》中解释周朝国都（王城）规划时说："按国都内如井田形画为九区，中一区为公。"这里已将王城规划与井田制直接联系起来。

与田地分配制度相关联的就是编户制度和税赋制度。《周礼·地官·遂人》说：

遂人掌邦之野，以土地之图经田野，造县鄙形体之法。五家为邻，五邻为里，四里为酂，五酂为鄙，五鄙为县，五县为遂，皆有地域沟树之。

这是在遂内的户籍编制，一县二千五百家，一遂五县，计一万二千五百家，耕种一千二百五十夫之田。《说文》曰："里，居也，从土从田，以图土田而制邑，故谓之里也。"里通邑，后来城市规划中的居住闾里单位的规模和名称是与遂人田制编户有关系的。因为古代的"邑"都是随田地建置的，邑既是一个农业生产单位，又是一个聚居组织单位。关于这一点，《礼记·王制》说得很清楚："凡居民量地以制邑，度地以居民，地邑居民必参相得也。"天子王城方九里，王畿方千里制定的依据就是这"地邑参相"了。

再来看看西周军队的编制制度。周灭商后，商族后代子孙便沦为周人的奴婢，并将他们迁徙禁锢于洛邑，建立"成周八师"加以监视。"师"即师。那时押解及买卖奴婢的市场和场所就叫做"京"，京本有人工高丘和方形仓围之意。至东周时，周室东迁洛邑，京师成了国都，后来称京师、京都为国都就源于此，而京城也取京的方仓之意而建为方形。其实，师即"八索"，京即"九丘"，京师本身就有八九之意，这与井田制与王城规划的八家共井和九分其国是有内在联系的。

贺业钜先生认为，周代军制与建“国”的乡遂制度有密切的关系。[①]一乡一遂可建一师军队，“成周八倡”应出自八乡八遂。古代田制与兵制是不可分割的，《汉书·刑法志》说：“因井田而制军赋。”井田制与军赋是联在一起的。“十井共出兵车一乘。”（《公羊解诂》）《论语集解》引包咸说：“古者井田，方里为井，十井为乘，百里之国者适千乘也。”西周军队是以战车为基础组织的，每辆战车配二十五人，每师有一万二千五百人，共有战车五百辆。每辆战车有“甲首”三人，要从“城内”居民中选拔，八倡共有战车四千辆，总计有甲首一万二千人。“凡起徒役，毋过家一人”（《周礼·小司徒》），这就是说，每户出一人服兵役。按此计算，城中应有编户居民一万二千户，其数恰好等于一遂。[②]

可见，周王城之所以这样规划成以王宫为中心的九个方块网格和制定这样的规模，的确是以井田制的农业制度和编户制度为基础和以此为启发的。因为人类早期的经验首先取得的是关于农业管理的经验，与此直接相关的便是农业赋税的征收与人口的管理。

周王城这种井田或九宫图式的棋盘网格的规划方法，对后世城市规划布局影响很大。如唐长安、洛阳，以及许多中小城市都采用了棋盘网格式的布局。“百千家似围棋局，十二街如种菜畦”，诗人白居易的描写可以说是对唐长安城规整的网格式规划形式的形象比喻。古代市肆称为“市井”，这个名称可能源于市肆按井田方式来布局的，如唐长安城的东市和西市的布局恰是一个“井田”的形式。

古人认为，天下太平的基础就是要实行平均主义。平均，首先是从田地始，孟子说：“夫仁政，必自经界始，经界不正，井地不均，谷禄不平。是故暴君污吏必慢其经界。经界既定，分田制禄可坐而定也。”这席话说明了“正经界”对行仁政的重大意义，是行仁政所必须具备的前提。只有划定了田界，才谈得上分田制禄、行井田、施仁政。北宋哲学家张载将这一思想又光大之，他说：“治天下不由井地，终无由得平，周道止是均平。”他主张通过对土地所有权的平均分配来建立一个公平合理的社会，这样便可以“公天下”，天下大同、国泰民安。而实施的方法则是“但先以天下之地，棋布画定，使人受一方，则自是均”[③]。由田制到国制，

①《考工记·营国制度研究》第44、45页。
②贺业钜，《中国古代城市规划研究》，中国建筑工业出版社，1988。
③张载《经学理窟·周礼》。

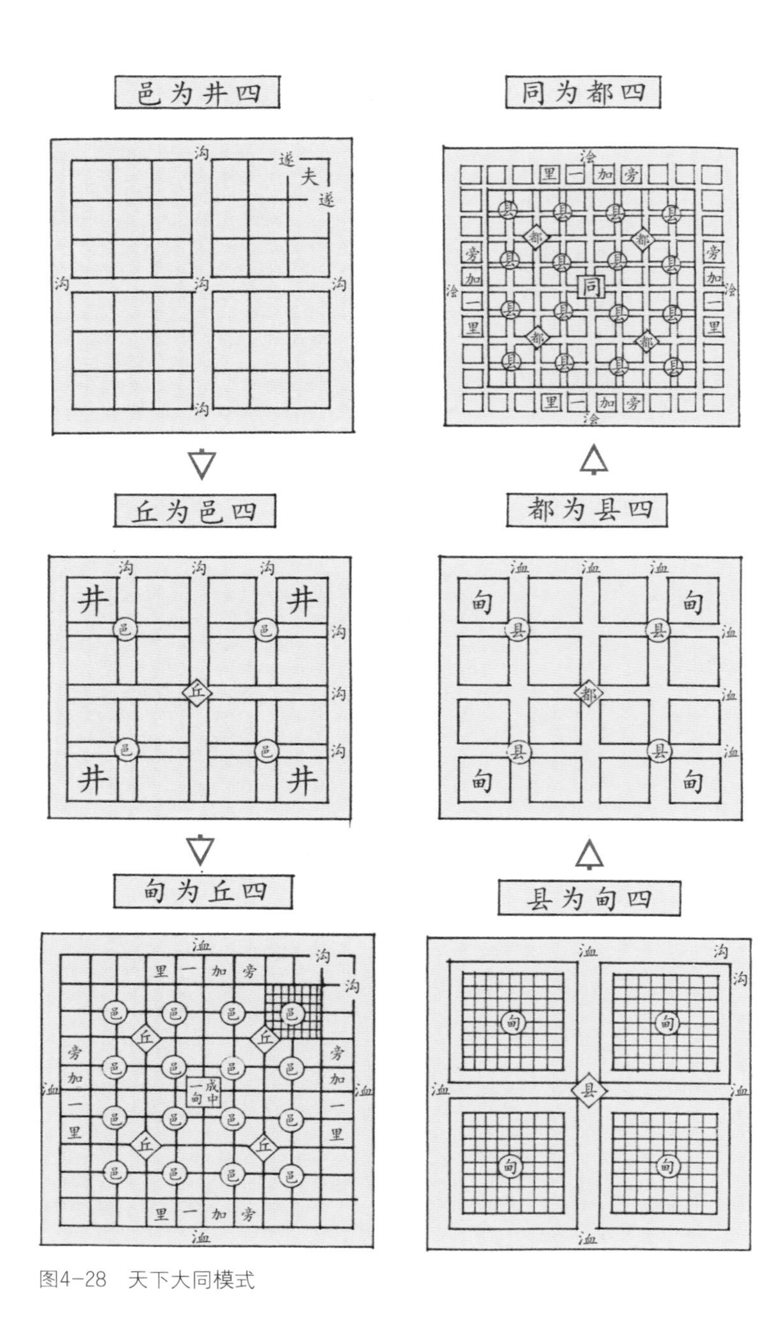

图4-28　天下大同模式

由小及大，推而广之，如此建立起一个天下大同的模式。

《周礼·小司徒》说：

经土地而井牧其田野。九夫为井，四井为邑，四邑为丘，四丘为甸，四甸为县，四县为都，以任地事，以令贡赋。

这样，夫—井—邑—丘—甸—县—都—同，天下归一，天下大同，这是一个多么美好的理想模式。尽管这个理想的乌托邦色彩十分浓厚，但却反映了古代中国人对社会组织秩序、美满生活的向往（图4-28）。

6　八佀—八旗—八卦阵

据文献记载，周天子直辖有三部分军队：一是镐京的“西六师”；二是陪都的“成周八师”；三是驻扎在卫国的“殷八师”。“西六师”是周初便有的，而“成周八师”和“殷八师”则是周天子为镇压被征服民族而新设置的。其中的“成周八师”即上节讲到的“成周八佀”。

“八佀”的设置与八卦八方是有关联的，因为要保卫或监护一个目标，在其四正四维八个方位上设兵是很自然的事。《魏书·食货志》说：

天兴初，制定京邑。东至代郡，西及善无，南极阴馆，北尽参合，为畿内之田。其外四方四维置八部帅以监之，劝课农耕，量校收入，以为殿最。

后魏道武帝拓跋珪天兴元年（398年），徙都平城（今山西大同市东北）、山东六州民吏及徒河、高丽杂夷36万，百工技巧10万余口以充京师。诏给内徙新民耕牛，计口受田。又徙六州22郡守宰、豪杰、吏民2 000家于代都。平城成为新都后，其建置规模较大，大量移徙人口，计口受田，于是便在平城的四方四维八个方向设置了八部帅作为监临。

八部帅，以及八国、八部大人、八座和后来的八柱国的设置，与四方四维的关系是分不开的。因为这个八的数字在制度上的反映，在后来的游牧民族例如契丹、女真族中也存在着。在古代中国，军队有掌握生产资料（土地）、不脱离生产的特点，即生产与战争合一、兵农合一，寓兵于农。因为早期的军制是以井田制为基础的。其实，一个国家治理得好坏，取决于两件法宝，一是行政管理，以礼以德教化民众；二是军队防护，以武力法制御外攘内。这便是统治者的文武之道。所以，在故宫布局中，文武阴阳分列左右，就是这个道理。起初，生产水平和战斗技术都比较低下，每次战争都需要投入成千上万的兵力。而一支专职且规模庞大的军队是低下的农业生产水平所负担不了的。所以，早期的田制和兵制是合一的。后来，随着生产水平和军事技术的提高，二者便分划开来，各司其职。尽管如此，兵农合一的思想对后世仍有极大影响。清代的八旗制度便是一例。像周代一样，其制度也对建筑有着较大的影响。

八旗制度是清代满族的一种社会组织形式。明万历二十九年（1601年）努尔哈赤在满族“牛录制”的基础上初建黄、白、红、蓝四旗，万历四十三年（1615年）又增建镶黄、镶白、镶红、镶蓝四旗，合为八旗。八旗制度在建立初期，就兼有战争、行政和生产三方面的职能，它是与当时满族社会经济基础相适应的。因为，兵民一体的制度更适合于游牧民族的生产、生活方式。

至皇太极时，把降附的蒙古人和汉人又编为“八旗蒙古”和“八旗汉军”，与原来的“满洲八旗”共同构成清代八旗的整体。八旗平时生产，战时从征。八旗兵便是八旗制度下的清代兵制，它是清王朝的主要军事力量。努尔哈赤初定兵制，每三百人设一佐领，五佐领设一参领，五参领设一都统，每都统设副都统二个，领兵7 500人，为一旗，八旗共计6万人。这种编制同周时编户军制颇有相似之处。

努尔哈赤迁都盛京（沈阳）后，营建了居所“汗宫”，同时又建筑了行政衙署——“大衙门”与“八旗亭”，就是今日沈阳故宫的大政殿和十王亭。清代《黑图档》记载：“国初建大殿于盛京，殿制八隅。左右列署凡十，为诸王议政之所。”大政殿是皇太极上朝行政的地方，其地位相当于北京故宫的太和殿。该殿为八角重檐攒尖顶建筑，下有高大台基烘托主体，屋顶满铺黄琉璃瓦绿剪边。殿身八面都用木格子门组成，正南门前檐的粗大红木柱上，盘旋着两条相对翘首扬爪的木雕巨龙，寓意着真龙天子皇太极的不可一世。大殿外檐施用五踩双下昂斗拱，内为金碧辉煌的藻井天花，整座建筑气宇轩昂，庄重大方。

大政殿采用八角的形式，与满族原居幄帐和八旗制度有关。八角攒尖的屋顶造型又具有强烈的收敛性，八面像八旗四周护卫皇朝中心，又寓意着清政权威震八方和八方归一。

在大政殿的南面的东西两侧，依序排列着十座亭子，其中最靠近大政殿向前略为突出的两座亭子，为左右翼王亭。其余八亭则按八旗旗序呈燕翅状排开，其东侧为左翼王亭和镶黄、正白、镶白、正蓝四旗王亭，西侧为右翼王亭和正黄、正红、镶红、镶蓝四旗王亭，合计十亭，人称“十王亭”或“八旗亭”。八旗亭排列呈“八”字形扇而敞开，是透视学在古代建筑布局上应用的优秀范例。从大政殿与十王亭的建筑看，殿与亭是一个不可分割的整体，整个建筑群显得雄伟壮观而又十分和谐（图4-29）。

图4-29　沈阳故宫十王亭广场（自《沈阳故宫建筑》）

“八旗亭”的建筑形式是清初建立的八旗制度，确立以八和硕贝勒共治国政的具体反映。清立国之初，凡遇军政大事，必于“殿之两侧搭八幄，八旗之诸贝勒、大臣于八处坐”（《满文老档》），共商大计。迁都沈阳后，在建筑大政殿的同时，为了便于商讨国家大事，又营建了伴随八旗制度的八旗王亭。因此，“八旗亭”的建筑形式，可以说是清初统治军政一体制度的反映，同时也是权力和等级次序的象征。皇太极继位后，为了加强皇权，削弱八旗王贝勒的势力，把作为议政王大臣会议处的“八旗亭”，变成了八旗各署办事和听候传唤的值班处所，但建筑形式却一直保留了下来。

清入关定鼎北京后，统治阶级为了利用八旗制度加强对人民的控制，八旗作为生产的意义日趋缩小，而军事意义则日益重要。作为一个军事组织，八旗军队与绿营兵共同构成了清代统治阶级统治全国的工具。其时，八旗兵分为京营和驻防两类，京营又分郎卫和兵卫，郎卫侍卫帝室，由上三旗（镶黄、正黄、正白）中挑选，组成亲军，归属侍卫内大臣统率。兵卫制度中八旗都统直辖的为骁骑营，另外还有前锋营、护军营、健锐营、火器营、步军营等。

此时，其军制与城市规划已无直接的关系，但清八旗军作为护卫军在北京城的驻防却是依一定秩序布局的。正白、镶白旗驻东城；正红、镶红旗驻西城；正黄、镶黄旗驻北城；正蓝、镶蓝旗驻南城。八旗驻军官兵共有21 000多人。这种布局可以说是对周之“八佾”，魏之“八部帅”、“八座”等驻防形式的承继。同时，其与八旗制度和八卦阵也有密切的关系（图4-30）。

八卦阵是古代的一种军阵，又称八阵图。古典小说《三国演义》在三十六回、

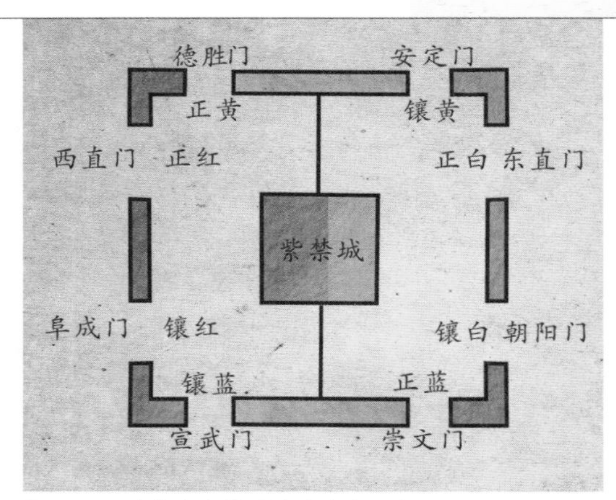

图4-30　清北京八旗军防守分布示意图

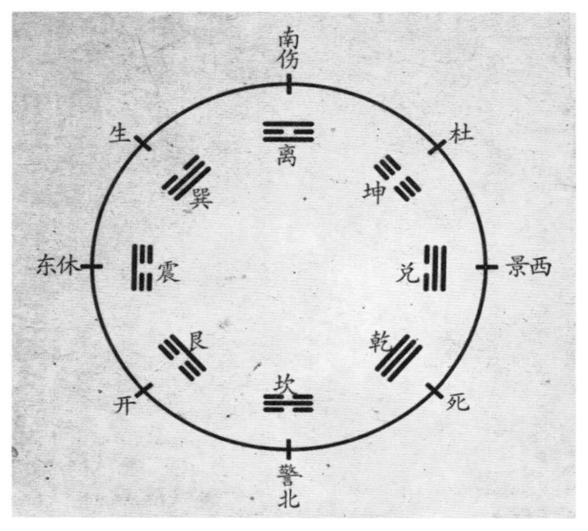

图4-31　八门金锁阵

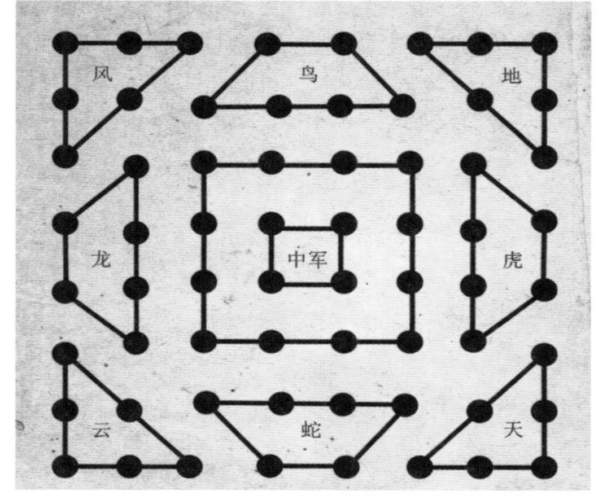

图4-32　八阵图（据《中国军事史》）

八十四回两次提到八卦阵。一称“八门金锁阵”；一称“诸葛八阵图”，按八卦方位，设“休、生、伤、杜、景、死、惊、开”八门。来犯之敌从生门、景门、开门而入则吉，从伤门、惊门、休门而入则伤，从杜门、死门而入则亡。八门阵以石为之，四面八方，皆有门有户，反复八门，按遁甲式，八个门每日每时变化无端，据说可挡十万精兵。《寰宇记》记载：“八阵图在奉节县西南七里，周围四百八十丈，中有诸葛孔明八阵图，聚石为之，各高五尺，广十围，历然棋布，纵横相当，中间相去九尺。”这种阵法是利用有规律的空间和时间的兵力变化，使敌方感到神秘莫测，易进难出，待诱敌深入后，然后扬己之长，将敌人围困分割，各个击破（图4-31）。

古代兵书《太白阴经阵图》中所载的诸葛亮八阵图，是按后天八卦的方位分为“天复、地载、风场、云垂、龙飞、虎翼、鸟翔、蛇蟠”等八个方位布阵，其名称源自后天八卦和四灵（东方青龙、西方白虎、南方朱雀、北方玄武）。八阵图纵横排开六十四个小单位，会意六十四卦，又按八卦方位和中央，组成九宫图式，最后合成一个方阵（图4-32）。

在同敌方交战时，八阵中以某些单位担任正面作战，某些单位担任侧击，某些单位作为预备，某些单位作为包抄等。不论敌人从哪个方向来，或主动出击的目标在哪个方向，各单位的职责可相应变动，攻可进，退可守，总可保持阵势的稳定。兵书上所谓“常山之蛇，击首则尾应，击尾则首应，击中则首尾皆应”，就是指这种变化。在任何情况下均可取得主动地位，这便是八卦阵的奥妙所在。所以，其得到古代军事家的极力推崇。

第五章 以仁为本

1 仁义礼序

《周易》虽始于卜问吉凶祸福，但对卦的释义，目的却主要是提高人的道德境界。《说卦传》说：

立天之道，曰阴与阳；立地之道，曰柔与刚；立人之道，曰仁与义。

什么是“仁”与“义”呢？《易传·系辞》进一步解释说：“天地之大德曰生，圣人之大宝曰位。何以守位曰仁，何以聚人曰财，理财正辞，禁民为非曰义。”孔子认为，“克己复礼为仁”，“仁者，爱人”。孟子继承了孔子仁的思想，又提出了“义”，他说：“仁，人心也；义，人路也。”将仁和义结合起来，这是儒家的创造。二者的关系像阳刚阴柔一样是相辅相成的，“义者仁之节也，仁者义之本也”（《礼记·礼运》），仁是指人的善良博爱，义是指人的正直信用。儒家认为，只有博爱、信用、向善、明辨是非，才能达到一种以“礼仪”秩序治国的崇高境界。

《易传》立人之道的仁与义，正是儒家政治伦理学说的中心内容，而政治伦理的实现则是依靠“礼仪”来实现的。儒家把仁和礼统一起来，孔子说：“克己复礼为仁。一日克己复礼，天下归仁焉。”这就是说，为仁爱人是不能违背礼的规范的，必须按礼的规定去实行“爱人”的原则。古代中国素以“礼仪之邦”闻名于世，周代就有“吉、凶、宾、军、嘉”五礼，“以统百官，以谐万民。”

《礼记·曲礼》说：

道德仁义，非礼不成；教训正俗，非礼不备；分争辩讼，非礼不决；君臣上下，父子兄弟，非礼不定；宦学事师，非礼不亲；班朝治军，莅官行法，非礼威严不行；祷祠祭祀，供给鬼神，非礼不诚不庄。是以君子恭敬，撙节退让以明礼。

的确，礼在古代中国是无处不有、无时不存的。儒家学说把“礼”看做是人们一切行为的最高的指导思想，极力主张“君君臣臣、父父子子”的封建名分、等级观念，十分重视“三纲五常”的社会道德及宗法伦理观念的作用。如孔子的主观愿望就是要人们按照周礼的规定行事，同时又企图用“仁”的精神充实礼乐的内容，用“为仁”的方法去实现“礼”，把“仁”、“礼”看成是处理人与人之间关系的最高道德标准。儒家学者流传下来的资料文献被编辑成“礼”的重要典籍——《周礼》、《仪礼》和《礼记》，后人统称之为“三礼”，并以图解的形式加以表述。汉人著有《三礼图》；宋人聂崇义又进一步图释，编纂了《新定三礼图》。汉代以后，在整个漫长的中国封建社会中，历代统治者都把“三礼”作为基础，从而形成以“礼”为中心的儒家思想，作为“修身、齐家、治国、平天下”的规矩准绳。

但是，礼制怎样才能建立起来呢？首先要正名分，辨等级。《论语·子路》记述了子路向孔子请教如何为政，孔子回答说“必也正名乎！……名不正，则言不顺；言不顺，则事不成；事不成，则礼乐不兴；礼乐不兴，则刑罚不中；刑罚不中，则民无所措手足。故君子于其言，无所苟而已矣”。正名分，辨等级，就要“辨方正位”，所以《周礼》开宗明义第一句话就是“惟王建国，辨方正位，体国经野，设官分职，以为民极”。正位，就是正礼制等级之次序，以达到礼治之目

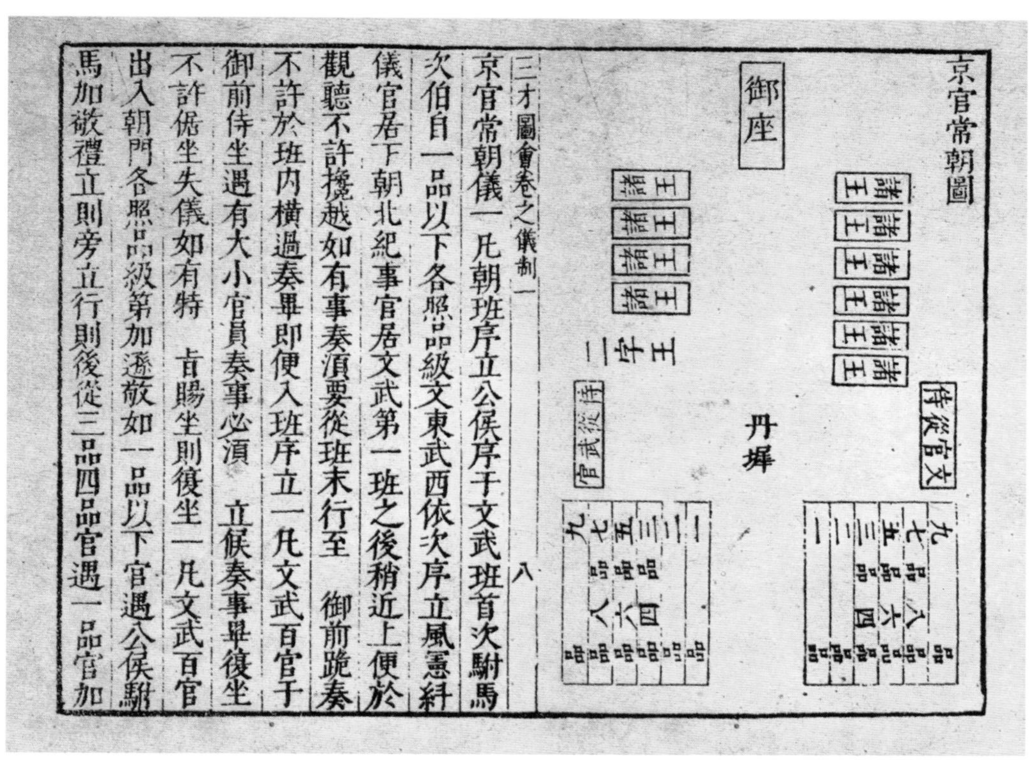

京官常朝儀一 凡朝班序立公侯序于文武班首次駙馬次伯自一品以下各照品級文東武西依次序立風憲糾儀官居下朝北糾事官居文武第一班之後稍近上便於觀聽不許攙越如有事奏須要從班末行至 御前跪奏不許於班内横過奏畢即便入班序立一 凡文武百官于御前侍坐遇有大小官員奏事必須 立候奏事畢復坐不許偃坐失儀如有特 旨賜坐則復坐一 凡文武百官出入朝門各照品級第加遜敬如一品以下官遇公侯駙馬加敬禮立則旁立行則後從三品四品官遇一品官加

三才圖會卷之儀制一 八

图5-1 京官常朝图

的；辨方则是为正位服务的。《周礼》这句话的意思是说，王者建立都城，首先要辨别方向，判别确定宫室居所的方向位置和等级次序，以此分划城中与郊野的疆域，分设官职，治理天下的臣民，使他们都能成为善良高尚的人。

这种礼仪制度反映到衣食住行及社会的各个方面，上至朝廷王臣，下至庶民百姓，成了贯穿约束古代中国人行为的一条主线。帝王上朝行政，是古代礼仪制度的典型例子，明《三才图会》释“京官常朝仪”说：

凡朝班序立，公侯序于文武班首，次驸马，次伯。自一品以下各照品级、文东武西依次序立。风宪纠仪官居下朝北，纪事官居文武第一班之后，稍近上，便于观听，不许僭越……

如是等级森严，一丝不苟，如有僭越，严惩不贷。这样以礼制等级为依据，宫廷建筑于是“各有司存，按为功绪。……内财宫寝之宜，外定庙朝之次，蝉联庶府，棋列百司”（《营造法式·序》）。如果以《三才图会》中的“京官常朝图”（图5-1）来对照一下故宫紫禁城的建筑布局，就不难明白那井然有序、主次分明的建筑排列，正是礼制等级秩序分明的产物。

2 建筑的礼制化

在漫长的封建社会中，衣食住行均有着严格的等级规定，渗透着强烈的政治伦理色彩。建筑物是古代人们创造的形体最大的和使用最多的物质产品，因而以建筑形式来明辨居者身份等级是最简易而又收效显著的方法，建筑成为礼制这个非物质文化的有效载体。于是上至宫殿，下至民居，都和“礼”发生了密切的关系。所以王国维说：“都邑者，政治与文化之标征也。”（《殷周制度论》）

无论从文献记述，还是对实物的考查结果来看，我国古代的城邑、宫阙、府第、佛寺、道观、陵墓等建筑的内容、形制，以及标准都是以“礼”这个国家的基本制度而制定出来的。清人任启运对此曾深有体会地说：

学礼而不知古人宫室之制，则其位次与夫升降出入，皆不可得而明，故宫室不可不考。（《朝庙宫室考》）

建筑竟然成了学习考证前世礼制制度的实物。从这个角度来说，建筑已不再有着单一的居住或使用的物质功能，在许多方面更是表现出礼制的秩序、政治伦理的精神等非物质文化的内容。建筑的布局、规模、形式、色彩、装修等都转化为一种礼的制度，成为完成政治目的的一种工具。众所周知，记述建筑制度的《考工记》就是被看做是建筑礼制而列入《周礼》之中的。在古代中国，建筑从来没有作为一门独立的学科而存在，所以，古代有关建筑技术和艺术的专著是屈指可数的。相反，建筑常常被作为礼制的制度而明确地列入各朝代的《仪礼》、《典礼》之中。可见，建筑首先考虑的是社会功能的内容，社会需要、礼制伦理是第一位的，物质功能则是第二位的。如果可以把中国古代建筑作为一门学科的话，似乎称之为“社会建筑学”更为贴切。

建筑与礼的相融，实际上反映了人们对建筑的社会功能的重视。从这一点来看，中国古代建筑的基本出发点总是把人、社会放在第一位，这是中国人的人生观由来已久的反映。《老子》说：“道大，天大，地大，人亦大，域中有四大，而人居其一焉。”能与天地平起平坐的只有人了，老子在这里实际上是肯定了人在宇宙中的统治地位。儒家更是把现实的人生社会作为主要的研究对象，对人的价值更加肯定。《礼记·礼运》说："人者，其天地之德，阴阳之交，鬼神之会，五行之秀气也。"孔子也明确地叹曰："不知生，焉知死。"在注重社会人生这点上，与西方建筑体系相比较，中国古代建筑体系是十分明显的。

有人说，一部西方的建筑史其实就是一部神庙和教堂的建筑史。的确，西方人把神庙、教堂作为主要的建筑对象，反映了最高的建筑技术和艺术。高大的石构神庙和教堂体现了神权凌驾一切的观念，它们占据了城市中最高最好的位置，成了所有建筑中最显赫者。相反，中国古代建筑则少有超过人体尺度的形象，连那些超脱世俗的佛寺、道观、神庙也均是以宜人"遂生"的面目出现，即便是祭天礼地的坛庙场所也从没像皇宫、官署那样在城市中占据十分重要的位置。建筑的"择中"观说到底是人的居中、王者居中、权力居中的反映。

记述建筑礼制的文献恐怕莫早于《墨子》了。《墨子》说：

古之民未知为宫室时，就陵阜而居，穴而处，下润湿伤民，故圣王作为宫室。为宫室之法，曰：高足以辟润湿，边足以围风寒，上足以待雪霜雨露，宫墙之高足以别男女之礼。……是故圣王作为宫室，便于生，不以为观乐也。

中国古代建筑布局的构图，就是以墨子提出的"宫墙之高足以别男女之礼"为基本构思的。古代男女概念与"阴阳"观念是相通的，所以宫殿中的"前朝后寝"、住宅中的"前堂后室"，在某种程度上说也就是"男女之礼"的表现形式。这个礼仪，后代愈加讲究精细，作为一种制度，《周礼》、《礼记》和《仪礼》中详细规定了建筑的等级形式。历代的统治者也莫不引经据典，对建筑作出了种种规定，以至"宫室之制，自天子至于庶人各有等差"（《唐会要》）。为使读者对此有较为深刻的认识，这里我们不妨举几个例子来看。

（1）城市制度

《左氏传》：城过百雉国之害也，大都不过三之一，中五之一，小九之一。

《春秋典》：（城）天子九里，公七里，侯五里，子男三里。

《考工记》疏：天子城高七雉，隅高九雉；公之城高五雉，隅高七雉；侯伯之城高三雉，隅高五雉。

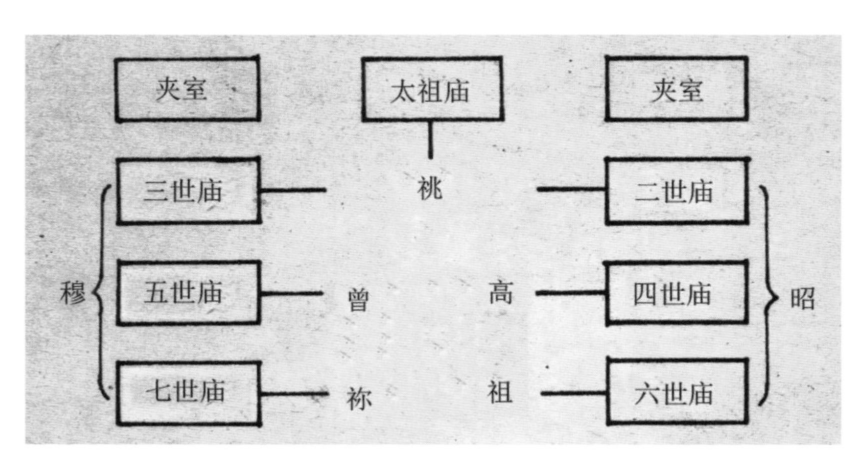

图5-2　宗庙制度

（2）宗庙制度

《礼记》：天子七庙，三昭三穆，与太祖之庙而七。诸侯五庙，二昭二穆，与太祖之庙而五。大夫三庙，一昭一穆，与太祖之庙而三。士一庙，庶人祭于寝。

这里庙指宗庙，是古代帝王、诸侯、大夫或士人祭祀祖宗的处所。天子七庙，太祖庙居中，以按左昭右穆顺序排列。昭即父，穆即子，昭穆之间为父子关系（图5-2）。昭穆分立是先秦的宗庙制度，东汉以后，只立一座太庙，庙内隔成小间，分供各代皇帝神主。

（3）门阿制度

《朝庙宫室考》：天子之门五，郭门谓之皋，皋内谓之库，库内谓之雉，雉内谓之应，应内谓之路。诸侯之门三，库内谓之雉，雉内谓之应，应内谓之路。

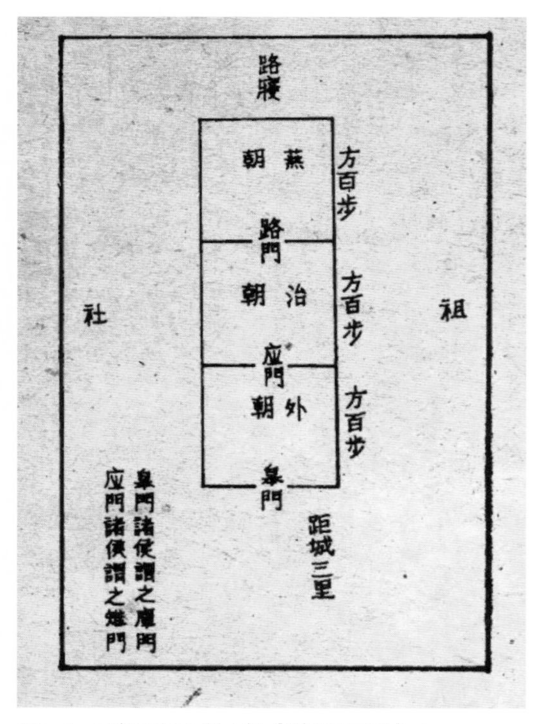

图5-3　三朝五门之制（据《群经宫室图》）

古代天子自外郭城门至宫内燕寝，共设有皋门、库门、雉门、应门、路门等五重门阙。明清北京故宫还保留天子五门的制度。在故宫南北中轴线上，正阳门至太和殿之间，从南向北布置了大清门、天安门、端门、午门、太和门，恰好是五座门阙（图5-3、图5-4）。

（4）堂阶制度

《礼记》：天子之堂（台基）九尺，诸侯七尺，大夫五尺，士三尺。

《尚书大传》：天子之堂高九雉，公侯七雉，子男五雉。

雉是古代的一种面积计量单位，长三丈、高一丈为一雉，常用来计算城墙的高度。“天子之堂高九雉”，即天子的宫室的台阶有九丈高，看来此为高台建筑了。

（5）屋舍制度

《唐六典》：王公以下屋舍不得重拱藻井，三品以上堂舍不得过五间九架，厅厦两头，门屋不得过五间五架；五品以上堂舍不得过三间五架，厅厦两头，门屋不得过三间五架，仍通作乌头大门；勋官各依本品；六品、七品以下堂舍，不得过三间五架，门屋不得过一间两架；非常参官不得造轴心舍及施悬鱼、对凤、瓦兽、通栿、乳栿装饰……士庶公私第宅皆不得造楼阁临视人家。……又庶人所造堂舍，不得过三间四架，门屋一间两架，仍不得辄施装饰。

图5-4　北京故宫的朝寝（自《中国美术全集·建筑艺术编》）

厅厦两头是歇山式的屋顶形式，间指建筑的开间，而架指建筑进深方向屋檩条的数目，一般情况下，架之间的水平距离是相等的。唐代以后各代对宅舍都有类似的明文规定，但统治阶级升官发财、显示权威的思想不断膨胀，所以在古代，僭越而大兴土木的事时有发生。

（6）丧葬制度

《白虎通》：天子坟高三仞，诸侯半之，卿大夫八尺，士四尺，庶人无坟。

《礼记》：君葬用輴，四綍二碑，御棺用羽葆；大夫用輴，二綍二碑，御棺用茅；士葬用国车，二綍无碑。

輴是专门用来运载灵柩的车子，綍是引棺下葬的绳索，羽葆则是用翠羽做的覆盖车或棺柩的华盖。古代对葬礼是十分重视的，至明代时，造墓的身份等级规定的建筑及石象生的配备已十分严谨（表5-1），清代墓葬制度更是等级森严（图5-5）。

表5-1　明代造墓等级制度（据《明会典》）

官爵	公侯	一品	二品	三品	四品	五品	六品	七品	庶人
茔地（方）	100步	90步	80步	70步	60步	50步	40步	30步	9步
坟埏（高）	2丈	1丈8尺	1丈6尺	1丈4尺	1丈2尺	1丈	8尺	6尺	
围墙（高）	1丈	9尺	8尺	7尺	6尺	4尺			
石碑	螭首 高3尺2寸	螭首 3尺	石碑盖用麒麟 2尺8寸	石碑盖用天禄辟邪 2尺6寸	石碑圆首 2尺4寸	圆首 2尺2寸	圆首 2尺	圆首 1尺8寸	限用圹志
	碑身高 9尺	8尺5寸	8尺	7尺5寸	7尺	6尺5寸	6尺	5尺8寸	
	碑身阔 3尺6寸	3尺4寸	3尺2寸	3尺	2尺8寸	2尺6寸	2尺4寸	2尺2寸	
	龟趺高 3尺8寸	3尺6寸	3尺4寸	3尺2寸	3尺	2尺8寸	2尺6寸	2尺4寸	
石刻	石人四 石马 石羊 石虎 石望柱各二	石人 石马 石羊 石虎 石望柱各二	石人 石马 石羊 石虎 石望柱各二	石马 石羊 石虎 石望柱各二	石马 石虎 石望柱各二	石马 石虎 石望柱各二			

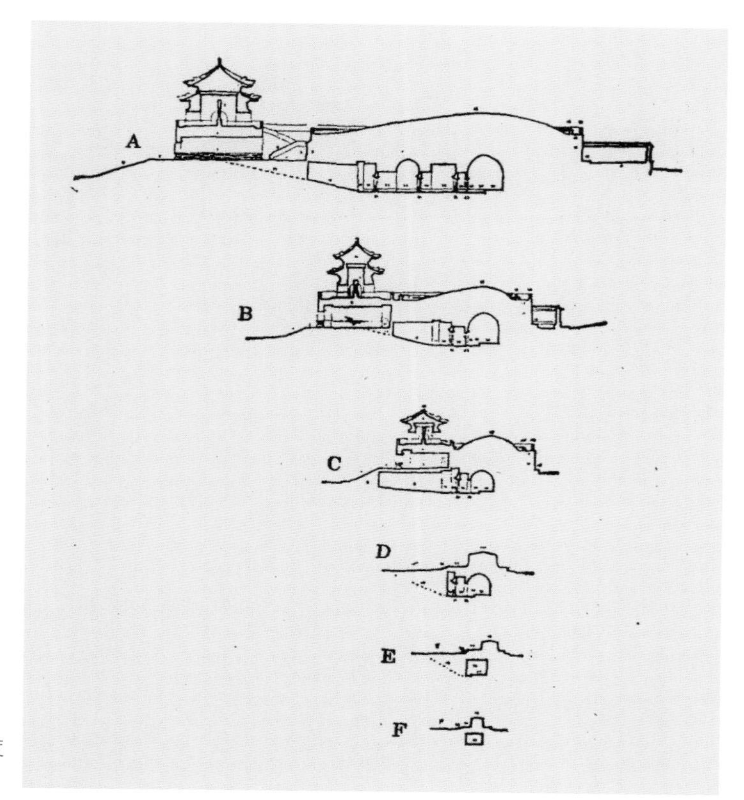

图5-5　清代陵寝地宫制度（自《风水理论研究》）

（7）构屋制度

《营造法式》：凡构屋之制，皆以材为祖，材有八等，度屋之大小，因而用之。

不仅建筑的形式，甚至在建筑技术、建筑材料的选用中也融进了“礼”的内容，结果使营建技术与礼制统一起来，达到了技术为政治服务的目的。宋人李诫所著的《营造法式》是我国最早的建筑专著，它是一部北宋官方制定的建筑设计、施工、功限料例的规范。“以材为祖”即在大木构建筑设计中，以拱枋断面“材”作为设计的基本模数。这个建筑模数称为“材分制”。“材有八等”，依据建筑的等级高低而选用之（图5-6）。

大木梁架结构中，拱枋是最小的构件，又是多次重复而有规律使用的构件，与其他构件联系密切，以其作为建筑模数是很有道理的。“材”的高为十五分，宽为

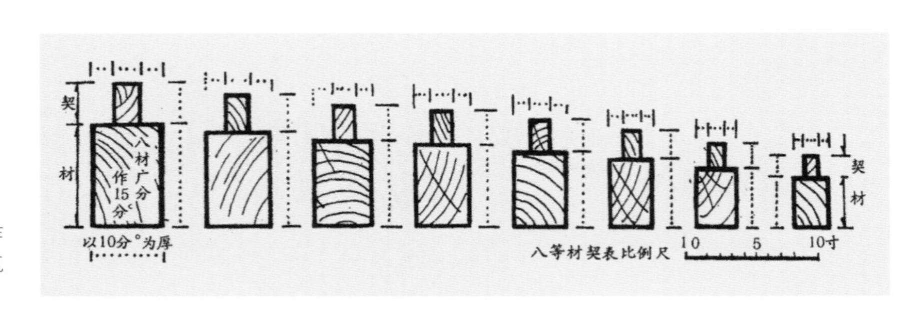

图5-6　宋《营造法式》大木作八等用材之制（自《中国建筑史》）

十分，高宽比为三比二，具有良好的抗弯剪断面形式，符合力学原则。三比二又寓意《易经》“三天二地而倚数”，高用奇，宽用偶。一等材高九寸，宽六寸，用于九间或十一间的高级大殿，所以取“九六”老阳老阴数，使用材又具有哲理意义。“材有八等，度屋之大小，因而用之”，不同规模、不同等级的建筑，就选用不同等级的“材”，等级高的建筑，就选用断面大的“材”，反之亦然。这样不仅满足了殿堂高大壮瞻或形式亲切的礼制、艺术要求，同时也满足了结构力学的要求。可见，八等材的制定，既是建筑等级制度的产物，又是对建筑技术经验的成功总结（图5-7、表5-2）。

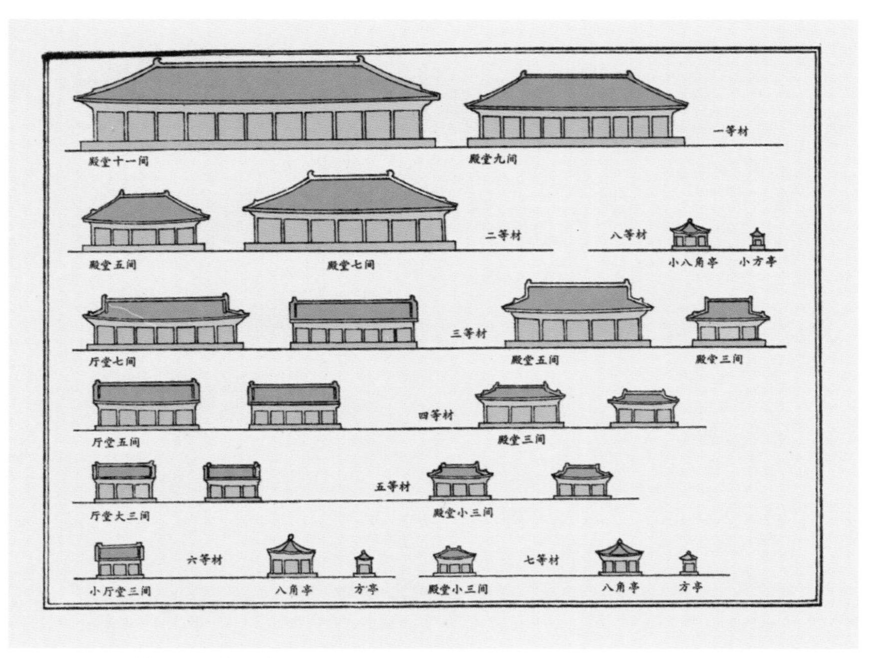

图5-7　八等材所适用的建筑（据陈明达）

表5–2 《营造法式》八等材制度

材等	断面尺寸（高×宽）（营造寸）	殿堂（开间）	厅堂(开间)	备注
一	9.0×6.0	9～11		若副阶并殿挟屋材分减殿身一等，廊屋减挟屋一等
二	8.25×5.5	5～7		
三	7.5×5.0	3～5	7	
四	7.2×4.8	3	5	
五	6.6×4.4	3（小）	3（大）	
六	6.0×4.0	亭、榭	小厅堂	
七	5.25×3.5	小殿堂	亭、榭	
八	4.5×3	殿内藻井	小亭榭	

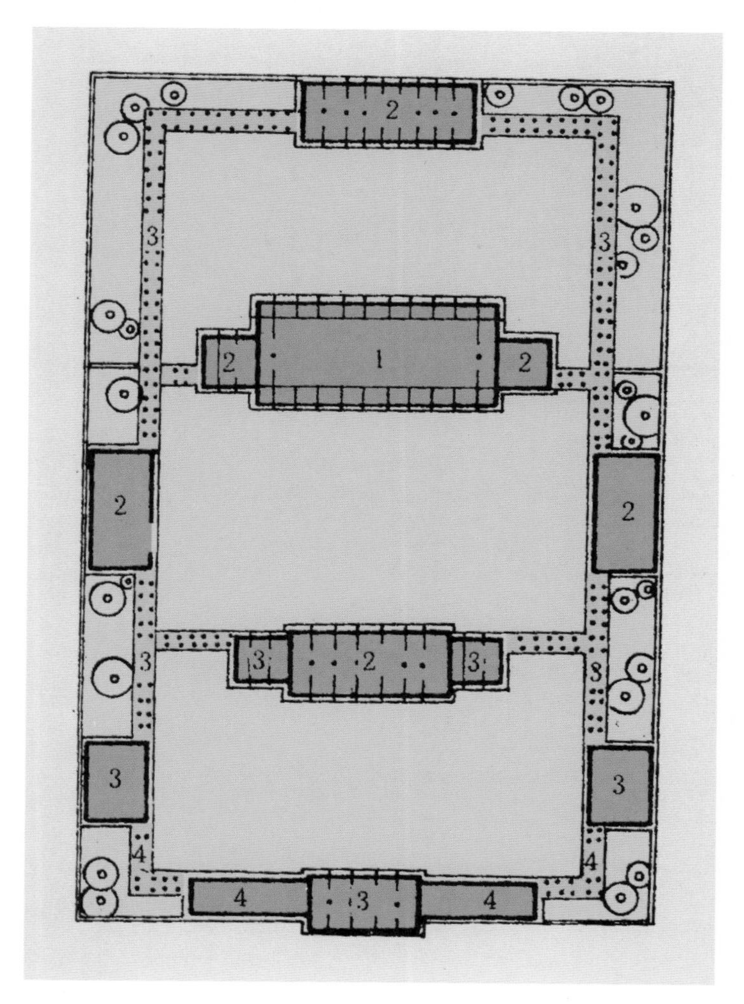

图5–8 建筑群用材等级规划
（据郭黛姮）

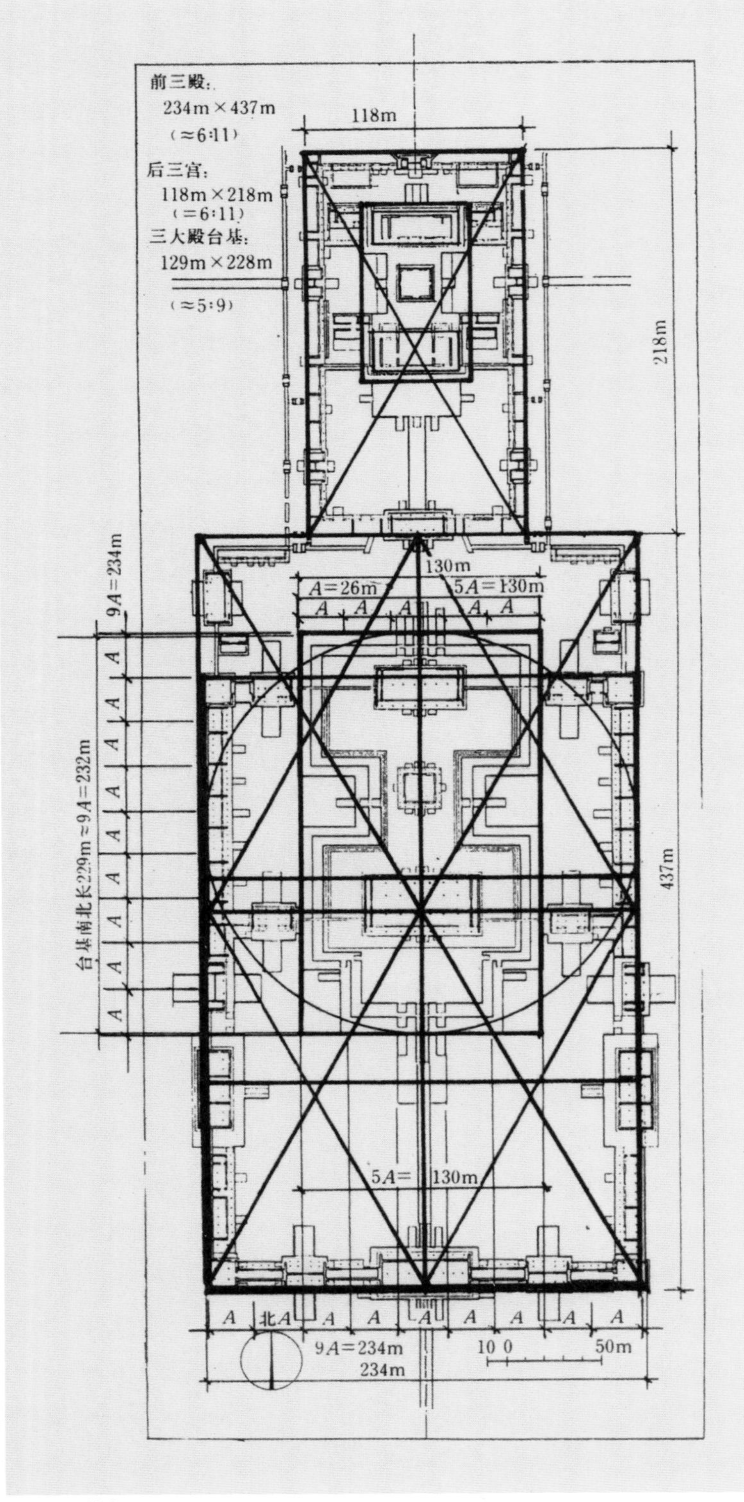

图5-9　故宫规划模数（自傅熹年）

在组群建筑规划布局中，先依据礼制选定重要殿堂的用材等级，以此为准，再依次确定前后左右殿堂以及挟屋、门廊的用材等级，再结合土地规划、庭院尺度模数规划，一个布局严谨、等级分明、错落有致的建筑群体就规划出来了（图5-8、图5-9）。

《营造法式》规定了“壕寨、石作、大木作、小木作、雕作、旋作、锯作、竹作、瓦作、泥作、彩画作、砖作和窑作”等十三项制度，在每一项制度中，均对其等级、尺寸、材料以及加工方法、用工多寡作了详尽的规定，从而使《营造法式》成为一部集政治、经济、技术，甚至艺术于一体的、系统性很强的建筑专著，它的各种规定对后世的建筑设计产生了巨大的影响（表5-3、表5-4）。

表5–3 《营造法式》用瓦制度

建筑类型	间架	瓦长（寸）	瓦宽（寸）	瓦类型
殿阁厅堂	五间以上	14	6.5	埇瓦
	三间以下	12	5	
散屋		9	3.5	
小亭榭	柱心距大于1丈	8	3.5	
	柱心距方1丈	6	2.5	
	柱心距9尺以下	4	2.3	
厅堂	五间以上	14	8	
	三间以下	13	7	
廊屋	六椽以上	13	7	
门楼		13	7	
廊屋	四椽	12	6.5	
散屋		12	6.5	

对于中国建筑的礼制布局，建筑史学家龙庆忠教授在他的《中华民族与中华建筑》一文中指出①：

从中国整体布局而观之我民族性。中国建筑平面之布局中礼式布局，常为南面有中轴，取左右均齐之方式。如宫殿、府第、宅舍等是也。其礼式之布局，不仅为用最广（如庙观、官署、学校均用是式），且自古至今仍然不变，实为世界建筑中之奇迹也。盖以我民族为有礼义生活之民族，其能广用此种布局迄于今者，实不足为奇也。盖中国社会乃礼教社会，而居不可一日无礼也。礼为社会秩序之实现，乃中国人所共由之道也。而伦常又为中国社会所重视，如男女有别，长幼有序。礼式建筑乃为实现此等理想之工具也，亦即实现中华民族生活之容器也。

龙庆忠教授认为：建筑的"礼式布局"是中国建筑民族性之一，这是因为中华民族为有礼义生活之民族，礼为社会秩序之实现的重要内涵，是中国人所发明的一个追寻理想的途径（共由之道）。当然，这种严谨的规范在一定程度上也限制了人们的创造力和自由度，在建筑创作上有一定的局限性，这是一个整体与个性的问题。其实规范与自由需要辩证的统一，儒家也提出了"礼乐之制"，礼是等级秩序，是线性的，是硬性规定的；乐是礼的艺术化，是非线性的，是对礼的补充，是

①该文于1948年12月5日发表于《国立中山大学校刊》第18期。2010年收入《龙庆忠文集》，中国建筑工业出版社。

表5-4　三间厅堂建筑制度

用材	构件名称	分°	营造寸	营造尺	厘米
	6	15×10	6×4		19.2×12.8
造梁之制	梁栿				
	三椽栿	30×20		1.2×0.8	3.84×2.56
	四椽栿	36×24		1.44×0.96	46.08×30.72
	五椽栿	36×24		1.44×0.96	46.1×30.1
	月梁				
	乳栿	42×28		1.68×1.12	53.76×35.84
	三椽栿	42×28		1.68×1.12	53.8×35.8
	四椽栿	50×100/3		2×1.33	64×42.56
	五椽栿	55×110/3		2.2×1.47	70.4×47
	六椽以上	60×40		2.4×1.6	76.8×51.2
	平梁				
	四椽栿	35×70/3		1.4×0.93	44.8×30
	六椽栿	同上		同上	同上
	八椽栿	42×28		1.68×1.12	53.8×35.8
	十椽栿	同上		同上	同上
	劄牵	35×70/3		1.4×0.93	44.8×30
	阑额	30×20		1.2×0.8	38.4×25.6
	角梁				
	大角梁	28×18		1.12×0.72	35.84×23.04
	子角梁	18×15		0.72×0.6	23.04×19.2
	隐角梁	14×16		0.56×0.64	17.92×20.48
用柱	柱径	36		1.44	46.08
	蜀柱	22.5		0.9	28.8
生起	角柱		2		6.4
	平座		1		3.2
柱櫍	出柱	3	1.2		3.84
	櫍厚	10	4		12.8
其他	叉手	15×5	6×2	0.6×0.2	19.2×6.4
	顺脊串	15×15		0.6×0.6	19.2×19.3
	出际			3	96
榑	径	18		1.7	23.04
	橑檐枋	30×10		1.2×0.4	38.4×12.8
	榑风板	30×3		1.2×0.12	38.4×3.84
用椽	平长		2.8		192
	椽径	7		6	8.96
	椽挡距	8	3.2		10.24
	举高	4/1前后橑檐枋心水平距离			
	如六椽屋	9	288		
	折减	$y=h\left[\frac{1}{10}+\frac{1}{10}\left(\frac{1}{2(n-1)}+\frac{1}{2^n}+\frac{1}{2(n+1)}+\frac{1}{2(n+2)}+\cdots\right)\right]$			
	如第一径榑		9		28.8
	第二径榑	4.5		14.4	

（续上表）

用材	构件名称	分°	营造寸	营造尺	厘米
基之制	基高			2	64
	阶高			5.5	176
	开基深			4	128
用瓦	筒瓦		12×5		38.4×16
	瓪瓦		13×7		41.6×22.4
屋脊及用脊兽之制	鸱高	（厅堂不用）			128
	垂兽高				57.6
	正脊兽高				64
	正脊层数	19（层）			
	垂脊层数	17			
	套兽径		6		19.2
	嫔伽高		10		32
	蹲兽	2楼			
	蹲兽高		6		19.2
	火珠高		5		16
	正脊火珠径				48

可以发挥的东西。宫殿是以“礼”为主导的，园林则是“乐”的天下。故宫前三朝的空间威严有加，但后庭花园空间则欢愉自由。不过在传统社会中，礼是具有支配地位的要素，它不仅仅是等级秩序，也是社会秩序和礼义生活之所需。

礼式布局对等级秩序的规范，产生了对建筑规范管理的要求。对大量的土木工程来说，必须要有系统性，以避免礼制的僭越和铺张浪费，所以在这种文化背景下，中国建筑发展出高度的系统化。上述的《营造法式》中的“八等材”就是一个系统，清代的《工程做法》中的“十一斗口”也是一个系统。它们有规范序列的尺寸，有合理的比例，这就是一个系统，几个看似简单的数字却展现出神奇的作用。在中国特定的历史文化背景下，礼制秩序与建筑的系统性有着密不可分的关联。而系统性是高度文明的国家文化的重要特征。

那么，礼到底是怎样具体反映到建筑使用功能中的呢？下节我们将把住宅作为一个例子详细分析之。

3 住宅中的“礼”

汉代荀悦说：“天下之本在家。”（《申鉴・政体》）在封建时代的中国，封建的生产关系、政治制度都是建立在家庭的基础上，可以说，家国同构，家庭是封建社会的基本细胞。在宗法一体的封建社会，宗族、家庭也是以礼作为维系家族团结互助、行动一致的主要力量。国家与家庭的关系不过是大家与小家的关系，所以，历代统治阶级对家庭的安定是十分重视的。家庭是礼制实现的主要对象之一。

《易传》中把乾卦喻为父，坤卦喻为母，其余六卦又分别冠以长男、长女、中男、中女、少男、少女。它不仅把八卦看做一个家庭，而且已经把《易经》的礼制秩序观念与家庭相关联。

《易经》六十四卦中有一卦专讲家庭，这就是家人卦（䷤）。《序卦传》说：“伤于外者，必返其家，故受之以家人。”“家人”就是一家人，说明家庭中的伦理道德。家人卦中，外卦（上卦）的“九五”与内卦（下卦）的“六二”都得正。此象征男人主外，女人主内，各守正道，所以，此卦命名为“家人”。《象》曰：“家人，女正位乎内，男正位于外，男女正。天地之大义也。家人有严君焉，父母之谓也。父父、子子、兄兄、弟弟、夫夫、妇妇，而家道正；正家而天下定矣。”家人卦主要是阐释治家的原则，即以孝悌为一切道德的根本。既然家庭是社会结构的基础，攘外必先安内，治国必先治家，于是家礼的制定和实施便是十分重要的了，家人卦的涵义也就成了家庭住宅设计的指导思想。董仲舒也以天人感应的理论，对其作了哲学上的论证。他认为，父子、夫妇都是天地阴阳的法则在人间社会中的体现，父、夫是阳，子、妇是阴。阳刚而阴柔，乾健而坤顺，故父、夫是统治的一方，子、妇则必须顺从父、夫的要求。

为了维系整个家族、家庭的团结一致和提高家庭成员的道德伦理的自制力，以“三纲五常”（三纲：君为臣纲，父为子纲，夫为妻纲。五常：父义、母慈、兄友、弟恭、子孝）为基础，又制定出种种的族规、家规、家礼、家法等，对居家祭祖、婚丧嫁娶等礼仪均作了细致的规定。种种法规给予家长以绝对权威，家长不仅掌握着家庭的财产权，支配着家庭成员的命运，还可以任意指挥家庭成员，决定子女的婚配，并对越规者实行惩治，俨然像一个小皇帝（图5-10）。

宋代司马光《涑水家仪》规定：

凡为宫室，必辨内外，深宫固门。内外不共井，不共浴室，不共厕。男治外事，女治内事。男子昼无故，不处私室，妇人无故，不窥中门。男子夜行以烛，妇人有故出中门，必拥蔽其面。男仆非有缮修，及有大故，不入中门，入中门，妇人必避之，不可避，亦必以袖遮其面。女仆无故，不出中门，有故出中门，亦必拥蔽其面。铃下苍头但主通内外言，传致内外之物。

用一道中门，把男女、主仆之间的关系明确起来，建筑就是这样在礼仪、伦理的观念支配下而最终完成的。

图5-11和图5-12是周代士大夫的标准住宅庭院布局和主要建筑形式，这个住宅的平面布置完全是依据礼仪来设计的。

士大夫住宅院落前有门塾，四周绕以围墙，墙后部设有侧门。房宅位于院落的后半部。房宅分隔为前后两部分，前面较大的空间称为堂；堂内有两楹柱将堂又

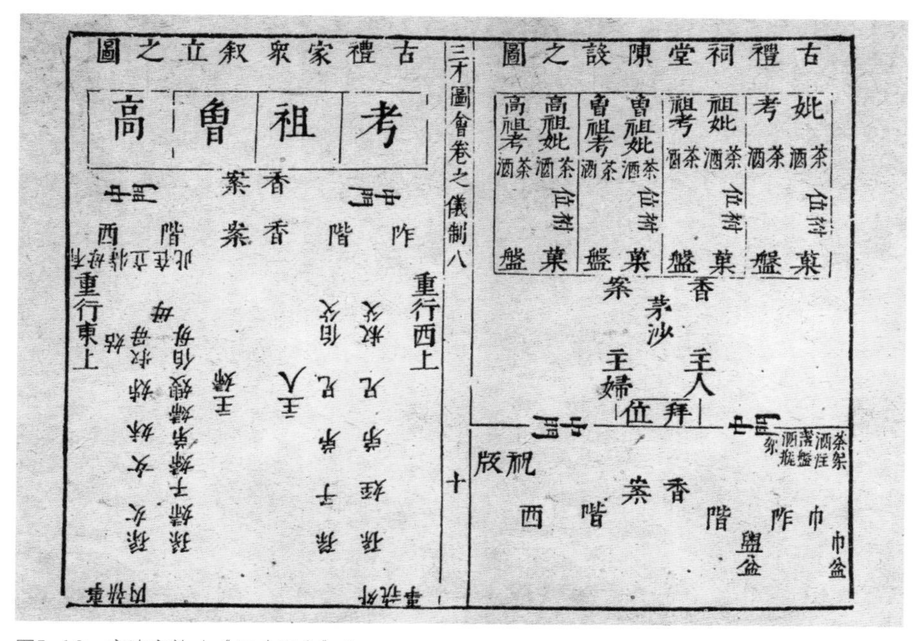

图5-10　宗法家礼（《三才图会》）

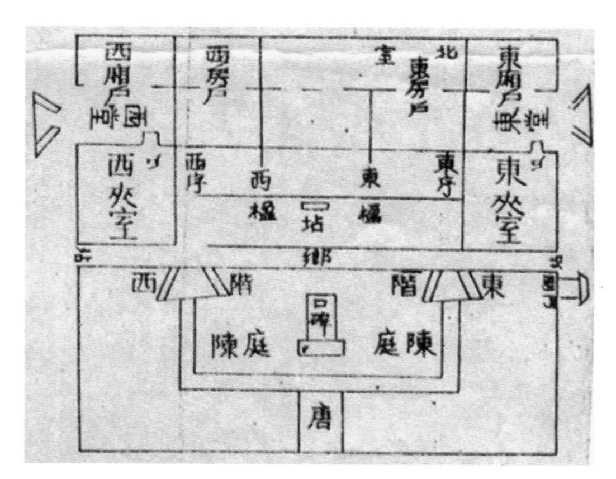

图5-11　周代士大夫住宅庭院布局（自《群经宫室考》）

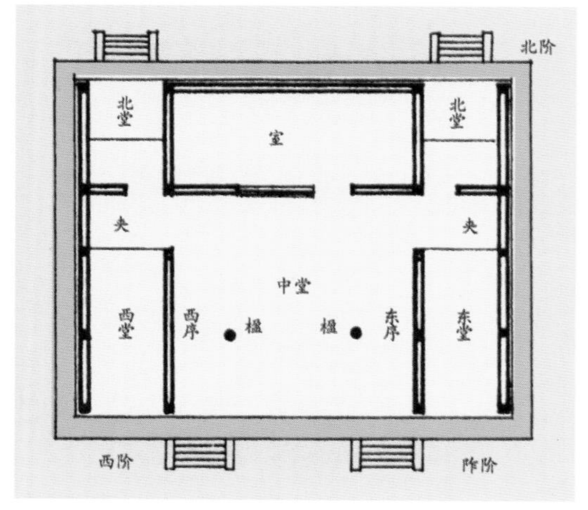

图5-12　周代士大夫住宅

分为前堂和中堂。堂较为开敞明亮，是待客聚会之处，一家之长持之；后部为室，较堂封闭幽暗，是家人寝宿之处。这便是后世所谓的“前堂后寝”、“明堂暗室”布局的雏形。《仪礼·士婚礼》说：“妇洗在北堂。”东北角和西北角的空间叫“北堂”，是女主人处理内事之处，后设有专门出入的门户，以体现“男女不杂坐”、“男女授受不亲”的男女有别之礼。后来人们称父亲为“中堂大人”、母亲为“北堂大人”就是源自这样一个建筑空间的分化布局。

堂前设有东西两阶，是因为有客造访，主人必出大门迎客，然后分左右入堂。“凡与客入者，每门让于客。……主人入门而右，客入门而左，主人就东阶，客就西阶。主人与客让登，主人先登，客从之。拾级聚足，连步以上，上于东阶，则先右足，上于西阶，则先左足。惟薄之外不趋，堂上不趋。”（《礼记·曲礼上》）至今，这种左右两阶的设置在许多古建筑中还可见到其遗制。

中堂的两侧设有东堂和西堂，中堂与东西两堂之间以序为屏，其后有夹室。而“工人、士与梓人升自北堂”（《仪礼·大射仪》）。这种设计很巧妙，家人的其他次要活动及出入不会影响到堂的活动，这在功能上是合理的，且又满足了伦理礼仪的要求：客人造访，“左右屏而待，毋侧听，毋嗷应，毋淫视，毋怠荒。”（《礼记·曲礼上》）

住宅建筑的功能与礼制在周代已经融为一体，直至后世再也没有分开，而且周代这种尚礼的住宅实际上成了后世合院式建筑设计的母本。所以，王国维在《明堂庙寝通考》中说：“室者，宫室之始也，后世弥文，而扩其外而为堂，扩其旁而为房，或更扩堂之左右而为厢。”将原来集中的多功能建筑分离为由单一功能的若干个单体建筑组合而成的组群建筑，中国的四合院式住宅就是这样形成的。

典型的四合院式住宅，是按着南北纵轴线对称地布置房屋和院落的。住宅大门多位于东南角上，门内建影壁墙，起着屏避外人视线的作用。前院的倒座（北向房屋）通常作客房、杂用间或男仆的住所。由二门进入面积较大的四合庭院，坐北朝南的正房供主人会客及长辈居住，以示一家之长的威严与“慈”及全家。东西厢房则是晚辈的住处，以示其“孝”。房屋四角以围墙或廊道联系围合，形成一个主次分明、较为安静舒适的居住环境。四合院是个基本单元，较大规模的住宅则是由多个四合院相套而成的组群建筑。不难看出，住宅中这种“北屋为尊，两厢次之，倒座为宾”的位置序列安排，完全是一种“礼制”精神的反映，慈父孝子、夫唱妇随、事兄以悌、朋交以义的人生道德伦理观念在住宅建筑上转化成为现实。（图5-13）

北京故宫的规划布局中，朝廷位前，宫寝于后，文华卫左，武英护右，所谓天地之道，阴阳之理的格局，实际上就是礼制秩序的本质反映。

总之，建筑布局中的前后、高低、大小、左右围护、严谨对称、秩序井然等，正是尊卑、主次、上下等的礼制制度、等级秩序、宗法伦理的思想在建筑上的反映。礼制秩序实际上成了中国古代建筑体系独特的规划设计逻辑和依据。反过来，

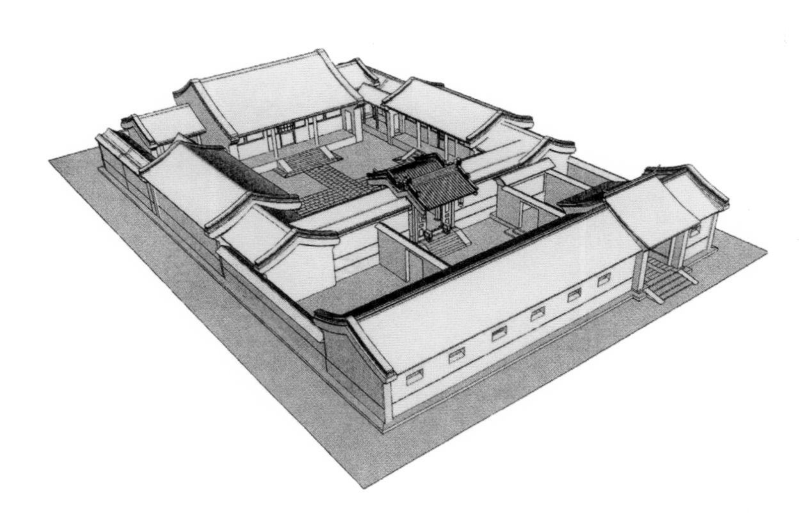

图5-13　北京典型四合院住宅鸟瞰

建筑的礼制化又加强了礼制的效应，结果二者相得益彰，互为因果，形成了中国古代建筑体系最鲜明的特色。

关于传统住宅建筑，龙庆忠教授在《中国建筑与中华民族》一文中论证“由中国建筑之以住宅为本位而观之我民族性”时有一段精彩的论述：[①]

> 世人常谓中国建筑中之居住建筑，如宫殿、府第，每多富丽堂皇，过于宗教建筑，实与外国情形有异。不知此乃以我民族对于神、人有严格之区别，如仍以人居居之。故凡所有道教等之神，均可以人鬼待之、居之，初无如外国宗教建筑特需崇丽之必要也。且除以坎坛祀谢天地日月星辰岳渎等神，及以庙寝尊敬祖祧圣贤忠义烈士外，余均认为淫祠邪庙皆在禁毁之列。此盖以礼为明神人，正名分，固不容有所僭越也。至于以住宅为本位之发展，乃以我民族重视天伦，实现人生所必然之归趋也。盖居室乃治平之本、礼义之居，自须重视而设计也。于此盖可知我民族敬神而远之，未知生焉知死之态度也。

住宅最能体现中国人本的建筑空间，它不仅在构造上满足“上栋下宇，以待风雨”的要求，注重结构构造的精确性、逻辑性和系统性，以节约人力物力；更重要的是注重营造人的品格修养和养生的空间，同时具有品味自然的意蕴和实效，寓美于善中。在住宅空间中，要解答人与人、人与社会、人与自然的正确关系，产生了礼的空间——秩序、伦常空间——仁爱和风水空间——自然。意大利有机建筑学派理论家布鲁诺·赛维在其著作《建筑空间论》中提出：空间是建筑的本质。但在中国，建筑空间与文化的关系密不可分，中国传统的建筑空间本质不是超越纯粹空间和“人本空间”的概念——而是“仁本空间”。这里的“仁”涵盖了人与人、人与社会、人与自然的和谐关系，是一个可以“养身、养目、养心、养生”[②]的空间——这就是中国人的空间意蕴和目的（图5-14）。

①该文于1948年12月5日发表于《国立中山大学校刊》第18期。1990年被收入龙庆忠著《中国建筑与中华民族》一书。

②龙庆忠《华夏意匠》序言，香港广角镜出版社出版，1982年。

图5-14　安徽宏村某民居厅堂

4 规天矩地

研究建筑史的人，尤其是国外学者，对中国建筑史的一个现象总是迷惑不解——为什么世界其他建筑体系的屋顶几乎都是向外凸起或平直坡面的，而唯独中国古代建筑屋顶（包括与中国文化渊源深厚的日本、朝鲜、韩国等东亚地区古建筑的屋顶）是向内凹曲的?

中国古代建筑的凹曲屋面（又称反曲屋面或反宇屋面），造型飘逸优柔，犹如欲飞的大鹏展翼，为建筑增添了无穷的魅力，成为中国古代建筑最显著的民族特征之一（图5-15），它是华夏民族所特有的。正因如此，近现代许多中外建筑史学家对其产生了浓厚的兴趣：他们进行了许多的研究和猜测，种种说法莫衷一是，概括说来，大致有以下五类（见表5-5）。

表5-5 关于中国建筑凹曲屋面的各种观点

序号	各类说法	主要观点	代表人物	年代
1	模仿物态说	①模仿西北游牧民族之帐篷（天幕）	西方学者	18世纪
		②模仿草棚曲线		
		③模仿喜玛拉雅山杉树下垂树枝形状		
2	结构构造说	①结构主义猜想，木结构之必然现象	〔英〕费格松	
		②“重屋”向“反宇”转化或主次房屋屋面不同坡度合并的结果	杨鸿勋	1979
3	结构材料缺陷说	屋面凹曲为材料负重下凹之必然，久而为美	乐嘉藻	1933
4	功能说	有采光、遮阳、纳景观、减小风压和排水快的优点	〔英〕李约瑟、杨鸿勋、王其亨	20世纪80～90年代
5	自然审美说	汉民族固有曲味使然，中国人认为直线不如曲线美	〔日〕伊东忠太	20世纪30年代

对于以上种种观点，我们认为：一种没有信仰的自然模仿不会延续那样长久，而中国古代建筑的木构架结构同样可以建成不反曲的屋面；其他国家的木结构建筑也是直线屋面。班固《西都赋》在描写西汉首都长安宫殿时说：“上反宇以盖载，

图5-15　泉州承天寺大殿

图5-16　古代舆车图（自《科技史文集》第二期）

激日景而纳光。”意思是说向上反宇的曲屋顶，既可遮阳，又可获得良好的采光效果。“上欲尊而宇欲卑，上尊而宇卑，吐水疾而霤远。”（《考工记·轮人》）脊部坡度大，可以加大雨水流速；檐部倾角小，雨水下落便可以投射得远些（图5-16）。这里虽然讲的是古代车盖防水的问题，但举一反三，想必在建筑上也是有实际意义的。可见，凹曲屋面是基于一定功能要求的，其功能说是具有科学道理的。①

①杨鸿勋．《中国古典建筑凹曲屋面发生、发展问题初探》，科技史文集，1979年第2辑，第107页。

中国古代建筑的凹曲屋面的形成方法，在宋《营造法式》中叫“举折”，是一种先定举高后，再将桁枋按一定衰减规律将高度向下折降，最终形成屋面的凹曲线的。在明清时期则是从檐椽到脑椽，通过五举，六举……九举一次完成举和折而形成凹曲线的，这种方法叫“举折”（图5-17、图5-18）。《营造法式》屋架“举折”做法十分严谨，以至笔者可将其归纳为等差数学公式，所以中国古建筑的屋架形式具有严密的逻辑性（图5-19、图5-20）。在民间因各地区的不同，也有本地域的“水坡”做法。通过“举折”等屋面折的技术，所形成的凹曲屋面不仅有着良好的物理功能，而且优美的曲线更使建筑物变得生动起来。

我们认为，除此之外，中国古代建筑术对反曲屋面制定出如此严谨的作制，其中还包含着古代人们一种意匠的追求。

大约在殷周之际，中国最古老的宇宙结构学说之一的“盖天说”就形成了。古人观察到每天早晨太阳自东方升起，在天上划个半圆弧，傍晚时至西方落下；众星又是围绕北极星旋转不停，于是认为天是圆的。古人在日常生活的体验中，又认为大地是平面的。认为天如张盖，地如棋盘，即“天圆地方”说（图5-21）。盖天说在战国末期和西汉时代已形成一种系统的理论。在法天象地思想的支配下，天圆地方说在建筑形式上有着很大的影响，如我们前面提到的天坛、明堂等建筑的例子。

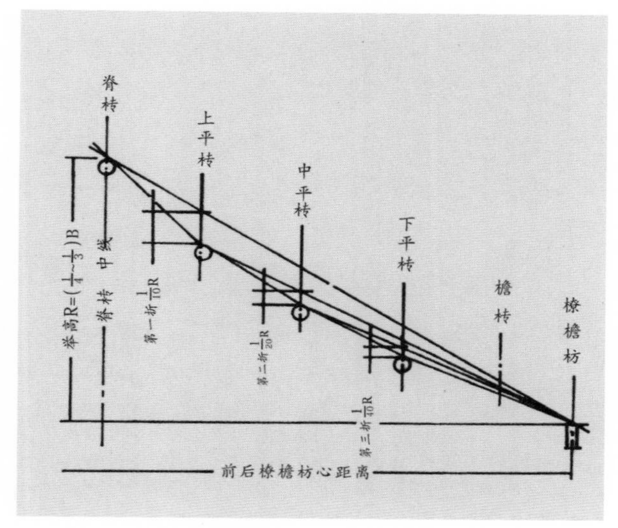

图5-17　宋式屋架举折图

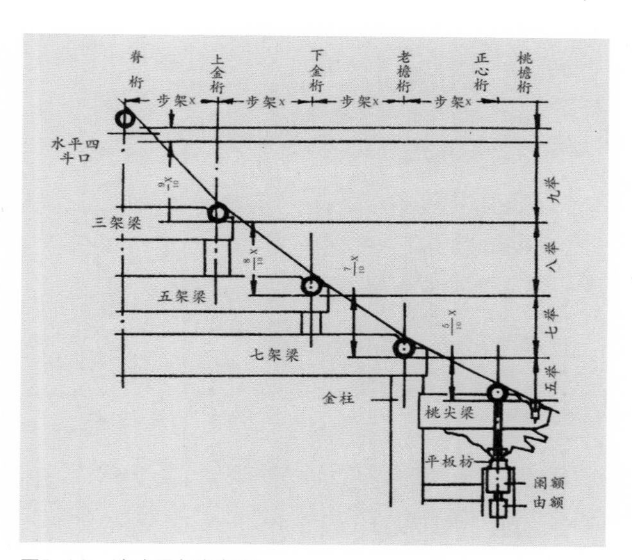

图5-18　清式屋架举架图

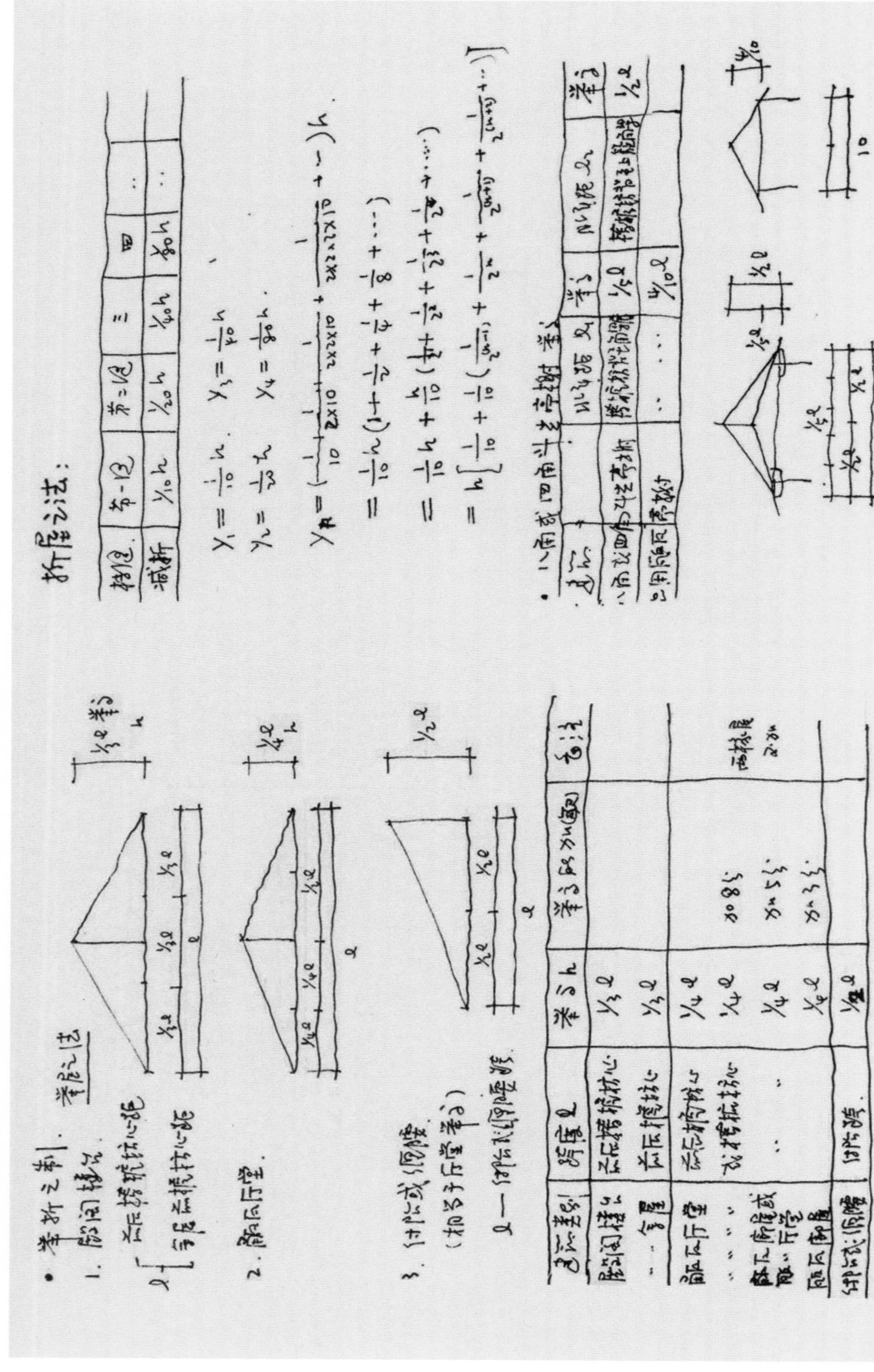

图5-19 折屋之法数学模型（笔者手图）

图5-20 潮阳灵泉寺大殿木构架的逻辑性（笔者设计）

图5-21 天圆地方宇宙观示意图

天圆地方的宇宙观后来便伦理道德化了，天圆与画圆的“规”联系起来，地方与画方的“矩”结合起来，而规和矩也超出了作为确定图形的实际功能，上升为礼制和伦理道德规范的代名词。山东嘉祥郭氏祠的汉代伏羲女娲画像石上，伏羲与女娲分别执以“规”和“矩”。显然，这里的规矩不是作为具体的工具而用的，而是借其喻表“规天为图，矩地取法”（《拾遗记·春皇庖牺》）之意。《白虎通》说，“所以作礼乐者，乐以象天，礼以法地。”天为圆，地为方，乐象规，礼法矩，“无规矩不能成方圆”成为人们规范事物的口头禅。现实地注重社会人生的“礼乐”制度，使建筑设计的指导思想和理论依据最终归结到礼制上来（图5-22）。

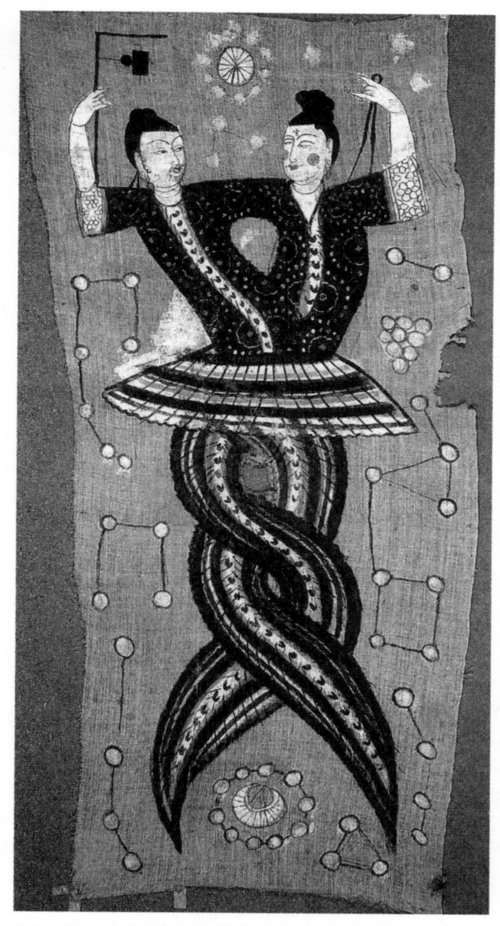

图5-22 古帛画中的伏羲女娲图（自《辉煌古中华》）

“庙，貌也。”（《释名》）庙是祭祀祖先的地方，其形式则要体现祖先的尊貌，即古之“庙貌”之说。说穿了，建筑形式上的圆（以曲线表示）象天象规；下方法地法矩，示后人以礼制规矩，便是中国古建筑凹曲屋面产生及历久不衰的最深层的文化因素。当然，这里的“规”是仅用内凹的曲线曲面来表达的。同时，由于内凹的屋面是一种收敛空间形式，易与外部空间相协调，是一种“柔性”屋顶形式，充分表达了人们对自然的尊重和谦让，这也是中国“柔道”文化的体现。这与西方的努力向自然摄取空间而外张的穹顶的形式是大相径庭的。

体现这一思想及形式的易卦，便是大壮卦了。大壮卦（䷡）是由震、乾两个三爻卦重叠而成，震在上，乾在下。《彖》曰：“大壮，大者壮也。刚以动，故壮。大壮利贞，大者正也。正大而天地之情可见矣！”《象》曰：“雷在天上，大壮。君子以非礼弗履。”下卦乾为天，纯阳最刚健；上卦震为雷，性喜动；刚健而又行动灵活，所以壮盛。壮大必须正，正大才光明；要正必须遵循礼制伦理，坚守正道，把握中庸原则，外柔内刚，才能立于不败之地。大壮卦象上面的阴爻便是柔曲的屋顶，下面的阳爻就是建筑方正而稳固的台基和屋身了。这样天圆地方，曲直互补，规天矩地，刚柔相推，礼乐相济，妙不可言。所以，古代帝王每大兴土木，必借“大壮”之名。

《营造法式·附录》孙原湘跋曰：“从来制器尚像，圣人之道寓焉。……规矩准绳之用，所以示人以法天象地，邪正曲直之辩，故作宫室。”《易传》的阴阳天道、刚柔地道和仁义、人道合而为一，成为中国古代建筑的设计之道。以人为中心的、崇尚社会伦理道德的建筑规划和设计思想，即建筑的礼制化、伦理化、秩序化、系统化，成了中国古代建筑设计所追求的最高目标。

中国古代建筑的屋顶及脊饰、瓦饰十分丰富。人们将心中的神圣之物、崇拜对象，又或喜闻乐见的人物故事、寓意吉祥的山水花鸟等，以各种艺术形式布陈于屋顶，供奉于天，将人们的视线引向天空，寄希望于天、于未来。而这些神物又可“静观其变”地俯视人间的作为。总之，层次丰富、内容多彩的屋面装饰，随着屋脊向上收敛的透视线，会同凹曲灵动的屋面，在深远舒展的屋檐翼角的带动下，使人们的遐想羽化在蓝天中，或许这就是中国古建筑凹曲屋面的意象呢。

第六章 “纪”“堵”之变

1　卜辞卦数与八九之替

在商代，存在着偶数崇拜，数“以八为纪”。西周初期的筮占也是以八为纪的，这是受到商代的影响。

公元1118年，在湖北孝感出土的西周初期铜器“安州六器”上，均有铭文，其中一件中鼎的长篇铭文之末有 十㐅∧∧∧（七八六六六） 㐅十∧∧∧（八七六六六） 等成组数据（原为竖排，图6-1）。

以后出土的殷及周初的卜骨、铜器、竹简等，也有大量类似的成组数据，大多数为六个数一组。张政烺教授认为其是先秦筮数，与《周易》八卦有关，他对此类筮数的三十二个卦例作了统计研究，发现其中筮数出现的次数极不平衡：

筮数：	一	二	三	四	五	六	七	八
次数：	36	0	0	0	11	64	33	24

结果筮数中一、六出现最多，二、三、四则全无。这是先秦的筮法与《周易》所述只用九、七、八的不同，此时筮数尚未分老阳少阳、老阴少阴，数字虽多却只是分为阴阳二爻。筮数中二、三、四数原本是有的，但卦例中用一（⚊）代表了奇数三（☰），用六（Λ）代表了偶数二（⚌）、四（☰），因筮数是竖排写的，这种替代就是为了避免筮数画法的混淆不清。另一特别之处是筮数卦例中也没有出现“九”字，可见殷及周初的筮数中是不见九字的。

1980年春，在陕西扶风齐家村，发现了一批周代甲骨，有些甲骨片上刻有数据，其中有一片卜骨是西周中期以后的，上面有两组数据如下（原为竖排）：

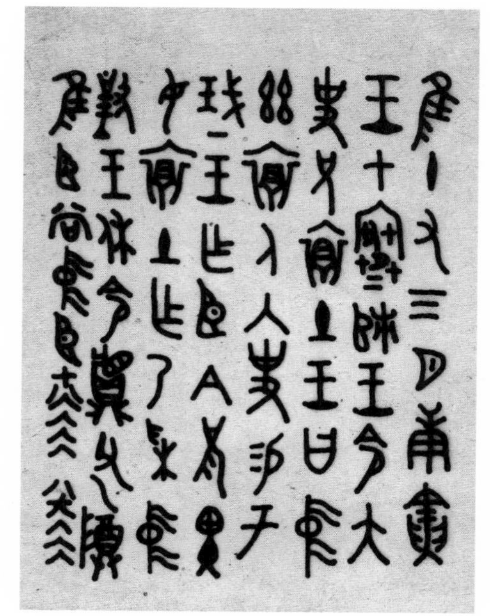

图6-1　安州六器中鼎铭文（自《周易纵横谈》）

（九一一一六五）

（六九八一八六）

这里单数即表示阳爻（⚊），偶数即表示阴爻（⚋），所以以上卜骨筮数实际上是六爻卦，前者为（䷌）同人卦，后者是（䷦）蹇卦。除此之外，还有若干组筮数，其筮数出现次数统计如下：

筮数：	一	二	三	四	五	六	七	八	九
次数：	11	0	0	0	3	8	0	6	2

结果除了二、三、四仍不见外，七字也不见而出现了九字。张政烺先生认为从没有九字到出现九字是一个很大的转变过程，是一个民族化问题。上古时期，中国境域内的东方人和西方人不同族，风俗习惯不一样。八卦是伏羲氏创造的，伏羲氏是东方人，数以八为纪，故所用数字止于八。近年来，江苏海安县青墩遗址出土骨角器上的数字八卦，也说明八卦起源于东方，其证古史传说是可信的。在东方人和西方人之间长期的交往中，以八为纪便流传到西方周人中，行之日久，必然要民族化。西方人以九为纪，九字遂进入筮数之中[①]。这也许亦是八卦与九宫图关系的历史渊源。

①唐明邦，张武，罗炽，萧汉明，《周易纵横录》，湖北人民出版社，1986年，第183页。

易爻仿乎数，爻分阴阳，其所用的数字必须是双而不能是单的，这或许是殷人偶数崇拜的一个原因。殷及周初的筮数是八，以八计数。周武王伐纣时，其他参加伐纣的诸侯军有庸、蜀、羌、髳、微、卢、彭、濮等国或部族，刚好是八个。灭商后雒邑上游王城的驻军也是八师，即成周八侣。这里数字均用八，决非偶然。

再来看看《易经》与《老子》的关系。八卦称为河图，九畴称为洛书，这说明《易经》和《老子》所叙述的事件发生在黄河洛水之间，即是商周东西两族斗争的记述。《易经》写西周由盛而衰；《老子》写其由衰而亡，两者所写有明显差异。《易经》数“以八为纪”，六十四卦是取八之倍数；《老子》数“以九为堵”，八十一章是取九之倍数。所以《易经》是根据河图即八卦而作；《老子》是根据洛书即九畴而成。

上古中国西方夏禹族与九关系甚密。九字本是蛇形的简写，而夏禹族就是以蛇龙为图腾的。东周学者，传述夏后事迹，则皆以九为纪。夏后氏取于数之终，以九为度，故夏后礼乐制度，无不以纪于九，其文化具有尚九的特色。东西方民族的交融中，至周灭商后，九又得以传承。周代中期以后，九初步进入筮数便不见了七字，数“以八为纪”转化为“以九为堵”。九作为数之极，成为后世帝王之数，衣食住行必冠之以“九”，这是众所周知的事实了。

2 阴阳观念与偶数开间

殷商及周初的偶数崇拜，被直接反映到了建筑形式上。甲骨文中有“宫”（宫）字，即说明商代的房屋存在着一种前后室相套或双开间式的建筑形式。山东省肥城县孝堂山汉代墓祠，据考证建筑年代约为公元1世纪间，即西汉末至东汉初期的遗构。传说是汉代孝子郭巨的墓祠，是我国现存最早的地面建筑。

墓祠是一座二开间的单檐悬山顶石室，室内宽3.8米，进深2.08米，全部由石块筑成。石祠中间有三角形石梁承托屋顶，石梁前端由一高86厘米的八角形石檐柱承托。柱头有大坐斗承托楣梁，柱脚为覆斗形石础。八角形石柱和三角形石梁，中立不倚地将石室分为左右两间。屋顶两面坡的石板刻出脊背、瓦垅、勾头、椽头、连檐等形状，石柱、山墙和瓦当上刻有蕨纹、垂帐纹、菱纹等装饰花纹。祠内石壁、石梁上刻有精美的神话传说和历史故事图画，具有重要的历史、科学和艺术价值（图6-2）。

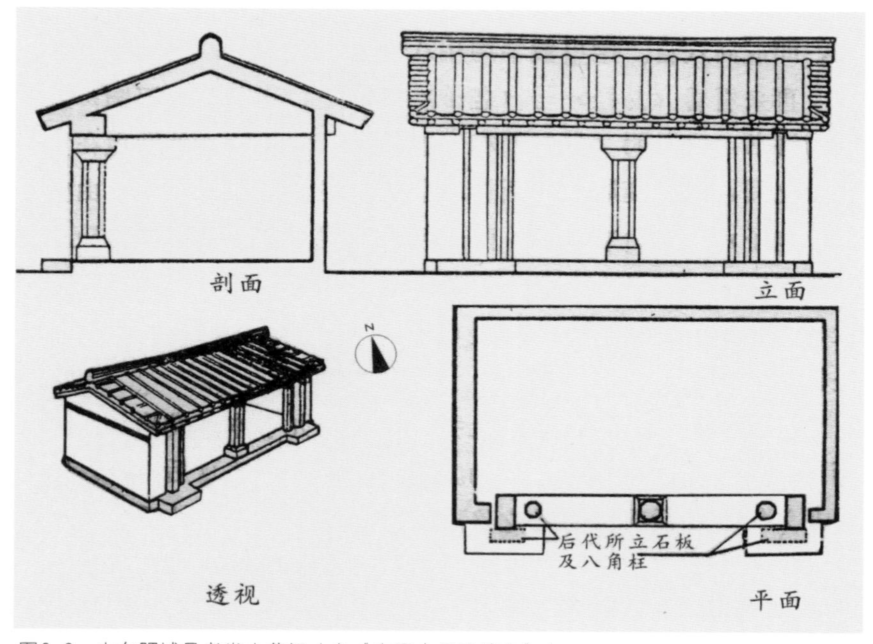

图6-2 山东肥城县孝堂山墓祠（自《中国古代建筑史》）

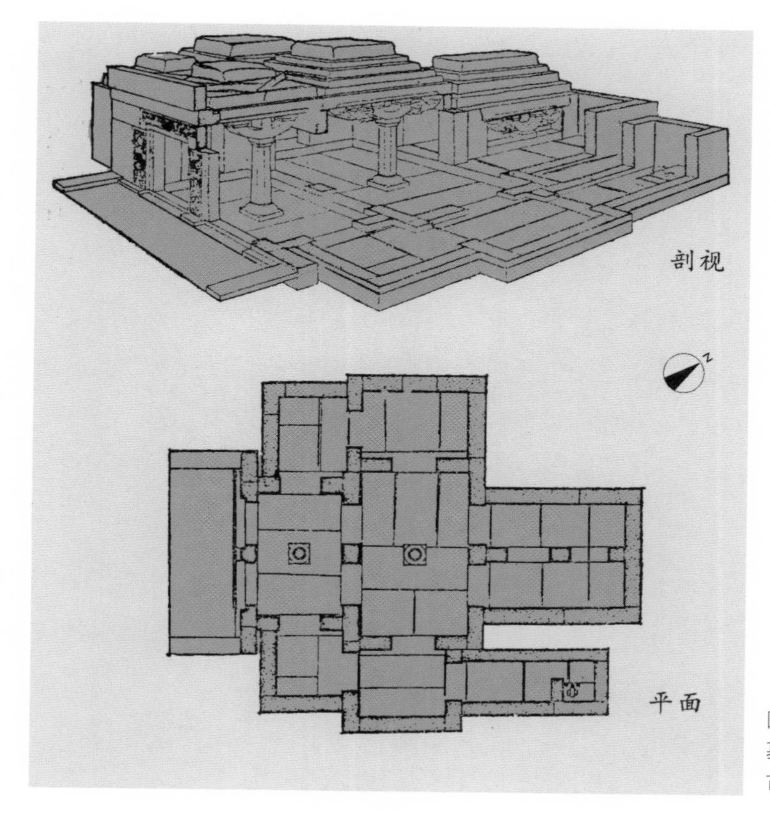

图6-3　山东沂南县古画像石墓平面图、剖视图（自《中国古代建筑史》）

甘肃省武威县管家坡三号墓室，是一座东汉的砖墓，平面就是采用了前后两间墓室相套的形式。这些建筑实物间接地反映了汉代住宅的形式。

山东沂南县东汉画像石墓，建筑形式在偶数开间的基础上又有了发展。石墓规模较大，具有前室、中室、后室和左右侧室，壁面及藻井均有精美的雕刻。墓入口正面为双开间形式，前室和中室中央立八角柱，上置斗拱承托墓顶盖，这样室内的中心柱把建筑空间分成前后左右对称的若干个墓室，其具有明显的中轴线，仍然体现了阴阳相对的偶数观念，平面形式显然也受到当时住宅形式的影响（图6-3）。

中心柱的设置在建筑的早期受到了重视，成为早期建筑的一种形制，后世称其为“都柱”。“都”本有大的意思，以表其重要性。在四川牧马山崖墓出土的一件东汉明器中，建筑的平面中央便设有都柱。后来在魏晋南北朝、隋唐时期开创的石窟寺中，还存在中心柱的形制。如大同云冈石窟南北朝时建的第2、21号石窟，甘

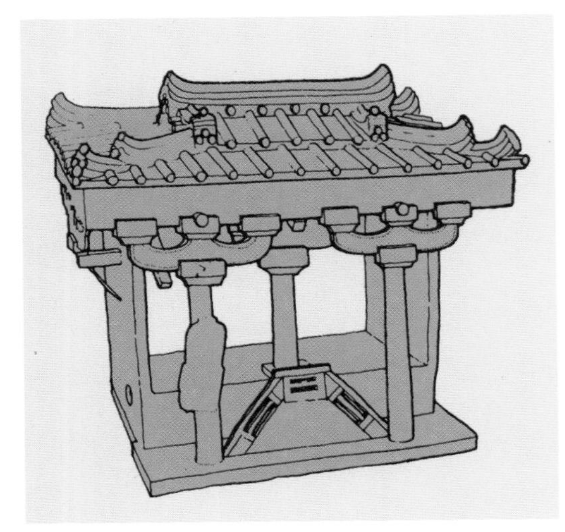

图6-4　四川牧马山崖出土的东汉明器（据《中国古代建筑史》）

图6-5　云冈石窟2号窟

肃敦煌石窟隋唐时所建的第215、305号石窟等，均是有塔心柱的平面形式。塔心柱平面形式是石窟的一个重要类型，其不仅为扩大石窟的空间起着重要的结构支撑作用，更重要的是塔柱是作为崇拜的对象存在的。云冈石窟2号窟的塔心柱为三层佛塔形式，顶层雕刻天宫伎乐，中层为禅定佛像龛及长卷佛经故事，下层则是供养人的雕像。修行或礼佛的人们可绕塔膜拜，保留着对"窣堵波"舍利子供奉的传统，这个传统应为早期对菩提树的崇拜而来，而这棵"树"也就成为石窟的塔心柱，其与中国传统建筑中心的"都柱"具有同样神圣的含义（图6-4、图6-5）。

这个时期的木造塔刹，也存在着一种塔心柱的结构形式。隋唐时，日本曾派大批遣唐使来中国学习佛经和其他文化、技术，他们同时将中国的建筑技术传播到日本，如当时日本法隆寺五重塔的塔心柱，纵贯木塔全身，高达30多米。国内河北省正定县天宁寺凌霄塔，也还保留着塔心柱构造的遗制。因中心柱在结构上的重要性，历史上曾产生过都柱崇拜，在今天新疆少数民族住宅建筑中，有些还使用着中心柱，并伴随着一种都柱崇拜的仪式。都柱的存在，是产生偶数开间建筑形式的必要条件（图6-6）。

偶数崇拜和双开间的建筑形式的渊源，甚至可以上溯到原始社会的龙山文化时期。西安客省庄的龙山文化时期是已从仰韶文化时期的母系氏族社会转变到父系氏族的社会，其婚姻制度已由群婚制，经过对偶婚的过渡，出现了以家庭经济为基础的一夫一妻制。与这种婚姻制度相适应，龙山文化时期的居住建筑形式也发生了明显的变化，由仰韶文化时期的独立空间的圆形或方形平面的房屋，发展到两个空间相联系的套间形式。这种双室相套的半穴居，平面呈"吕"字形，内外室地面均有烧火面痕迹，是煮食与烤火的地方。外室设有窑穴，供家庭贮藏之用；内室供居住之用。其形式反

图6-6　日本法隆寺五重塔塔心柱
（自《日本建筑史图集》）

映了以家庭为单位的生活方式。可见阴阳观念和偶数崇拜是具有深厚的社会背景的（图6-7）。

需要注意的是，龙山文化是中国黄河中、下游地区，约在新石器时代晚期的一类文化遗存，其是因1928年首先在山东省章丘县龙山镇城子崖发现而命名的。而齐鲁之邦正是东方伏羲氏集团活动的主要地区，商人以八为纪和偶数崇拜与该地区多处发现汉代偶数开间建筑遗物，这种巧合也许不是偶然的。

日本奈良唐代建筑法隆寺的山门也是偶数开间的建筑，这恐怕与殷文化的东渡有一定关系。殷人尚白，而高丽、琉球的古建筑也具有同样的文化特征，白色的服饰和建筑中用白色作为重要的建筑装饰色彩，是这个区域重要的民

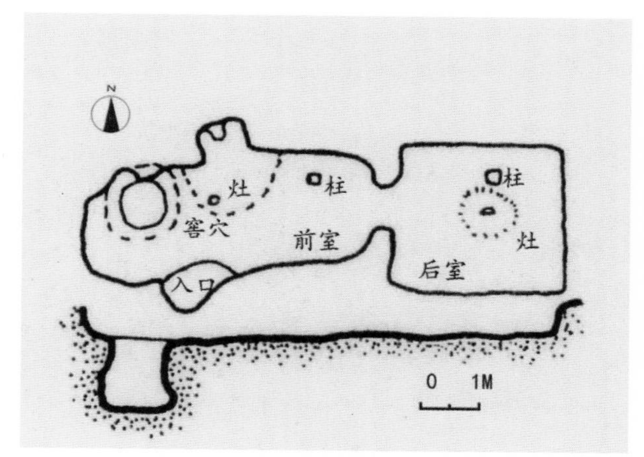

图6-7　西安客省庄龙山文化时期房屋遗址平面图（据《中国建筑史》）

图6-8　日本奈良法隆寺大门

图6-9　韩国首尔景福宫勤政殿

族和地域建筑特征之一，这是可深入探讨的课题（图6-8～图6-10）。

在中国古代文献中，有多处提到“殷人尚白”的问题，《礼记·檀弓上》：“夏后氏尚黑，大事敛用昏，戎事乘骊，牲用玄；殷人尚白，大事敛用日中，戎事乘翰，牲用白；周人尚赤，大事敛用日出。”《淮南子·齐俗训》：“殷人，其服尚白”。《吕氏春秋·应同》：“及汤之时，天先见金刃生于水，汤曰：‘金气胜，故其色尚白，其事则金。’”《史记·殷本纪》：孔子曰：“殷路车为善，其色尚白。”《白虎通·三正》：“十二月之时，万物始牙而白。白者，阴气，故殷为地正，色尚白也。” 在考古学中，商代墓葬发现大量白色陶器，而白陶器具多发现于奴隶主贵族的墓葬中。考古学家李济先生说：“自殷商时代墓葬包含物的内容推断，我们可认为，在为死者安排的仪式顺序上，白陶显比铜器更占高贵的地位。”①在贵族层面，白陶地位显然在青铜器之上。白色地位尊贵，其可证实“殷人尚白”的审美风尚。作为审美风尚，商代服饰也尚白，但白衣之为用，有其特殊的场合和功用，如祭祀、大典、婚嫁等，以示其恭敬、庄重，反映出殷人尚白的传统观念。如《史记·殷本纪》记载，成汤建国大典时，才“易服色，上白”。白衣之于商代，犹如礼服之于后人一样。又如《礼记·王制》：“殷人而祭，缟衣而养老”。缟衣，素白色丝绸衣物，是贵族在祭祀场合所穿的白衣。 这种传统流传后世，在丧礼中人们着

图6-10　日本京都东本愿寺建筑细部

①李济，《殷墟白陶发展之程序》，载《中央研究院历史语言研究所集刊》第28辑，1956。

图6-11　东亚高丽文化服饰（自《韩国文化——来看一看韩国的服装》）

缟衣祭祀先人，就是作为隆重、严肃的场合才穿戴的礼服。而高丽文化中朝鲜族及朝鲜、韩国着白衣之习，应该是来自殷代中国文化的遗习。当然，在白山黑水之地域，白雪皑皑的大地景观、游牧民族的白色羊群则似乎为尚白地域自然和生产方式的底蕴（图6-11）。

3 从“八纪”到“九堵”的开间变化

现在，让我们回过头来再看看筮数“以八为纪”与“以九为堵”对建筑形式产生了什么样的影响。

1974年在河南省偃师二里头发现了殷初的一号宫殿遗址，有人认为其可能是成汤都城西亳的宫殿遗址。这是一座残高约80厘米的夯土台，东西长约108米，南北宽约100米。在夯土台基中部偏北的地方，还有一块略高的长方形台面，东西长36米，南北宽25米。这是殿堂的基座。上面排列有一圈柱穴，南北两边各有9个，东西两边各有4个。柱穴的排列整齐规则，间距均为3.8米，柱穴的直径约0.4米。在这圈柱穴的外侧60～70厘米处，每个柱穴还附衬两个较小的柱穴，直径约18～20厘米，推测是支撑殿堂出檐部分的擎檐柱柱穴。遗址表明，这是一座面阔8间、进深3间，木骨泥墙的大型木构建筑。

殿堂正南约70米处，即在夯土台基南部边沿的中段，是宫殿的大门。在宽约34米的这一部位，夯土台基向南延伸约2米，上面整齐地排列着九个门柱的柱穴，柱

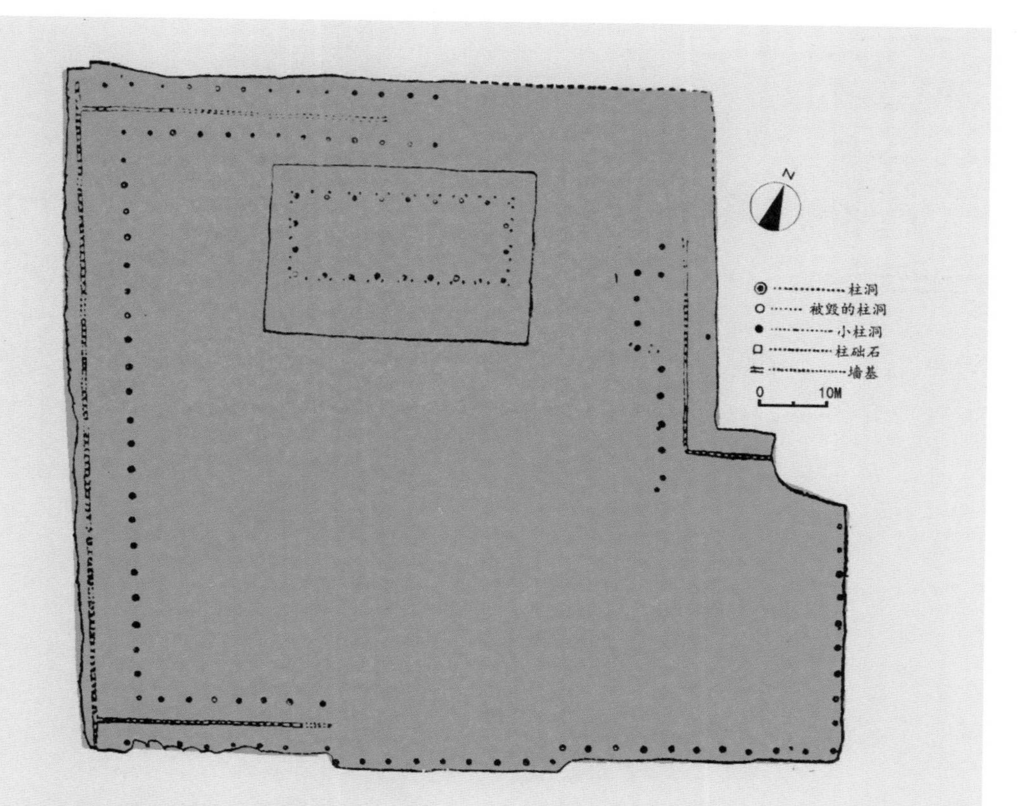

图6-12　偃师二里头商代宫殿遗址（自《新中国的考古发现与研究》）

图6-13　偃师二里头商代一号宫殿大门遗址（自《全国十大考古发现》2004）

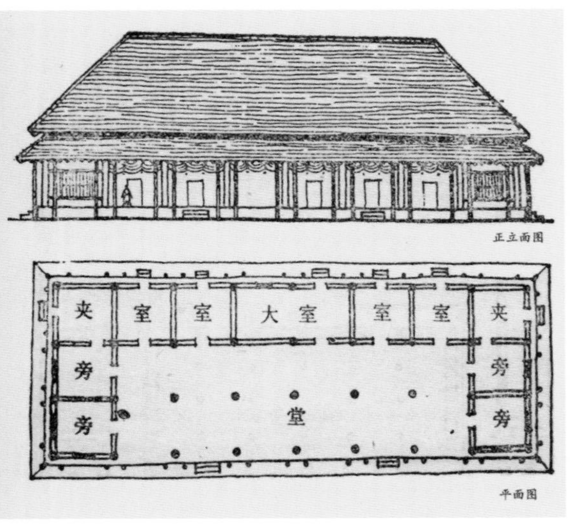

图6-14　偃师二里头商代一号宫殿遗址主体殿堂复原设想图（自杨鸿勋《建筑考古学论文集》）

穴间距与殿堂相同，也是3.8米。这是一座8开间的大门。沿夯土台的周边，还发现了一圈廊庑式建筑遗迹，这圈廊庑的设置，突出了中间殿堂这一主体建筑。这座由堂、庑、庭、门等组成的建筑群，主次分明、布局严谨，颇为壮观，反映了我国早期封闭式庭院建筑的面貌（图6-12、图6-13）。

与后世宫殿不同的是，二里头宫殿中的殿堂和大门都采用了8开间的偶数开间形式，这显然是殷人数“以八为纪”的反映。由此，我们还可以作出这样的推测：8开间的宫殿形式可能是殷商最高贵的建筑形式，并可证明该遗址为帝王宫殿无疑（图6-13、图6-14）。

陕西岐山凤雏村西周建筑遗址，是一座相当规整的四合院式建筑。整组建筑坐落在一个夯土台基上，台基南北长45.2米，东西宽32.5米，面积约1 500平方米。整组建筑坐北朝南，南北中轴线上自前向后依次为影壁（树屏）、门塾、前堂、寝室。前堂与后寝之间用廊子连接。门塾、堂寝的东西两侧配置通长的厢房，形成一个前后两进、东西对称的封闭性院落（图6-15）。

前堂是这组建筑基址的主体，位于建筑组群的中部。堂台基比周围高出0.3～0.4米，东西有7排柱子，间距3米；南北有4排柱子，间距2米。由此可知，前堂是一座面阔6间、进深3间的建筑。门塾和寝室则是奇数开间形式，这是西方周族人的传统。主要殿堂采用偶数开间，应是周人对殷人偶数崇拜的传承。6开间的建筑等级是低于8开间的，由此，我们推测其建筑性质与等级是属于诸侯王一级的，而非帝王所用。从该地区历来出土的铜器看来，还没有属于周天子的，考古界据此判断这些建筑并非周王宫廷的结论与上述推测是吻合的。

堂前有3个台阶，左右两个台阶是迎客时为主人左阶升堂、

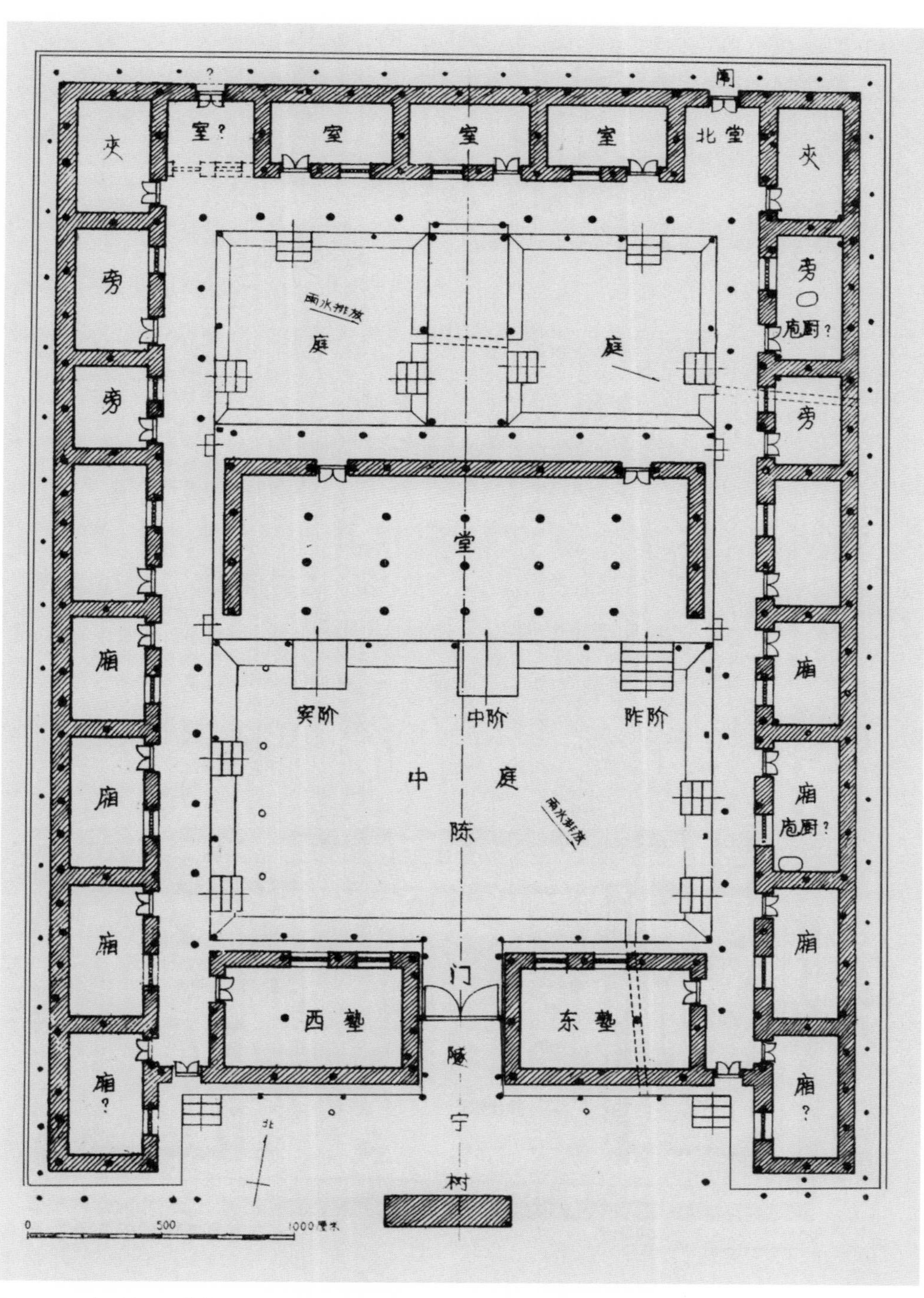

图6-15 陕西岐山凤雏村西周建筑遗址平面图（自《中国古代建筑史》）

宾客右阶升堂所设，其与《周礼》礼制是相符的。殿堂中央的空间为一排柱子所隔断，不便于居中使用。主人与客人在堂内应是东西相对而坐，客人一般坐西面东，所以古代有西向为上之说，南向为尊的确立大概是稍后的事。或者是周代礼制的影响，《礼记·曲礼》说：“为人子者，居不主奥，坐不中席，行不中道，立不中门。”爵位不高，是不能居中尊高之位的，凤雏村建筑遗址也反映了这一点。

陕西召陈西周中期建筑遗址的几座建筑中，出现了6开间、7开间、8开间等混杂的情况，这个时期也是早期建筑的主要殿堂由偶数开间向奇数开间的过渡时期（图6-16）。

西周中叶以后，以九为堵流行开来，在诸多方面出现了“八九之替”的现象。例如，商代及周初的编钟多是8件一组；而西周中叶以后则多为9件一组。“以九为堵”成了西周与东周之间的一个标志。随着中央权力的集中和周人世袭制度的确立，中央为尊的观念日益强烈，中国古代建筑的开间形式也出现了“八九之替”。从此以后直到清末，奇数开间便成为一种制度；9开间的殿堂成了天子地位的标志，即《易经》所谓的“九五之尊”。天子以下公侯伯子男则以七、五、三等开间数逐级递减其规模。认为中国古建筑自古以来就流行奇数开间的看法是不确切的。

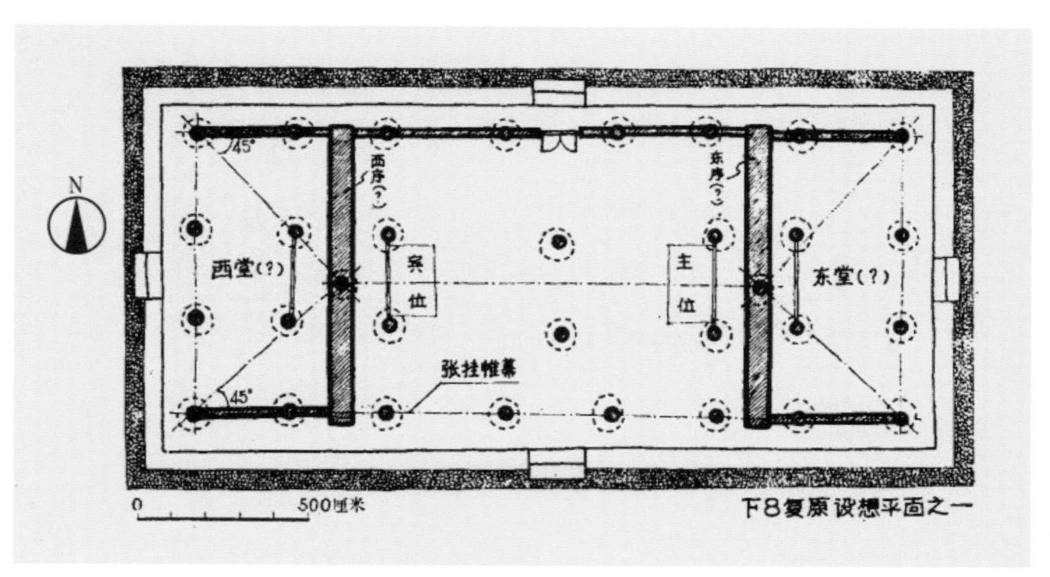

图6-16　召陈西周中期建筑遗址复原设想平面之一（自《建筑考古学论文集》）

第七章 筮占堪舆

1 八卦筮占

前面说过，《周易》既是“五经”又是“三玄”。作为“五经”，它提倡儒家“非礼不履”、刚健有为的进取思想，阴阳化成、发展变化的朴素唯物主义世界观，成为指导和规范古代中国人的言行指南；作为“三玄”，它既包含了尊重自然的道家思想，又包含了宗教神学的唯心天道观和形而上学的思维方式。前面几章内容，我们主要探讨了《周易》“五经”对中国古代建筑的影响，后面几章我们将主要讨论《周易》“三玄”对中国古代建筑的影响。

《周易》筮占的方法和吉凶观念的解释，是一种唯心主义的猜度术，其为历代唯心论、神学论者所极力推崇，成为迷信的谶纬术数学说的滥觞。这为以神学为基础的堪舆学的产生和发展奠定了理论基础。这也是《周易》这部书对中国古代建筑影响的另一个方面。

《周礼·春官·宗伯》说：“占人掌占龟，以八筮占八颂，以八卦占筮之八故，以视吉凶”。“八故”即八事，按郑玄注，谓一征（征伐），二象（灾变云物类），三与（与人以物），四谋（谋议），五果（事成与否），六至（来到与否），七雨（降雨与否），八瘳（病愈与否）。关于八事的占筮便称为“八筮”。“以八卦占筮之八故”，是所依八种卦象，推测所占八事之结果。这说明周人发明占筮时，最初只有八卦，按卦的不同的形象判断所占之事的吉凶。

《左传》有“八索”之说。《左传·昭公十二年》说：“是能读三坟、五典、八索、九丘。”孔颖达疏引孔安国《尚书序》说：“八卦之说，谓之八索；索，求其义也。”据民族学的材料表明，彝族过去曾有类似八索的占法。①

① 《彝族天文学史》第321～322页。

彝族的这种占法称为“雷夫孜”占法。其占法是，巫师取筮草一束，握于左手，右手随意分去一部分，看左手所余之数是奇是偶。如此共行三次，即可得到三个数字，然后根据三个数的先后，将奇偶排列出来，从而判断出行、婚丧、建筑、战争等的吉凶。最终排列的三个符号，每个只是奇偶两种符号的一种，这样对于排在第一位的符号有两种可能：或奇或偶，对于第二位、第三位符号的排列也是如此，所以总共只有八种可能的排列。根据奇偶符号排列的不同，对所有八种情况事先列出可能的吉凶判词，当具体占卜时得出某种排列后，再来查对给定的判词断语，就可知道其事吉凶如何了。

如以数字1代表奇数，0代表偶数，雷夫孜的八种判词结果如下：

101（☲）上上：打冤家必胜，打猎多获，婚姻良好等。

100（☶）上中：打冤家有胜利的希望，打猎有所获，婚姻较好等。

010（☵）中平：打冤家不分胜负，打猎难取大获，婚姻大体上过得去等。

111（☰）中平：战争胜则大胜，败则大败，必有胜败。可能打得大猎物，否则人要受惊吓、小伤等。

110（☱）中平：打冤家打猎皆不能达到预期目的。打猎即使有小获，人也不利。婚姻即使顺利也会有意外灾难。

000（☷）中平：战争不分胜败，两方都有损伤。打猎难有所获，婚姻不理想。

110（☴）下中：战斗不顺利，往往打败，打猎无获，婚姻不利等。

011（☳）下下：战必败，损失惨重。打猎无获，人受伤。婚姻破败。

雷夫孜占法到底是否与八索占法有相同之处，尚很难断定。但是《易传》中所提到的占法说：

大衍之数五十，其用四十有九。分而二以象两；挂一以象三；揲之以四以象四时，归奇于扐，以象闰，五岁再闰，故再扐而后挂。

是故四营而成易，十有八变而成卦。

取50根蓍草，用49根分成4组，按上述方法变化观其奇偶，推断凶吉，这便是《易传》说的揲蓍筮卦的方法。《易传》所记述的筮卦方法与雷夫孜占法有相同之处，但前者却比后者复杂得多。由此可知八卦起源于占卜是无疑的。

《周易》也讲天命。《系辞》说："乐天知命故不忧。"《说卦》曰："穷理尽性，以至于命"。在它看来，天帝是存在的，天有天意，神有神旨，世界是受天命左右的。让我们再分析下列几段爻辞：

自天佑之，吉，无不利（《大有・上九》）。

王用亨于帝，吉（《益・六二》）。

有命，无咎，畴离祉（《否・九四》）。

以杞包瓜，含章。有损自天（《姤・九五》）。

这四段爻辞的意思比较清楚。第一段讲天意，认为得到天的帮助和保佑，是没有什么不吉利的；第二段讲上帝、神权，认为君王受命于天帝，依享于神权总是吉利的；第三段讲天命，认为只有归附天命，自已和朋友都能得到好处，不会有过失；第四段则讲上天赏善罚恶，认为陨灭由天。这里，《周易》崇尚天命、迷信神权的宗教神学的唯心主义思想是彰明昭著的。

《周易》的天命吉凶观和筮法作为一种迷信来预测人事吉凶，至汉代时已十分流行。据《史记・日者列传）记载，汉初占筮家司马季主，摆卦摊于市中，为人占卜吉凶。他认为卜筮之德很大，不仅有利于国家大事，甚至可以教导臣忠子孝，使病者以愈，死且复生。把《周易》视为占算时日、预测祸福的方术，是古代占家流派之一。曹魏时期的占算家管辂，据《魏书・方技传》记载，他自比于司马季主，被认为"明周易，仰观、风角、占、相之道，无不精微"，"分蓍下卦，用思精妙，占黉上诸生疾病死亡贫富丧衰，初无差错，莫不惊怪，谓之神人也"（《三国志・管辂传》）。

汉代已有多种占家流派，如五行家、丛辰家、历家、堪舆家、建除家、天人家、太一家等。后世的神学家对以八卦占卜事物的吉凶观念和方法大肆阐释发挥，与阴阳五行、天干地支、天文星象、九星术等结合在一起，创立了形形色色的玄学流派。其中与建筑关系最为密切的便是堪舆术了。

2 堪舆术源流

堪舆术是古代中国流行的一门关于相宅相墓的术数学问。它的主要内容是指导人们如何去选择住宅和坟墓的位置、朝向，以及确定营建的时间等。其在一定程度上影响着建筑的规划布局和设计施工，在古代民间广为流传，影响深远。

“堪舆”指什么呢？“堪”意通“勘”，有勘察之意；“舆”本指车箱，有负载之意，引喻为疆土和“地道”，所以堪舆有相地、占卜的意思，故又称其为“相地术”。作为一种相地的学问，起初仅涉及宅邑的选址定向。相地的理论和方法比较简单，主要是地理气候等环境因素与人们的居住环境协调的经验总结和运用，所以科学成分也较多。至汉代，在《周易》玄学思想及董仲舒“天人感应”等谶纬学说的影响下，原有的相地术与阴阳五行、八卦干支结合在一起，为堪舆术的进一步发展奠定了一定的哲学基础和逻辑推理条件。到唐宋时，其理论架构日臻完善，不仅着眼于山川形势、藏风得水等方面的因素，而又与占卜、宅主“命宫”和“黄道吉日”等相穿凿附会，加入了方位理气等内容，用语晦涩难懂，理论繁杂深奥，从而使堪舆术越来越趋向于神秘化，在很大成分上演变为地地道道的玄学术数把戏，成为一些人用作骗人的手段。

古代中国人认为，宇宙是由“气”生成的。《淮南子・天文训》说：“天地未形，冯冯翼翼，洞洞灟灟，故曰太始。太始生虚廓，虚廓生宇宙，宇宙生元气，元气有涯垠。清阳者薄靡而为天，重浊者凝滞而为地。”大意是说，天地未形成之前只是一个“无”，“无”中生“太始元气”，天地便是太始元气而生成的，轻的气上升成为天，重的气下降成为地。这轻的气和重的气也就是阴阳二气。《管子・枢言》说：“道之在天者，日也；其在人者，心也。故曰：有气则生，无气则死，生者以其气。”认为人活气行，人死气绝，世上万物都是气的生化结果，天上的星辰、地下的五谷和人的福寿夭祸均与气有极大关系。

相地术的理论便是建立在古代中国哲学“气”的概念之上的。可以说“气”是风水学最重要的组成部分，其理论和方法都是围绕“聚气”这个问题而展开的，以致有的风水家这样说："地理师若能认识气，他就理解了风水的全部内容。"堪舆术书因而每每对气讲解一番。郭璞《葬经》开篇说：

葬者，乘生气也。夫阴阳二气，噫而为风，升而为云，降而为雨，行乎地中而为生气，生气行乎地中，发而生乎万物。人受体于父母，本骸受气，遗体得阴，盖生者气之聚，凝结者成为骨，死而独留，故葬者反气内骨，以荫所生之道也。

郭璞认为死人遗骨是生气之凝结物，选一个聚气的地方下葬，与地气相通，就会保护好遗骨不朽，如此死者的灵魂便会得到安慰并庇护生者。古代的洗骨葬风俗证明古人的确有这种认识。古代东南沿海地区的百越民族，人过世后要葬两次，第一次将尸体简陋地埋于一个地方，叫做"凶葬"。待若干年尸体腐烂以后，再拣出其骨洗净装入一个俗称"金塔"的陶缸内，然后择地选吉日再次入葬，这叫"吉葬"。当然，这种葬俗极有可能与民族的迁徙活动有关，迁徙的人们为获得祖先的庇佑或对祖先感恩戴德，背负祖先的骨骼远走他乡至新居安葬要容易得多。

基于这种对气的认识，古人安居下葬必择"生气"旺盛的"藏风聚气"之地。堪舆家认为生气与地脉、地形有关，在自然环境中，气和风与水的关系最大，因为"气乘风则散，界水则止"（蔡元定注郭璞《葬经》）。生气忌风喜水，风要藏，水要聚，"藏风得水"，生气才旺盛。清人范宜宾进一步解释说："无水则风到气散，有水则气止而风无，故风水二字为地学之最重。而其中以得水之地为上等，以藏风之地为次等。"意思是说近水且靠山背风、生机盎然的地方总是好的居处。堪舆家以相地中"风"与"水"这两大要素概括这个理论，因而后世"风水"一词又成为堪舆的代名词。实际上，因风水一词主要源自重相地术的形势派，所以用风水命名的堪舆著作较为少见，仅有元代朱震享的《风水问答》及清代袁培松的《风水本义》等寥寥数本，可见风水仅是堪舆的一个俗称而已。

但是这种对"风水"本意的理解是有失偏颇的。晋代郭璞的《葬经》原著是风水学最重要的典籍之一，后世对其本意的理解有着较大偏差，这是导致风水学陷入歧途的原因之一。比如在对风水本意的理解上后人就曲解了郭璞的原意。宋代朱熹的弟子蔡元定在注释《葬经》时说："经曰：气乘风则散，界水则止，古人聚之使不散，行之使有止，故谓之风水”。其实，在郭璞的原著里面并没有“气乘风则散，界水则止”这句话。《葬经》原著说：“葬者，藏也，乘生气也。夫阴阳之气，噫而为风，升而为云，降而为雨，行乎地中谓之生气。生气行乎地中，发而生乎万物。”郭璞的生气是指地表下运行的能量，以“土”元素为代表，是地表万物生长的要素，生气也就是土气，生气溢出地表后就形成了风，而不是指外在气流形成的风，前者才是风水中“风”的本义。所以郭璞《葬经》又说“土者，气之母，有土斯有气。气者，水之母，有气斯有水”。这里又讲到水的概念，气是水的母体，水是随气而运动的，生气的兴衰决定了水的盛枯，水的大小与水质的好坏是生气兴旺与质量的表征，并非气“界水而止”。所以风水中的水，除了一般的江河湖塘等宏观的水外，主要是随生气而运动的或有关联的水，还包括生气中的水分子，即微观水。所以风水的正确概念应该是“水土”的概念，实质上是指地表生态和气候的关系。风水好不好就是指一个地方的水土好不好，地表生态和气候情况协不协调。故中国朴素的风水学是以探究建筑生态环境和景观环境为基本目的的。

堪舆术的别称很多，除称风水术外，又有青乌、青囊、地理、相地、相宅、卜地、卜宅、图宅、图墓、葬术等名称。青乌的典故出于《轩辕本纪》：“黄帝始划野分州，有青乌子善相地理，帝问之以制经。”《旧唐书·经籍志》则记载青乌子乃汉代相地家，相传其著有《青乌子》三卷流行于世，因而青乌子成为风水学的别名。汉代以前的书是在竹简上书写而后成编的，外出携书要用布袋来盛，从出土的大量汉简我们可了解这一事实。风水著述在古代归于堪舆选择术数一类，古人以青色囊袋盛术数之书，因而风水有“青囊”之称。“相”的意思是察看、审定，引转古之面相、手相、星相等相术称谓，故择地称相地。“图”的古义是斟酌、图谋之意，古之营宅建墓乃一件大事，所以要深思熟虑、详细计划。因之，从事风水这个行业的人就相应地被人称为“风水先生”、“堪舆家”、“地理先生”、“阴阳先生”、“宅相家”等。

风水称谓虽源于晋之郭璞，但远此之前已有相当发达的风水或堪舆理论了。据现有资料推测，相地之法，大约起源于原始村落宅邑的营建。有文字历史记载的，可以追溯到公元前十几世纪的商朝殷人的甲骨占卜。殷人迷信鬼神，凡遇大事均要占卜问卦后方行事。对甲骨文的研究表明，甲骨文中有不少关于建筑的卜辞，如有作邑、作寨、作宗庙、作宫室、作墉、作葠等卜辞。作邑就是筑城，卜辞中有很多作邑的记载。如：

己卯卜，争贞：王作邑，帝若，我从，兹唐（《乙》570）。

庚午卜，丙贞：王勿作邑在兹，帝若？

庚午卜，丙贞：王作邑，帝若？八月。

贞：王作邑，帝若？八月（《丙》86）。

文中“争”、“丙”是占卜者的名；“贞”义为问；“若”为顺，表示允许。以上卜辞，均为殷王要修建城邑，卜问于上帝以定吉凶之辞。“我从，兹唐”，谓从上帝之意愿在唐这个地方修建城邑。修建城邑乃是国家大事，故必须反复卜问，方能择地动工。这是通过占卜法决定营邑的地点是否合适。《商书·盘庚》记载商王盘庚都于殷的训话，其中说：“天其永我命于兹新邑。”意谓天帝将授命我们在此建新邑，永远昌盛。表面上看，商人迁都和作邑是根据占卜反映的鬼神意志决定的，实际上历史学家则认为商人迁都和作邑的根本原因，是由于部落战争、气候、水草其他资源、灾害等因素决定的。

周人也曾多次迁都和营建新邑，见于史籍的有公刘迁豳、古公迁岐山、成王营洛邑三次。周人建洛阳城之前，亦反复卜问而后定，与殷人之俗相同。《书经·周书·召诰》记载：

惟二月既望，越六日乙未。王朝步自周，则至丰。惟太保先周上相宅，越若来，三月。惟丙午月朏（朏指新月始发光之日），越三日（戊申日），太保朝至洛，卜宅，厥既得卜，则经营。

这里记述了周成王于二月二十一日（乙未）早晨，自镐京来到丰。太保召公在周公之前，先行勘察了洛邑的环境，到了下个月初三丙午新月初现，又过了三天的戊申日，太保召公于这天清晨来到了洛，首先占卜筑城的位置，结果一卜得吉，于是立即开始测量营建工作（图7–1）。

由以上的文献资料可以看出，在商周之时，智慧的先人对房屋坐落的方向及

图7-1 《书经图说》载太保相宅图

周围的居住环境，或南或北、或东或西，都曾留心考虑。至于一国之首邑，更是慎重其事，由王公贵族带术士前往“相宅”、“卜宅”，绝不会随便找个地方就营建起来的。经过长时间的不断实践和总结，逐渐演化出一套完整而又有一定依据的相地术，并一代一代流传下来。从早期文献有关相地营邑的记载中，虽然也流露出古人对鬼神上帝的畏惧，但在实际选择时，却往往偏重于勘察地理资源，并非完全以占卜吉凶而定。

春秋战国时期，天文学、地理学等自然科学有了长足的进步；哲学思想活跃，学术气氛浓厚，八卦、阴阳、五行、元气诸学说方兴未艾，形成百家争鸣的局面。此时，战国七雄争霸，封建割据，竞相筑城，掀起了城市建设的高潮。这个时期出现的《考工记》、《管子》、《周礼》等著作，总结了城市建筑的经验，制订了建国与营国制度以及城市的选址理论，这些都为风水理论的发展奠定了理论和实践的基础。

在史籍中有不少关于此时堪舆家的故事。战国秦惠王之弟名疾，据说他死后葬于渭南章台之东。这地方是他生前选定的，他说：“后百岁，是当有天子之宫夹我墓。”至汉代，果然是“长乐宫在其东，未央宫在其西，武库正直其墓”（《史记·樗里子列传》）。后人认为他所相定的坟墓，位于帝王宫殿之间，能造福于子孙后代。如果真有其事，那实际上也是其所选基址较好，受到后世宫殿规划选址者的青睐罢了。这个故事说明，对建筑的地理形势，此时依然受到重视。由于“疾”是渭南樗里乡人，人们称他为“樗里子”，后代地理家也由此奉他为相地术正宗，成为地理家的祖师爷。

《史记》还有许多关于相宅的记载，不过这类宣扬风水家如何灵验、所相之宅墓为后代带来富贵荣华的故事，多数是由后人杜撰出来的。

至汉代，以阴阳五行学说为基础的“月令图式”世界观形成，普遍地指导着人们的思维方式。汉儒董仲舒又大肆宣传“天人感应”、“人副天数”等观念，致使各种谶纬迷信如龟占、筮占、星占、相术、求仙等风气盛行一时，风水学与其相结合后，使其理论愈加玄奥神秘起来。《论衡·四讳篇》说：

俗有大讳四：一曰讳西益宅，西益宅谓之不祥，不祥必有死亡。相惧以此，故世莫敢西益宅。

“西益宅”指向西扩建宅室；“讳”为忌讳而不敢建。这在当时已成为相宅的一条原则。《论衡·图宅术》中，将宅定为五音，姓有五声，与阴阳五行结合起来，依其姓的发音属于“宫”、“商”、“角”、“徵”、“羽”哪一声类，来搭配应居住于哪一朝向的住宅。如此而形成的一门堪舆术，称为“五音相宅”。

汉代风水学已和“黄道”发生了密切关系。黄道本是指太阳一年在天球上运动的大圆轨迹。根据太阳在黄道上的位置可确定季节。后来，它与推算占验吉凶宜忌结合产生了黄历。风水学与黄道的结合，说明风水学已发展到与时间方面的吉凶观念成为一体。王充在《论衡·諫时篇》中有关于时间和方位忌讳的论述：

世俗起土兴功，岁月有所食；所食之地，必有死者。假令太岁在子，岁食于酉，正月建寅，月食于巳，子寅地兴功，则酉巳之家见食矣。

这里“太岁”是指旧历纪年所用值岁干支的别名，如逢甲子年，甲子即是“太岁”。因习惯上只重视“岁阴”（指十二地支），故有“太岁在子”之说。古代中国人把东南西北四方分成十二等份，以十二地支或十二辰命名，刻在方形木盘上，作为地盘，又把二十八宿、北斗星等天宫主要星象刻在圆形木盘上，作为天盘。天盘的圆心有轴立于地盘中心上，可以随天体的运行转动天盘。这样就可以根据它来确定天体运动与大地方位之间的关系；利用空间与时间的配合推算吉凶。这种仪器称为“式盘”，因其多出现于汉代，又称为“汉代式”（图7-2）。用式盘推算吉凶叫做“演式”。汉代相地家认为，动土兴功要考虑天体，如日（黄道）、月（月建）、太岁、二十八宿等运行情况。《论衡》所述这段话的意思是说，假如动土营

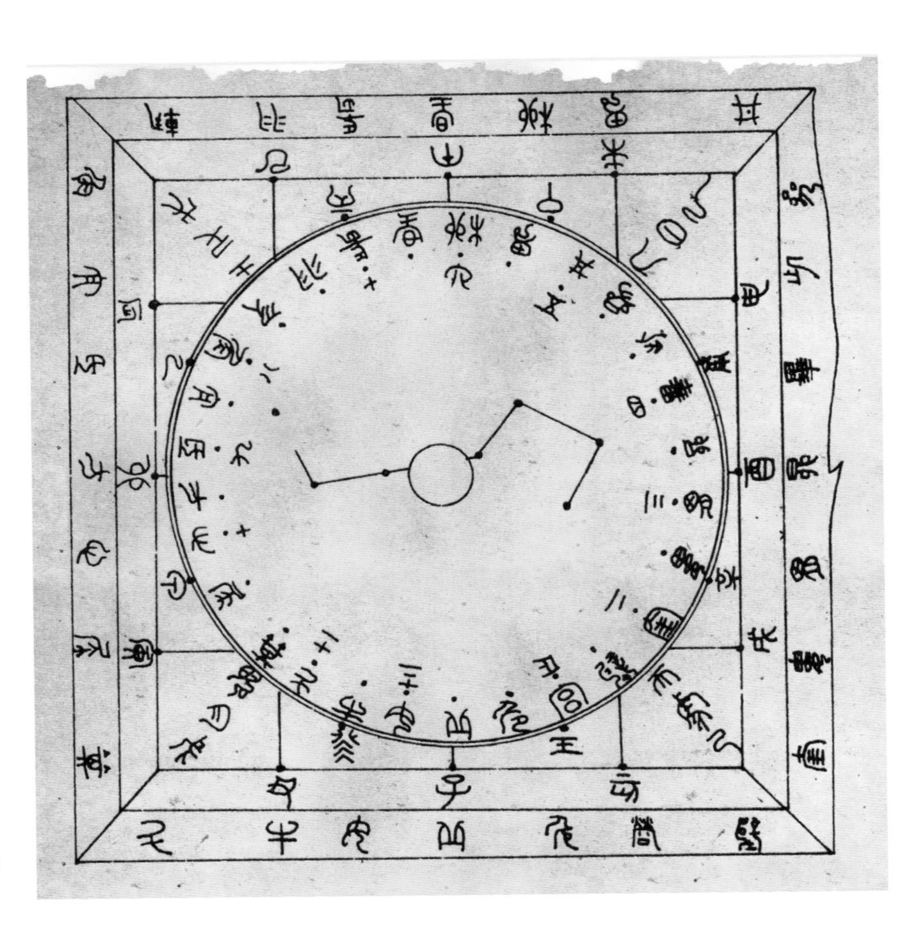

图7-2　西汉初期六壬式盘（自《考古》1978年第5期）

造的年和月正好是太岁在子之年，月建在寅之月，而又在地上子位寅位动土，就要殃及酉位巳位的居民。此即所谓“太岁头上动土”的禁忌。这是古人把相地与观天相结合、方位与时间相结合而产生的禁忌。但是，这种禁忌与自然条件是毫无关系的。

汉代出现了一批有关堪舆术的专著，除《神农教田相土耕种》可能有一些农业生产经验之外，又有《堪舆金匮》、《宫宅地形》、《周公卜宅经》、《图宅术》等，推测都是迷信成分很大的术数书。《汉书·艺文志》著录的《堪舆金匮》有十四卷；《宫宅地形》有二十卷，可惜皆已失传，不能详窥其内容。《堪舆金匮》可能主要是讲与《图宅术》相似的相宅内容；而《宫宅地形》则可能是关于宅邑相地的著述。两者可能是后世风水“理法”与“形法”理论分野的最早论著。

由上可大略了解，大约从秦汉开始，风水术在地理学上进一步发展的同时，也发展了先秦相地术中的迷信成分，至汉代加入天文学和其他谶纬内容后，风水术走向邪途而跨入玄学的行列。其时，风水学堕入迷信的标志有三点：

①认为阴宅（坟墓）位置的好坏关系到子孙后代的前途，开始重视坟墓的营建。帝王贵族的陵墓始兴累土为坟，而一反战国以前“墓而不坟”的葬制；

②与阴阳五行、八卦干支理论结合起来，并以其占验吉凶；

③把营建宫室、坟墓的人事同天体运行相联系，产生了“黄道”、“太岁”、“月建”等忌讳。

梁启超先生在其著《论中国学术思想变迁之大势》中也认为风水始行于东汉，大盛于三国：

自西京儒者，翼奉、睦孟、胡向、匡衡、龚胜之徒，既以盛说五行，夸言谶纬，及光武好之，其流愈甚。东京儒者，张衡、郎觊，最称名家，襄楷、蔡邕、杨厚等，亦斑斑焉。于是所谓风角、遁甲、七政、元气、六日、七分、逢占、日者、梃专、须臾、孤虚、云气诸术，盛行于时。后汉书方术列传所载者三十三人，皆此类也。然其术至三国而大显，始俨然有势力于社会，若费长房、于吉、管辂、左慈辈，其尤著者也。其后郭璞著葬书注青囊，为后世堪舆家之祖。而稽康亦有难宅无吉凶摄生论，则其时风水说之盛行可知。

看来东汉至三国的许多文化人参与了风水著说之事，对风水理论的成熟起了很大作用。

在魏晋南北朝和隋唐时期，南北文化和外来文化处于大融会状态。南北朝的玄学兴盛与山水美学的发展，把风水学又向前推进了一步。魏时的管辂著有《管氏地理指蒙》；晋人郭璞撰有《葬经》；5世纪时的王征所著《黄帝宅经》等，均是风水学中较重要的著述。唐代著名风水学家杨筠松所作《青囊奥语》、《玉尺经》、《疑龙经》等也对后世影响很大，其说自立一派，被后代风水家尊称为“杨公”。

唐代，由于佛教的广泛远布，印度佛教中的吉凶占验观念又与风水学结合起来了。佛教中的轮回转世、因果报应的观念深入人心，悔恶除罪，修德祈福；作善作恶，定有果报，或报之自身、或报之子孙、或报之来世的佛教观念与风水学中的图谶思想融为一体。在此浪潮的冲击下，汉代那套“五音相宅”法也逐渐式微了，而以“演式”见长者，趋于没落。

唐朝统治者除了大力推崇佛教外，对道教思想也顶礼膜拜。从道教教理教义上看，中国古代社会的天人合一、道家思想、天人感应以及谶纬之学等宗教色彩较浓的东西，与殷商时代的鬼神崇拜、战国时期的神仙信仰和东汉黄老道精气学说，都是道教神学理论的思想源泉。古代巫祝的占卜、祈祷，方士的候神、求仙，等等，靡不为道教所承袭。道教所崇奉的天神、地祇、仙人，莫不由历代相沿流传而来。道教乐生、重生，期望“得道”成仙不死而“长视久生”，同天地共存，与自然一体。因此，道士们便积极寻求使人长寿的方法，这就是所谓的道功道术。从理论上讲，道教强调形神相融、生道合一，认为欲长生便必须安神固形，性命双修，于是乃有所谓性功和命功之分。性功修心，命功炼形，所以道教所行养生之术很多，如外丹、内丹、服气、吐纳、胎息、服饵、辟谷、存思、导引、行蹻、动功，等等（图7-3）。道无术不行，道寓于术，所以道教又贵术、重术，把古代所流行的养生之术皆吸取进来，加以宗教的解释与发挥。

道教是我国土生土长的宗教。它起源于民间信仰，所以其组成含有大量的民间世俗内容，如书符招仙、符篆斋酢等。作为神秘的符咒和仪式，它能役使鬼神，祈晴求雨，禳灾去祸。道教中的这些鬼神观念、神仙方术等均为堪舆家所吸收，致使风水术迷信成分进一步加强。

魏晋以后的风水术特点是葬地选择越来越被重视，风水著作也是多以《葬经》命名，内容多与阴宅墓葬有关。它除了继承阴阳五行和天人感应诸法之外，十分重视审察山川形势，讲究宫宅墓穴的方位、向背、排列位置等。

宋元明清时期，宋明理学、心学成为这个时期哲学思想的主流，指南针罗盘业已广泛应用。这个时期的地理风水之说极为风靡。在宋代编纂的《册府元龟》中，可以看到已把相宅相墓之事与地理学一起来研究，这部著作中的《明地理》篇，内容都是讲相宅相墓的事。北宋司马光曾论述了当时迷信地理风水及所产生的不良后果的情况。《司马氏书仪》卷七记载：

图7-3　导引图

世俗信葬师之说，既择年月日时，又择山水形势，以为子孙贫富贵贱，贤愚寿夭，尽系于此。又葬师所有之书，人人异同，此以为吉，彼以为凶，争论纷纭，无时可决。其尸柩或寄僧寺，或委远方，至有终身不葬，或子孙衰替，忘失所处，遂弃捐不葬者。

当时许多人都认为按风水之说选葬，可以发家致富，把它看成是如同经营生意投资一般。专以看风水为职业的“葬师”，则互立门户，各有师承，学理互不相通。金元时期迷信风水之风更甚，从山西地区屡次增订刻印《地理新书》等堪舆类书的情况就可以得到证明。

明清时期，山川形势仍然受到风水学的重视。此时常有以“地理”命名的堪舆书，如萧克的《地理正宗》、徐善继的《地理人子须知》、蒋平阶补传的《地理辨证》、叶九升的《地理大成》等。另外，关于风水的重要著述还有缪希雍的《葬经翼》、刘基的《堪舆漫兴》和吴直萧的《阳宅撮要》等。

在阳宅（居住建筑）方面，明代以后由于各流派摒弃其固守门户之见，而直接采用八卦方位以及阴阳五行生克的原理，定出了堪舆九星及其吉凶，还有若干因卦与卦之间的关系而形成的名称代号，因此形成以四吉四凶确定房、门、灶、床方位的方法和完整的体系。其时又陆续正式出版了《八宅明镜》、《金光斗临经》、《阳宅三要》、《阳宅十书》、《沈氏玄空学》等术书，使阳宅术广泛流传开来。《清史稿》著录风水术书达二百二十卷之多，可见当时风水术流行之甚。

3　堪舆术理论简述

与中国文化的源起发展主要在黄河中下游相一致，早期的风水学发生并分布于陕西、河南、山西一带。随着中国版图的扩大和南北文化的交流，风水学也流传开来，遍及全国各地。宋代以后，尤其活跃于江西、安徽、江苏、浙江、福建、广东、台湾等江南、岭南地区。造成这种结果的原因推测有以下几点：

（1）晋室东渡和安史之乱，使大批中原人士南渡，随着中国政治经济文化中心的南移，多由知识分子充任的堪舆家也将堪舆术带来南方；

（2）该地域属古荆楚、吴越之邦，其“巫文化”盛行，堪舆学在此地的传播有较适宜的文化基础；

（3）该区多山多水，使风水形法理论大显身手。同时，该区气候湿热，人们发病率相对较高，故建房特别注重择地，这是风水学盛行的客观自然条件；

（4）宋以后，程朱理学、阳明心学在此地影响较大，而且地理学、天文学和建筑学都有了很大发展；

（5）江南地区为偏安之地，经济发达，具有雄厚的物质经济基础。达官贵人、富商巨贾为求好风水，一掷千金，不足为惜，相互攀比，渐成风气。

（6）唐末杨筠松自宫中带出堪舆秘籍，避难江南，并于江西赣州一带传徒授艺，使江西风水术大盛，出了许多著名风水师，使风水学以赣州为中心迅速传播至周围地区，以致“赣州地理”几成为中国风水的代名词。

堪舆术和堪舆家的时间分布过程和空间流布范围，通过笔者据清《古今图书集成》堪舆部所绘“堪舆名流时空分布图”可以了解其大概（图7-4～图7-7）。

至于风水学的流派，丁芮朴在《风水祛惑》中说：“风水之术，大抵不出形势、方位两家。言形势者，今谓之峦体；言方位者，今谓之理气。唐宋时人，各有宗派授受，自立门户，不相通用。”约在公元三世纪时，风水学就已形成了两大派系。一是源自陕西的形势派，其理论主要与土地、山脉、河流的走向、形状和数量等自然环境有关。唐代以后，这个学派主要活动在江西一带，形成后来的江西派。

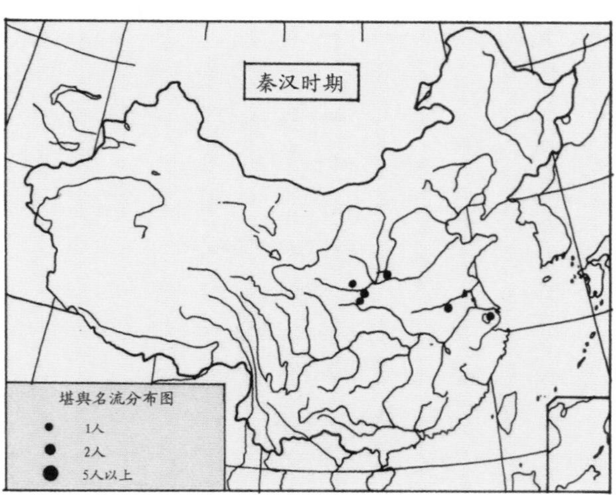

图7-4　秦汉时期堪舆名流分布图

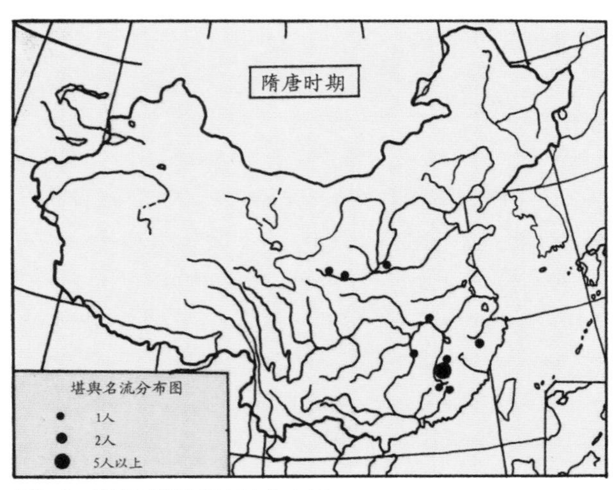

图7-5　隋唐时期堪舆名流分布图

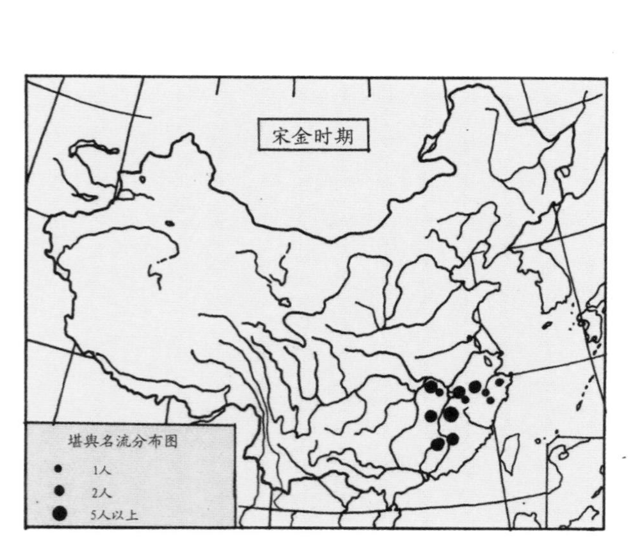

图7-6　宋金时期堪舆名流分布图

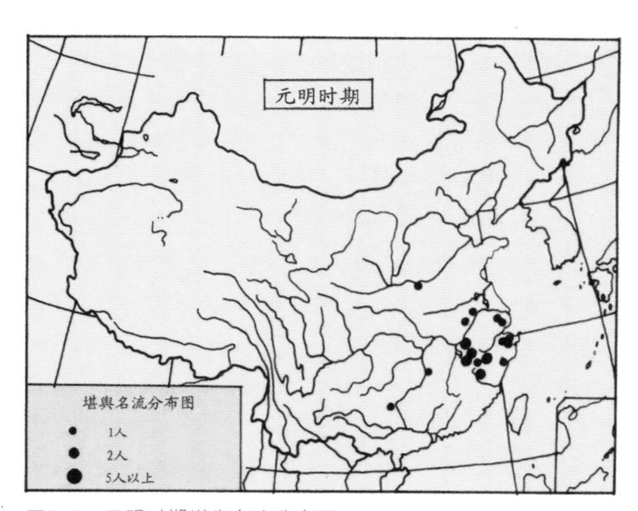

图7-7　元明时期堪舆名流分布图

对此派的主要人物与主张，清人赵翼在《陔余丛考》中作了简明的概括：

一曰江西之法，肇于赣州杨筠松、曾文辿、赖大有、谢子逸辈，其为说主于形势，原其所起，即其所止，以定向位，专指龙、穴、砂、水之相配。

此说认为江西派主于形势，但从史料分析来看是不够全面的。江西之法是主于郭璞《葬书》的“乘生气”，既主于形法（即形势）也重于理法（即理气）。《葬书》说“势为难，形次之，方又次之”，说的势与形，就是形法。方，就是理气。杨筠松著的《疑龙经》和《撼龙经》说的是形法，而其著的《青囊奥语》、《玉尺经》及其徒弟曾文辿著的《天玉经序》说的则是理法。杨筠松和曾文辿从事风水实践，用直观的方法寻龙点穴，观龙察水，就是形法。用罗盘格龙乘气，消砂纳水就是理气。中国罗盘中的以磁针方位称为正针的地盘，以日景方位称为缝针的天盘的两大圈，据说都是杨筠松创造的；而以极星方位称为中针的人盘，是其徒裔赖文俊创制的。前者称为杨盘，后者称为赖盘，都是江西之法创造的。因此，称江西派为单纯的形法派是欠妥当的，应该是形法理法并重的，早期是以乘生气为主旨的。①

①李定信，《四库全书堪舆类惦记研究》，上海古籍出版社，2007。

同时，称为江西派不如称为赣州派更为准确，因为中国风水自唐代以来，成为正统的、古代科学的、有系统理论的、有具体实践和操作规范化的郭杨曾古法风水术是源于赣州的。

另一派则是源于汉代中原的图宅术，后来兴盛于福建的理气派。这一派依靠星卦、罗盘，强调八卦干支、阴阳五行的生克及方位的重要性。对此《陔余丛考》又说：

一曰屋宅之法，始于闽中，至宋王伋乃大行，其为说主于星卦，阳山阳向，阴山阴向，纯取五星八卦，以定生克之理。

这说明福建派主张的是理气宅法原理。福建之法就是星卦法，无论是八宅卦、辅星卦、大小游年卦、天地卦、三元紫白、大玄空……都属于星卦法。所谓星是指九星，是银河系内的北斗七星加辅弼二星，合称为九星。所以福建派是以乘卦气、星气为主旨的。简单地称其为理气派也是不准确的。因为所谓理气，就是认识、理解（包括利用、适应和改造）和处理生气。气的概念是抽象的，其范畴是很复杂而庞大的。中国古代的哲学中心就是论气。这里说的气，是中国风水范畴内的气，是与形对称的，是中国风水的一大课题。就是《葬书》说的乘生气的气，也就是“行乎地中，发而生乎万物”的气。所以理气，应该说是理“行乎地中”的阴阳气。因此，福建之法的所谓理气，应该是理“行乎天上”的北斗九星气。如果说侧重于建筑的方位理气的推演，称之为“理法”派；侧重于对建筑的山水形势的观察，则称之为“形法”派是比较容易接受的。元代赵汸《葬书问对》说：“闽士有求葬法于江西者，不遇其人，遂泛观诸郡名迹，以罗镜测之，各识其方，以相参合”。文中“罗镜”指“罗经”，也就是罗盘。由此可见，两派也趋向相互补充，从而进一步完善各自的理论体系。明清时，总的说来，形势派和理气派都十分流行，这大概是因为形势派所主张的理论与实践活动，具有直观外在的形式感受和一定的现实环境功能，而理气派则玄妙无际，被人们津津乐道。“形法”派和“理法”派如进一步划分，又各有注重房屋营建的“阳宅”派和注重坟墓营建的“阴宅”派的区别。

下面我们分别对“理法”派和“形法”派各自的理论观点作一简介和分析。

先来谈谈理气。“理气”本是中国哲学的一对基本范畴，宋明理学家认为，“理”是自然规律和社会伦理道德的总结和概括。程颐说：“万物只是一个天理”（《河南程氏遗书》）。朱熹也认为理是世界万物存在的根源、独一无二的最高本体。理是现实存在的，但却无形体，如果理与形体相结合，就是“气”的象了。就是说理是形而上者，气是形而下者，理必须借助于气而造作，依气而安顿，凭气而派生，于是世上之物被认为均是气的表现。

自然现象之理，与人类最有关系的莫过于时间和空间的规律。时间就是年月日时；空间就是左右前后上下的方位。杨筠松风水术对“理”的释义是理解和处理。而“气”是指生气，即生长万物的元素和水。理气本来是指首先理解生气的运动变化规律，即理解生气内在元素和水斗争—统一—斗争的往复情况，进而加以处理，即适应、利用、改造生气为我所用。简而言之，所谓理气，就是理解和处理生气。理解和处理生气的方法，就称为理法。理气的本意并非指卦气、星气或建筑方位朝向等。

堪舆家试图探索人与“天理”的协调关系，非常注重对节令时间和空间方位的研究，后以“理气”、“理法”等名词来代表对时空的认识和利用。但是后来，堪舆家却是使用以神学为基础，综合了算学、天文学、术数和占星术的神秘方法来确定建筑的方位，企图通过城市的规划和建筑的设计以求得某种神秘力量的实现。所以后世的理气主要指卦气、星气或与建筑方位朝向布局的关系等，这不能不使堪舆术走向歧途。

毫无疑问，营建房屋之前是先要确定建筑的朝向的。早期的建筑实践中，是利用天体来确定方向的，如《诗经》说：“定之方中，作于楚宫。”“定”指营室星，是中国古代天文学二十八宿中的“室”、“壁”两宿，属今之星图中的飞马星座。在春秋战国时代，当营室星黄昏出现在南方的季节，正是农事结束从事营建房屋的时候，故称其为“营室”。古人在中秋后建房时，于黄昏观察此时恰位于南方天空的营室星，便可以确定建筑的朝向了。

图7-8　古人立竿测影图（自《钦定书经图说》）

为了准确制定恒星年的周期和季节，都需要测定准确的南北或东西方向。表杆测日影定向及夜观北极星定向都是古代定向的常用方法（图7-8）。用这些方法所测定的南北方向是与地轴（假想的一条地球绕其自转且指向北极星的轴线）重合的，在地球表面上的南北方向线就叫做子午线（北端为子，南端为午），所以上述测向方法又称为“地理子午线”法。

唐代以后，由于指南针的发明和应用，以指南针来确定建筑的朝向成

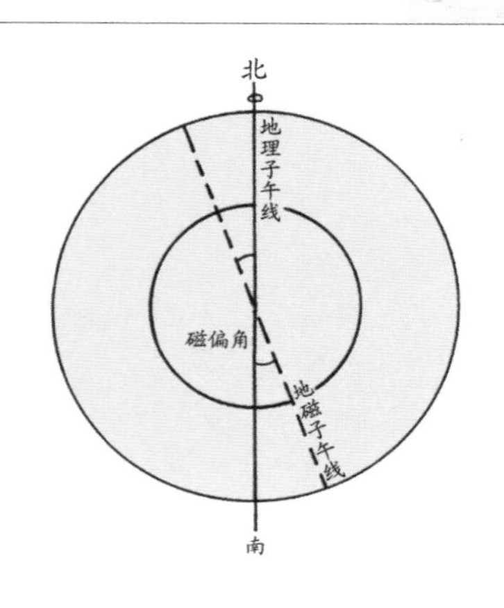

图7-9　地理极与地磁极关系图

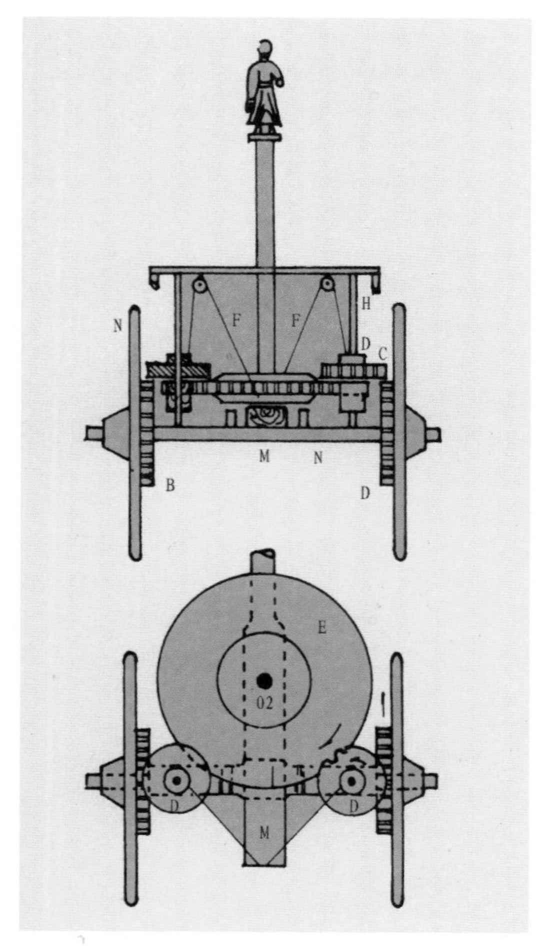

图7-10　指南车机构复原图（自《物理学史讲义》）

为常用的方法。风水学中理气定向多是以磁罗盘指南针定向为前提的。

罗盘是有指南针的方位盘，用以测定方位。堪舆用的罗盘看起来十分复杂，使人油然而生神秘之感。不过，其测向的工作原理同一般罗盘一样，仍是利用地球的磁极性。

我们居住的地球具有磁极性，就像一块大磁铁。针状的磁石在地磁两极的作用下，一端指南，一端指北。这就是指南针定向，也叫做地磁子午线定向。但要说明的是，地磁的南北极与地理的南北极是不一致的，它们之间有一个叫做磁偏角的夹角，所以用地理子午线测向与利用地磁子午线测向所得的结果是不同的（图7-9），前者结果为真正的南北向。还要注意的是，地磁极不是固定不动的，而是不断地缓慢移动的。大致说来，在公元1600年以前，地磁北极在地理北极的西侧；公元1600年以后，地磁北极移到地理北极的东侧。而且，由于地质构造的复杂，地球表面的地磁性是非均匀分布的，这给指南针的精确定向也带来了些许微妙的变化。

指南针的发明很早，是中国四大发明之一。传说是黄帝造指南针，但已不可考。史载周成王时，越裳氏来朝，因迷其归路，周公作指南车以送之。以前，西方耶稣会传教士们，多认为这与磁罗盘有关，现在已确知指南车系有二套能自动调整的齿轮系统，当车子移动转向时，方向标仍指向原来的方向，这和磁极的方向无关。可见，指南车并非指南针（图7-10）。

据文献记载，人们早在战国时期就开始利用地磁来测定方向了。《韩非子・有度篇》说："先王立司南以端朝夕。"东汉初年王充在《论衡・是应篇》中说："司南之杓，投之于地，其柢指南。"杓即以磁石仿北斗星磨制成匙状的磁体，柢是匙柄；地是占卜盘的地盘，可见司南是一种磁性指南仪器。这里已有后世罗盘的两个重要组成部分——指极磁体与方位盘，可以说这是磁罗盘的萌芽或早期形式。司南的形制与汉代式有相似之处。

北宋科学家沈括在《梦溪笔谈》中介绍了水浮法、碗唇旋定法、指甲旋定法和缕悬法四种指南针装置方法，还提出了磁偏角的问题。公元12世纪初朱彧的《萍洲可谈》和徐兢的《宣和奉使高丽图经》中都说到了航海用指南针，这说明宋代时指南针的使用已很普遍。关于记载堪舆用罗经盘的文献最早见于南宋，曾三异在《因话录》中写道：

地螺或有子午正针，或用子午丙壬间缝针。……天地南北之正，当用子午，或谓江南地偏，难用子午之正，故丙壬参之。

文中“地螺”也就是罗盘，显然这是一种堪舆定向用的罗盘。明代《鲁班经》及李国木《地理大全》等都有关于罗经定向的记载。

中国早期的方位盘呈方形，后期的多呈圆形。一个圆周为360°，每15°折成一个方位，这样罗盘共有二十四个方位。这二十四个方位，即堪舆学定向所称的“二十四山”，所谓“山”就是方向。二十四个方位最早产生于《淮南子·天文训》，其依据是一年有二十四个节气。二十四个方位是用后天八卦为四个维卦（乾、坤、巽、艮）、八个天干（甲、乙、丙、丁、庚、辛、壬、癸）和十二地支（子、丑、寅、卯、辰、巳、午、未、申、酉、戌、亥）组成的（图7-11）。

中国的堪舆罗盘极为复杂，内容包涵八卦、天干地支、二十八宿、阴阳五行等。它是以上述二十四方位盘为基准的。堪舆用罗盘的内容早期较简单，后来随着堪舆学的盛行和流派的繁复以及阴阳五行的推算占验，明清以来逐渐发展为多层而细密的分度，一般少则几层，多则达几十层。风水师用其既可以“乘气、立向、消砂、纳水”观天，又可“测山川生成之纯爻，以辨其地之贵贱大小”来相地，还可推算吉日良辰，依时而行。“凡天星、卦象、五行、六甲也，所称渊微浩大之理莫不毕具其中也。”（《罗经解》）因其包罗万象，经纬天地，又俗称罗经。不过层数再多，其总是以二十四方位为基础的“天盘”、“地盘”、“人盘”三盘和“正针”、“中针”、“缝针”三针为基本框架的，因为罗盘的基本功能仍不出测定方

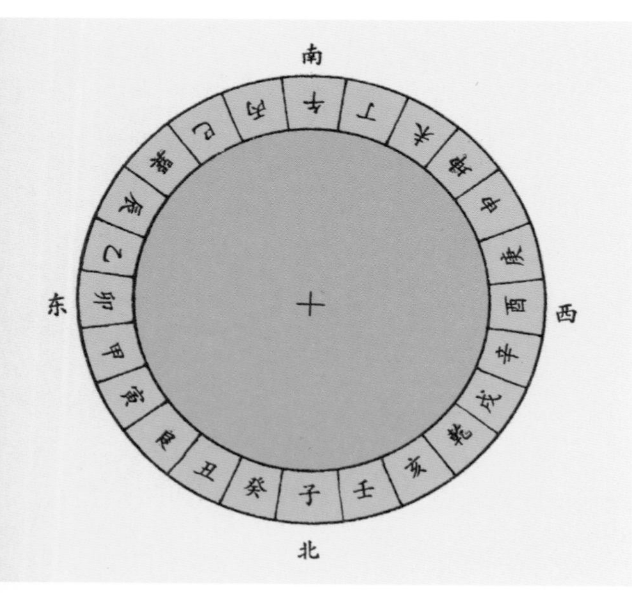

图7-11　二十四方位图

向这一作用。因为据说其盘面主要内容为杨筠松所设置，又称杨盘或三合盘。后期也出现了夹杂卦爻层的蒋（大鸿）盘，又称三元盘。

三盘三针各相错7.5°，其作用也因风水流派的不同而有异。罗盘的这种排列是与地磁极的移动和风水学发展史有关系的。据说地盘正针和天盘缝针是由唐代堪舆家杨筠松所创造，而人盘中针为宋代赖文俊所设，于是就形成了风水罗盘的三个基本方位圈。其说虽不能完全置信，但罗盘的三盘三针确与磁偏角和风水流派不同有关却是不容置疑的，说来这也无神秘不解之处。也许就是由于指向的参照物不同如地磁子午、太阳子午和极星子午而造成

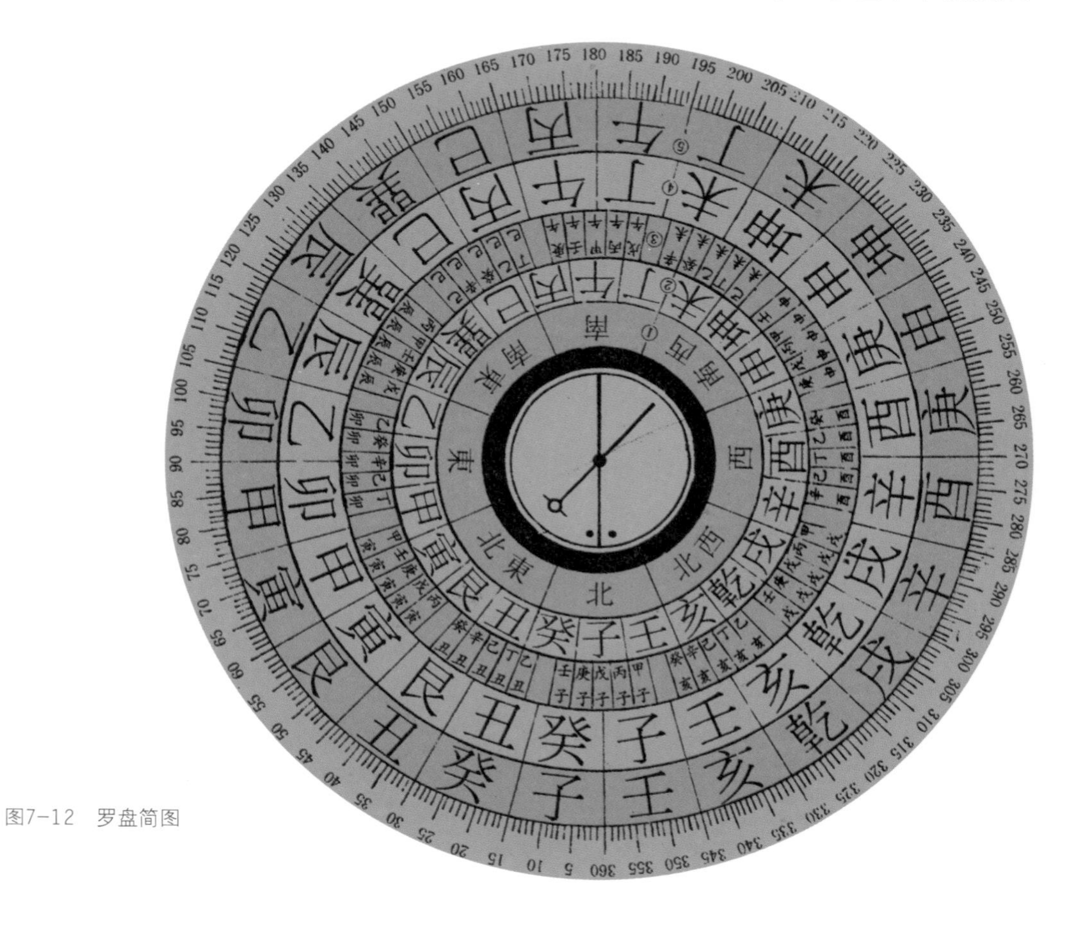

图7-12　罗盘简图

的，也不排除是由磁极随时间不断移动而造成的结果。还应看到，汉代式盘中“天盘”、“地盘”的设置与风水罗盘中三盘的设置极有关系，后者却是把三盘的关系相对固定下来。

三层二十四山以天地人三才而分称，正针在罗盘三针位于内层，因而称为内盘，又称地盘。由于磁针的子午红线正是正针的子午方位，故另名子午针。《南针诗》说的“先将子午定山冈”，就是说用正针定山冈。正针及其七十二龙以及缝针是杨筠松创制的，所以正针和缝针又合称为杨盘。正针是罗盘的主针，在地理术的应用，凡属格龙乘气、消砂纳水、布局、排（放）水以及立向坐穴、分金坐度，都以正针为主，中针和缝针是为正针服务的。

中针位处罗盘三针的中央，所以被称为中盘，又称人盘。因中针及其二十四天星是赖文俊创制的，所以又称为赖盘。中针所示方位是极星方位。

缝针位处罗盘三针外圈称为外盘，又称天盘，由于缝针的子午正对正针子癸和午丁的界缝，因而得名为缝针，缝针和正针同为杨筠松创制而合称为杨盘。缝针所示方位是太阳子午方位（图7-12）。

今以安徽休宁新安镇万安桥老吴鲁衡罗经店造十八层罗盘（杨盘）为例，说明其内容和层次（表7-1、图7-13）：

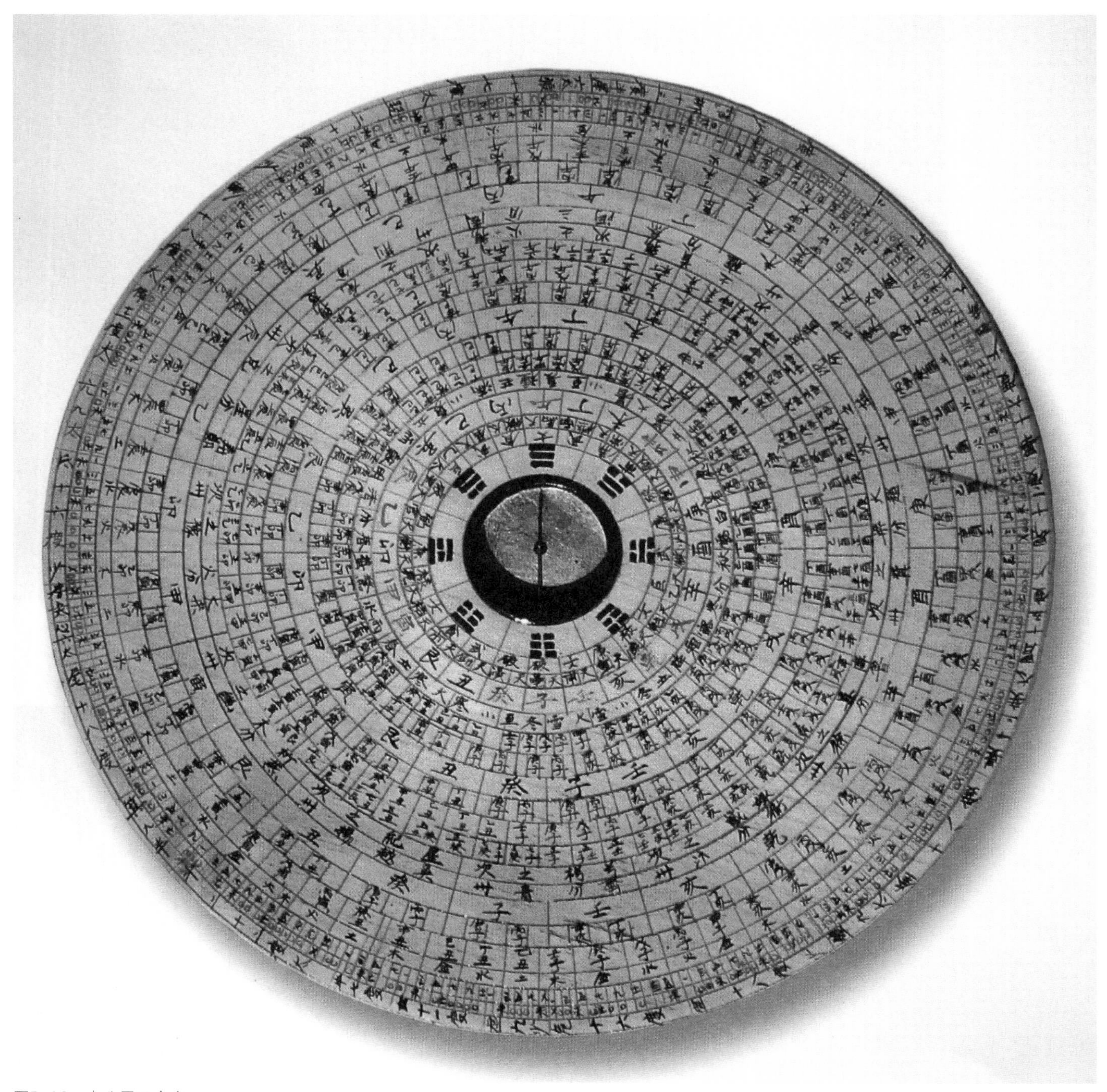

图7-13　十八层三合盘

表 7-1　十八层三合盘所列内容

层数	名称	内容与使用
中心	天池	置指南针，定方位
1	先天八卦	四正四维八个方位
2	地母翻卦九星	纳甲翻卦
3	二十四天星	
4	地盘正针二十四山	杨盘，地磁子午方位，格定来龙，内乘生气，坐穴立向
5	二十四节气	到山到向，五行三合
6	正针穿山七十二龙	定龙气
7	正针一百二十分金	
8	人盘中针二十四山	赖盘，极星方位，消砂，外接堂气
9	中针一百二十龙	
10	透地六十龙	
11	二百四十分金	
12	十二次	占星象
13	十二分野	卜地相
14	天盘缝针二十山	杨盘，太阳子午方位，纳水，外接堂气
15	缝针一百二十龙	
16	盈缩六十龙	
17	浑天星度五行	
18-1（18）	二十八宿分度	
18-2（19）	二十八宿分度五行	
18-3（20）	二十八宿界限	

在东汉，六朝时占卜用的二十四方位的六壬盘已有出土实物，而维辰记时的制度在魏晋南北朝的天象记录中是常用的，到了唐代，则又被用来择葬。总之，自秦汉以来，阴阳堪舆、占卜、相宅相墓和地理分向等，都是以二十四向方位作为基准的。堪舆相宅相墓的定向罗盘可能在唐代就已经使用了。用于航海的罗盘则比较简单，一般是圆形单层二十四方位的形式（图7-14）。北京中国历史博物馆现还藏有明代龙纹铜体、划分精密的相墓水罗盘。

南宋以来，各种罗盘都采用浮针方法（即水罗盘）。文献记载，旱罗盘是明代自国外传入的。据王振铎先生的调查，安徽休宁新安镇万安桥的老吴鲁衡罗经作

图7-14 宋代航海罗盘

坊，用在堪舆上的水罗盘到清光绪年间尚在制造。后改为制作旱罗盘，至今已有200多年的制作堪舆罗盘的历史了。还有一个值得注意的问题是，在早期的建筑定向时，可能使用过类似平面日晷的测向仪器——太阳罗盘，平面式日晷早在汉代就有了，而赤道式日晷似乎难以用来测向，仅用于测定时辰和季节而已。宋元以后，由于罗盘技术的进步和使用方便，加上堪舆术的流行，建筑测向定基多以地磁子午线为准，像北京明清故宫这样规模巨大而重要的建筑群体，也是以磁罗盘来确定建筑方位的。在民间，罗盘的使用也日趋简化，相宅相墓大多只用地盘和人盘来“消砂纳水，分金坐度”。不同的风水学派有不同的用法，比如就相宅来说，就有“飞星派”使用蒋盘和“八宅派”使用杨盘的区别，等等。

中国罗盘的发展史，由日景方位先天十二支的土圭，发展为磁针方位以八干四维天盘和先天十二支地盘合并为司南和六壬盘；再由六壬盘进而发展为有极星方位的正针、中针、缝针三针俱全的三十六层中国罗盘。中国罗盘由简入繁的发展过程，就是中国风水术由单纯乘气的古代科学风水术发展为极其复杂的玄学命理风水术的过程。

风水学中的后期的“理气”主要是利用罗盘与阴阳五行、八卦干支、堪舆天星建立起来的一套理论。如明清时期的阳宅理法，就主要讨论以下几个方面的内容：

（1）东西四宅与八宅吉凶

按八卦名称将住宅分为东四宅和西四宅。依据后天八卦方位，将房宅的坐向分为八个方位，进而把八个方位分为四个吉方和四个凶方，并以此进行建筑的规划设计。《八宅明镜》、《八宅周书》就是专门论述这八种宅式的堪舆术书。

（2）三元命卦与紫白尺法

三元命卦是指以九宫八卦为依据，以人的生辰与八卦相配合，确定宅主命卦的方法。宅主命卦与东西四宅和八宅吉凶相配合，以此来判定什么命，卦的人居住什么朝向的房子最好。紫白尺法则是把九宫与尺度和建筑坐向配合，用于建筑设计。

（3）其他

确定建筑的朝向与兴工时间的算课，以及依据阳宅学理对有关阳宅事宜进行各种阐释及解答方法。

现在，让我们再来看看“形势”派所主张的主要内容。

自然界发生的各种变化都影响着人们的生活，古代中国人很早就观察到人和自然之间的这种神秘联系，人们从生活的实践中认识到，人的命运与大地相连。当土地丰美富饶时，人们的生活随之繁荣兴旺；而当土地贫瘠或生态平衡被破坏时，人们也随之遭灾受难。这促使古人对大自然的种种现象进行探索。

中国位于地球的北半球，欧亚大陆的东部，太平洋西岸。这样的海陆位置有利于季风环流的形成，使中国成为季风气候最明显的区域之一。冬季，中国境内大部分地区吹偏北风（北、东北和西北风），在其北部，寒风在住宅群中呼啸而过，沙土

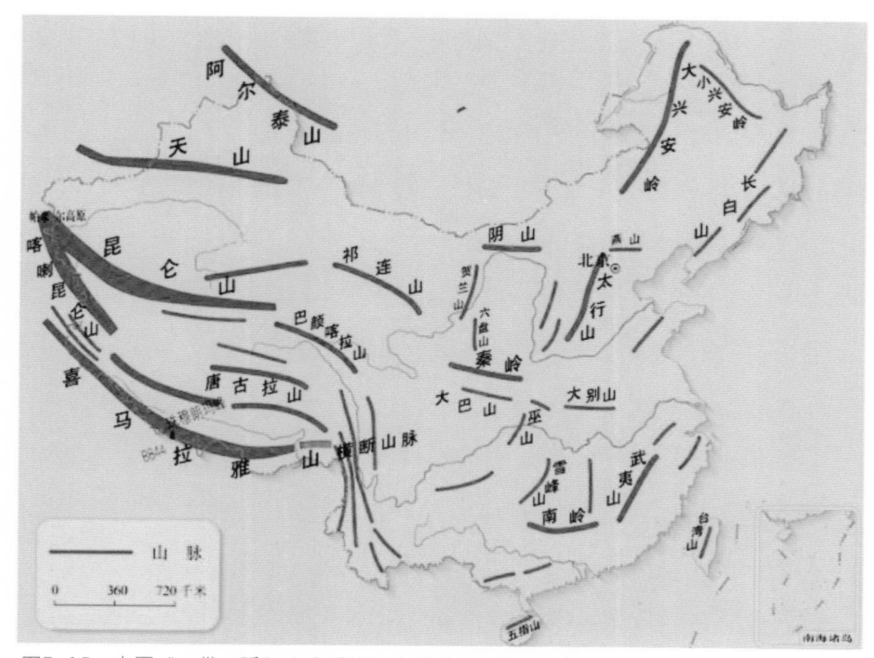

图7-15　中国“一带三弧”山脉系统图（据《中国的地形》）

纷纷扬扬，遮眼蔽目，只有山峰和树木成为挡风的屏障。所以，在北方黄土平原地域，例如陕西、山西、河南等，人们便挖窑洞而居；或以四面高墙形成合院，创造了良好的御寒避风场所。夏季，发生在北太平洋西部的热带气旋形成的台风，对我国东南沿海进行着狂暴的肆虐。中国上空的水汽主要来源于太平洋和印度洋，夏季由东南季风和西南季风带来的丰富水汽，在中国东南部地区形成高温多雨的气候。南方一年一度的洪水吞噬着庄稼、住房和人们的生命。由此，人们认识到只有山坡台地利于防洪，减少危险，能提供较安全的居住地，并且产生发展了防风、防潮、防洪的干栏式（高脚屋）和穿斗式建筑。

古人在长期的生活实践中发现，如将住房建在河流的北边，山坡的南边，住房可接纳更多的阳光，躲避凛冽的寒风，这既可避免洪水的侵袭，又可引水浇灌庄稼。如左右再有山丘围护，易守难攻，环境则更理想。这种优越的环境保证了人们生活的和谐舒适与安全。然而，这种环境并不是随处可得的，当不能取得这种理想的空间时，人们就企图借助超自然的神秘力量从意念上获得某种补偿。堪舆家在对自然的观察中，掌握了一些现象的规律，他们在对各种地形的观察研究中，又把这些规律同各种神秘的迹象联系归纳在一起，于是，自然界的征兆被用于营建住宅、选择葬地或祭祀等事情中，结果导致了带有巫术色彩的风水学中“形法”一派的产生。形法理论的主要内容是讨论建筑的山川形势和建筑自身的格式。前者的主要内容就是“地理五诀”；后者则涉及住宅和坟墓的内外形状及布置格局。

风水学家很讲究山川形势。他们把山称为“龙”，观察山脉的走向、起伏、围合，寻找聚气之势，追踪山系来自何处，水的源头何在，于是有了“来龙去脉”这个成语。后来这个成语被其他领域引用，意喻寻找事件的由来与发展。

中国区域辽阔，虽然地形复杂，山脉众多，但其分布却很有规律性。这个规律，便是我国地理学家吴尚时教授提出的“一带三弧”的结构。“一带”是指横贯中国中部的东西走向的褶皱断块山地，即昆仑山—秦岭山系。“三弧”是指东西走向山系北面的“蒙古弧”，青藏高原上的“西藏弧”和华南的“华南弧”。这些山系是在欧亚大陆、印度洋和太平洋三大板块相互作用下产生的，大别山—秦岭—昆仑山脉是我国最重要的山脉系统。而我国地势的基本特点是西高东低，自西向东逐级下降，呈现出三个明显的倾斜阶梯。整个趋势是西北高，东南低。对此，古人早有认识，所以古人云："天不足西北，地不满东南"（图7-15）。

作为中国最有影响的先族——周族，因为是从西北周原兴起而逐渐向东南发展而来，所以，中国的文明也自西北向东南发展。人类的迁徙路线呈现出从高处向低处走的趋势，所以西北山脉的主峰昆仑山在中国人文地理上占有很重要的地位。如《山海经·大荒西经》说："赤水之后，黑水之前，有大山，名曰昆仑之丘，有神，人面虎身，有尾。"古代文献中记载了大量有关昆仑山的传说，其被称为"帝之下都"，"万神之所在"，"天中柱也"（《龙鱼河图》）。昆仑山同样受到了风水学家的格外重视，察山必求与昆仑山脉之关系。风水学家认为，天下山脉，祖于昆仑，下生"三龙人中国"。"三龙"即山脉的三大干系，其以南北地域分为南干、中干与北干。北干系指黄河以北的广大区域诸山；中干系指黄河与长江之间的地域山系；南干系指长江以南区域诸山系（图7-16）。堪舆家将其作为山脉祖宗支

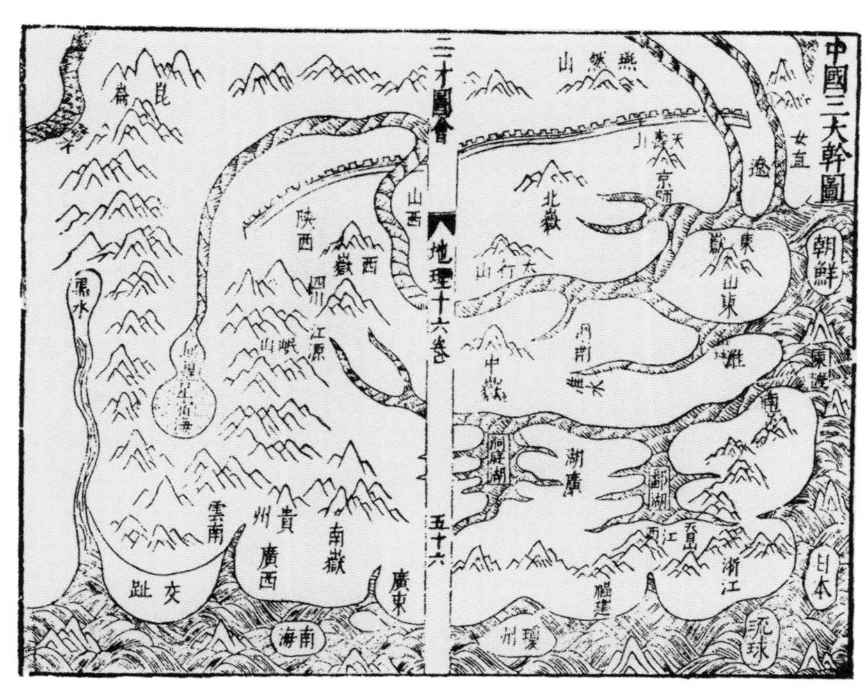

图7-16 《三才图会》（载风水山系三干图）

派的大纲，若要探寻龙脉之来源，必先洞悉以上诸山之支派，依此认“龙”，按图索骥。这好像大姓之家谱，以资稽考族份之远近。所以堪舆家察看山川形势的来龙去脉时，就叫“认宗”。

受山系走向和西高东低的地形制约，中国境内的主要河流，如长江、黄河、珠江、松花江等的流向皆是由西北向东南婉转而下，最终入东海和南海（图7–17）。这个大地河流的规律对风水学的水系认识也产生了巨大影响。古人认为，西北方为“天门”，东南方为“地户”。风水家观水则认为水来自西北，流出东南为佳，即以“天门地户”作为水口关锁。北京故宫紫禁城中的内金水河便是自西北而入，经太和门前向东流过，最后于东南方向流出。

总结中国山脉水系的大概，以及纳阳御寒的气候实利功能，风水学家概括出了一个“风水宝地”的环境模式。这个环境模式是理想的：其北有连绵高山群峰为屏障，南有远山近丘遥相呼应，左右两侧有低岭环抱围护，内有千顷良田，河流婉转流去。这种地形环境适合于我国的气候特点，易守难攻，很适宜于中国封建社会以农业为主的自给自足的小农经济生产方式。所以这个模式被称为“四神地”或“四灵地”，成为一种约定俗成的择地模式（图7–18）。

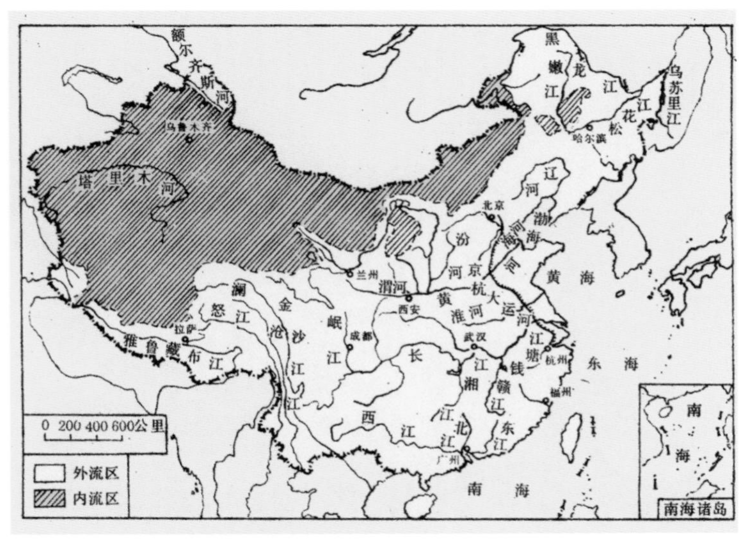

图7–17　中国内外流域与水系分布示意图（自《中国自然地理》）

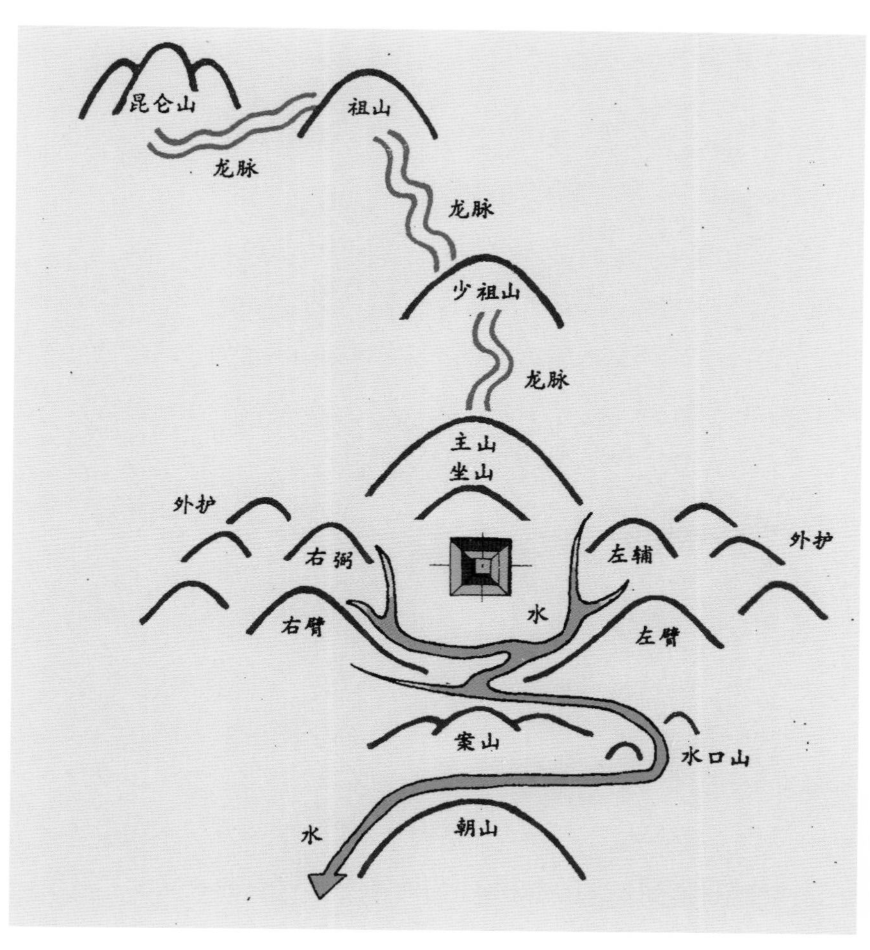

图7-18 风水宝地环境模式（据《风水理论研究》）

然而，风水学家认为，“理寓于气，气囿于形。”他们把山势与五行相附会：山势圆钝的叫金势，直的叫木势，波曲的叫水势，尖锐的叫火势，方的叫土势（图7-19）。如果环境五体咸备，即气最为旺盛，甚至以五行山势与人的生辰八字及“命卦”相配。他们把水看作是财，迎水便是“进财”，等等，附会了许多荒谬的说法。在形势上，堪舆家山推远近，水察流行，探寻所谓“靠山起伏，高低错落，曲曲如活，中心出脉，穴位突起。龙砂虎砂，重重环抱，外山外水层层护卫的发富发贵之地”（《风水讲义》），把本来较朴素的择地经验掺杂了大量的迷信内容。

图7-19 五行山体形态

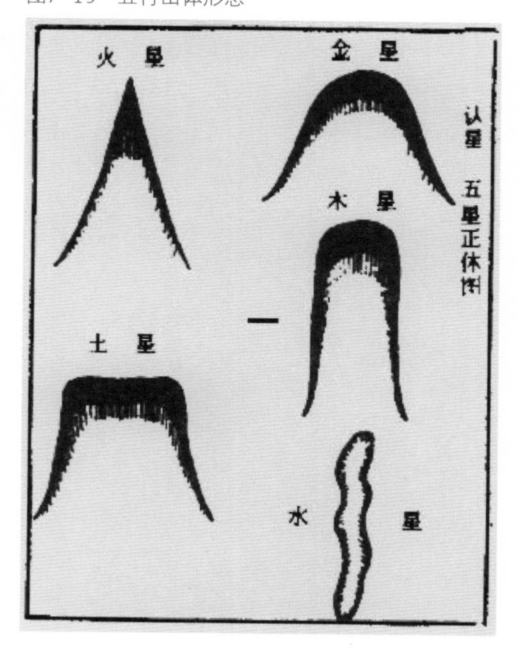

4 “八宅明镜”剖析

前面说过，风水学的研究对象主要是住宅和坟墓，本节我们将分析在风水学中，《周易》八卦对住宅建筑产生了怎样的影响。

现代统计资料表明，人一生中有一半以上的时间是在家中度过的。住宅本身及环境的好坏与人的日常生活关系极大，所以自古以来，住宅便备受人们的重视。因此，风水学中分离产生出专门研究阳宅住屋的阳宅学理和阳宅学派自然是在情理之中的事了。风水家认为：“宅者，人之本。冬以宅为家，居若安即家代昌吉，若不安即门族衰微。”认为住宅是一门极深的学问。

从风水学的角度来说，住宅也有“形法”和“理法”两大系统。阳宅形法的范围，主要涉及下列四个方面：

（1）住宅外部环境：住宅后面是否有山峰依托，或后面有无低凹大坑；左右是否有围护；大门前有无乱石挡道或有无水流直射，或者大门正对山尖等。

（2）住宅的外部形态：这是有关建筑的外部空间形态的设计，如一所住宅前高后低，或基地是否规整，又或者是房屋平面设计成矩形或工字形等。

（3）住宅内部的空间：卧室、厨房、厕所位置布置是否妥当，室内采光通风是否合适等有关建筑使用功能的内部空间形态设计。

（4）住宅建筑尺度及比例：二楼的高度不得比一楼的高度高；同一层的各房间的房门不宜有大小不一的尺寸出现；或者是在梁架正下面不宜安置床位等，其大体以《鲁班经》的规格，作为吉凶得失的依据。

阳宅在“形法”上的基本观点，历代都没有太大的差异。明清之际所常用的形法的主要经典依据，大抵是采用《阳宅十书》，以及明代刊行的《鲁班营造正式》和清代刊行的《鲁班经》。前者是有关建筑选址与规划布局的，为堪舆家所掌握；而后者多涉及建筑的设计与施工，为建筑匠师所熟悉运用。

明代所刊行的《阳宅十书》在建筑营建经验及民间习俗的基础上，将流行于世的被认为是吉凶的宅外形，归纳出了一百多项特定条件，作为人们选择住宅环境的依据，成为人们营宅的一种约定俗成的民间建筑规范。这一百多项特定的环境条件，主要讨论了住宅周围的地形地貌、山脉水流的形态和走向，道路的方向、形状、位置，宅基的形状，以及邻近建筑物的性质、方位和树木的种类、形态及位置，等等。如就宅基来说，平面规整的多为吉宅；就环境来说，住宅附近有林丘坟墓、庙宇或监狱则被认为是凶宅等。前者是考虑了充分提高宅基的面积使用率和使用方便；而后者则是从心理感觉是否愉快为出发点的。总的说来，不论是宅外形法还是宅内形法，其吉凶标准的制定，多是综合了气候、地形、景观质量、生活是否方便、宗法制度、伦理观念、营建技术，以及艺术、心理和风俗习惯等因素而总结出来的经验之谈。当然，其中也掺杂了神学巫术等玄学、迷信观念（图7-20、图7-21）。

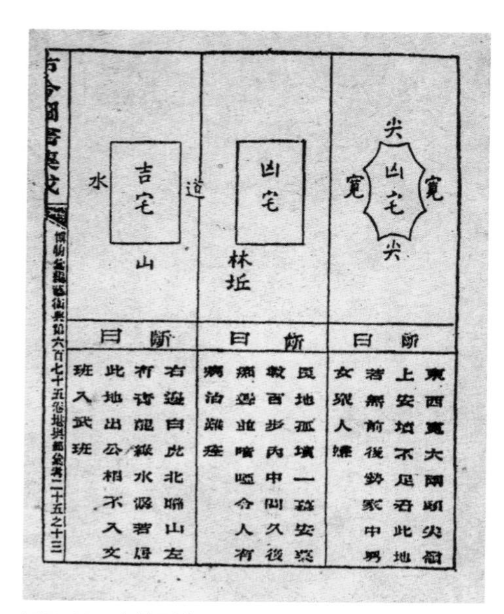

图7-20　宅外形吉凶图

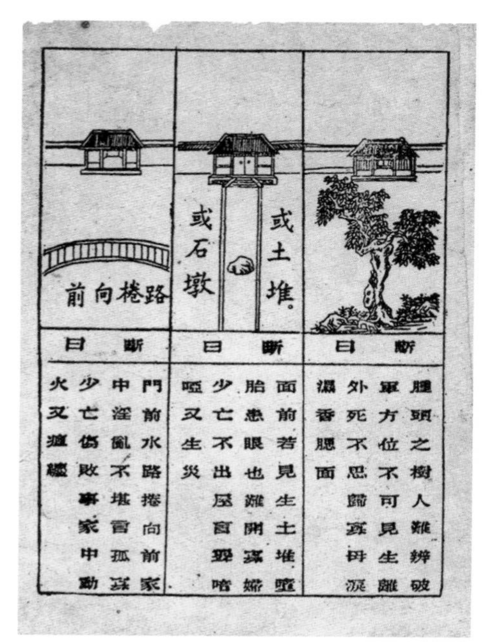

图7-21　宅外环境吉凶图

阳宅的第二个系统便是“理法”了。它是关于住宅的朝向，门、灶、床……的位置与朝向，以及与宅主的生辰的搭配关系等的内容。这部分内容较形法复杂，其迷信成分也较多，是骗子利用风水术骗人钱财的主要行骗论据，也是风水学中的主要糟粕所在。

较早详叙阳宅理法的文献，要算《后汉书·艺文志》著录的《图宅术》了，它可作为早期阳宅风水的代表作品。《图宅术》说：

宅有八术，以六甲名教而第之，第定名立，宫商殊别，宅有五音，姓有五声，宅不宜其姓，姓与宅相贼，则疾病、死亡、犯罪、遇祸……故商家门不宜南向，征家门不宜北向，……水胜火，火灭金，直行之气不相得，故五姓之门有宜向，向得其宜，富贵吉昌，向失其宜，贫贱衰耗……

即是说其论“宅相”，主要是以主人的姓，看姓的发音，究竟是属“宫、商、角、徵、羽”五行五音中的哪一个，然后来配合所居房宅来论其吉凶。也就是住宅的本身没有先决吉凶的定论，而是要看是什么姓氏的人来住。如姓与宅的五音相宜便吉利，或某姓的人应建某音某向的房屋才可以避凶，这种方法是以阴阳五行生克的观念而衍生附会的，即“五音相宅”法。

“五音相宅”在汉代十分流行，一直延续到隋代，到唐代时遭到学者的批驳而迅速衰落下去。在唐太宗时代，有一位名叫吕才的学识渊博的阴阳选择家，写了一篇名曰《五行禄名葬书论》的文章，对当时流行的“禄命、阴宅、阳宅”等吉凶得失进行了广泛而深入的探讨，与阳宅有关的“五音相宅”便首当其冲遭到了他的批驳。吕才在《五行禄命葬书论》中说：

至于近代巫师，更藉五姓之说。言五姓者，谓宫商角征羽等，天下万物，采配属之，行事吉凶，依此为法。至于张王等为商，武庚等为羽……，欲以同韵相求，及其以其姓为宫商，复有校姓数字，征羽不别。验之于经典，本无斯说，诸阴阳书，亦无此语……。且黄帝之时，不过姬数姓，暨于后代，赐族者多，至于管、蔡、鲁、卫、毛、曹……，并是姬姓；子、孔、宗、华……，并是子姓。因邑因官，乃分枝叶，未知此等诸姓，是谁配属宫商……

吕才认为，人的姓氏声音，没有什么标准可以确定它是属于宫商角徵羽五音中的哪一个，无法与宅音相配。于是，五音相宅在如此证据确凿的强烈抨击下，终于渐告式微。五音相宅是以五行为基础的阳宅说，而后世流行的阳宅说则是以八卦为基础的“游年八宅”，又叫“八宅明镜”。下面我们将对其作一番讨论。

为了以后叙述的方便，先就古代流行的“九星术”作一简介。由洛书演变而来的九宫图为堪舆家所利用，把九宫配以九色，九色又叫“九星”，其分别称为：“一白、二黑、三碧、四绿、五黄、六白、七赤、八白、九紫”。依堪舆所定，九星中属于紫、白星的为吉，属于黑、碧、绿、黄、赤星的为凶，即一白、六白、八白、九紫为吉，余为凶，并以此制成九星图（表7-2、图7-22）。九星图并不是固定不变的，而是依时间逐年变化的，有时还要逐月、逐日、逐时而变化，但总的来说是以年变化为主，这种变化就叫做“游年”。

表7-2　九宫数星

九宫数	1	2	3	4	5	6	7	8	9
九星	白	黑	碧	绿	黄	白	赤	白	紫
吉凶	吉	凶	凶	凶	凶	吉	凶	吉	小吉

九星的变化就叫九星术，又叫九宫术或九宫算。专门从事九星术的人就被称为九星家。从宽泛的意义上来说，九星家也是堪舆家的一个流派。九星术是九星家用来推断人事吉凶的一种方法，其与涉及天文星象的占星术并无什么关系。九星术的方法在汉代以前还没有，从史料推测，可能是唐末创立的。

九星图的基本变化如图7-23所示。

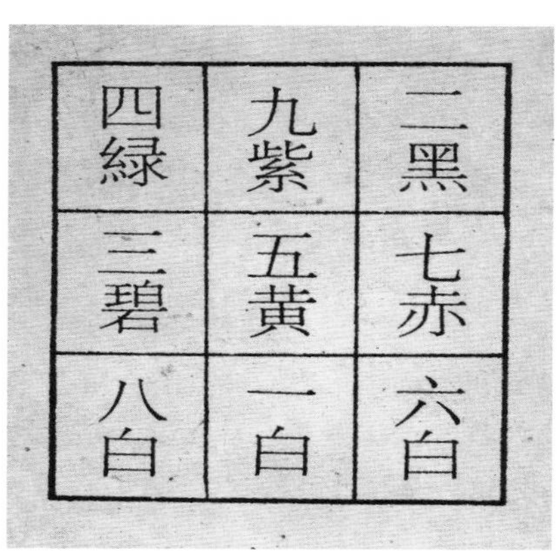

图7-22　九星图

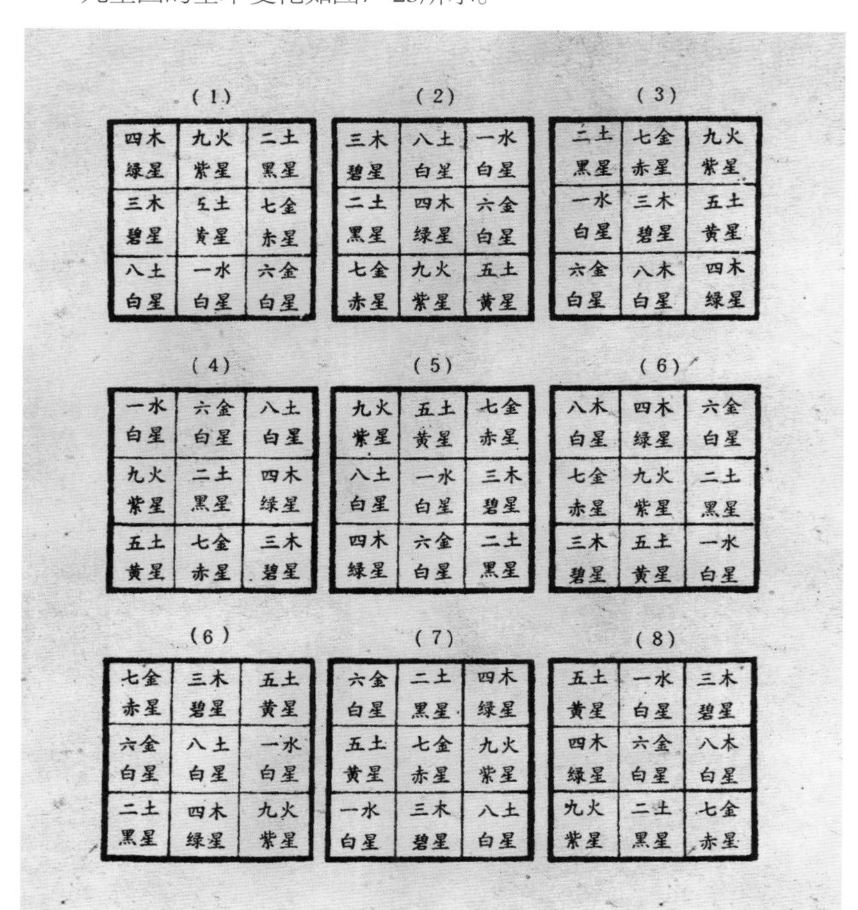

图7-23　九宫基本变化形式（自陈遵妫《中国天文学史》）

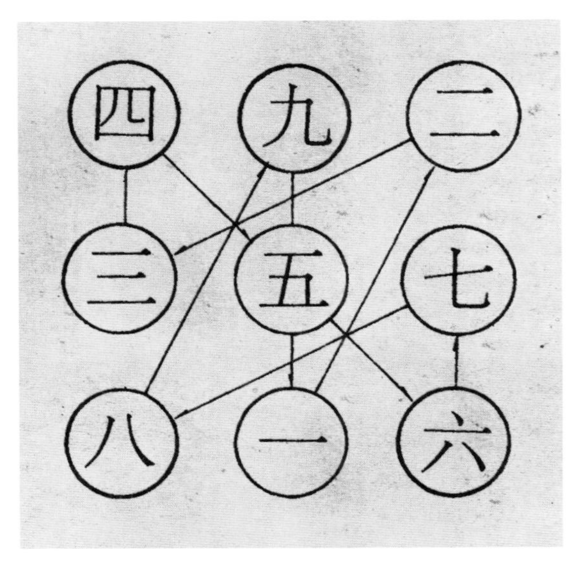

图7-24　九数循环

图7-23中，设某年为（1）的图形，翌年为（2）的图形，再翌年移为（3）的图形……移到（9）的图形之后，又回到（1）的图形，月日时也是这样循环变化的。九宫图的数字排列转换饶有趣味。但九宫图形为什么要这样变化呢？九星家说，这是天意的奥妙，不是一般凡人所能了解的，因而利用它来占卜运势。而实际上，它一点秘密也没有，它的变化存在着一定规律，即只要把各区划（各宫）的数减去一，以九宫数的顺序循环，换以相应的星名就可以了。这仅是个数字图形转换游戏而已，并非什么鬼神驱使（图7-24）。九星中以白星最多，又是吉星，故这种变化又称为“飞白九星”。

古代术数家将八卦和九宫图联系起来，用后天八卦的方位和九宫的方位相配合，又产生了一系列的变化。东汉郑玄注《易·乾凿度》说：

太一者，北辰之神名也，……四正四维，以八卦神所居，故亦名之曰宫，……太一下九宫，从坎宫始，……自此而从于坤宫。……又自此而从震宫。……又自此而从巽宫。……所行者半矣，还息于中央，即又自此而从乾宫。……自此而从兑宫。……又自此而从于艮宫。……又自此从于离宫。……行则周矣。

按照这个顺序将各宫依次标出一、二、三……九，则得出九宫图。八卦的震、离、兑、坎四卦位于东南西北四正；巽、坤、乾、艮四卦位于四维。按照郑玄的注解便可得到太一神下九宫的八卦九宫图（图7-25、图7-26）。太一神下九宫的顺序和九星术的变化有着内在的联系。后来，唐代的堪舆家利用八卦与九宫的配合，创立了八宅格局，成为风水术中阳宅学的主要理论和方法。

以明清二代定义，看阳宅除了勘察环境、确定宅向外，最受注重的便是门、灶、床三项内容了，这在风水学中被称为“阳宅三要”。本来，在住宅中，作为主要出入口的门户、就寝的卧室和做饭的厨房，其设计布局只要按其各自的功能，做到使用方便、联系密切就可以了。但在风水学中，它们则是完全以理法来推论的，即所讨论住宅的门、灶、床的位置与朝向是依据宅主之命卦和房屋的方位吉凶配合来处置的。

堪舆家根据八卦把住宅分成两个系统，一个是坎离震巽四卦的住宅，定名为东四宅；一个是乾坤艮兑四卦的住宅，称为西四宅。这样的区分基于八卦阴阳爻及卦象的平衡。八卦共二十四爻，这种分法使各组有十二爻，其中阴六爻，阳六爻，而且东西四宅卦的卦象与卦爻排列恰恰是相对的，如乾与坤、艮与兑等。分八卦为东西宅卦是堪舆家故弄玄虚，以求得某种变化。关于东西四宅，杨筠松曾说明其利害关系：

震巽坎离是一家，西四宅爻莫犯他；
若还一气修成象，子孙兴盛定荣华。
乾坤艮兑四宅同，东西卦爻不可逢；
误将他卦装一屋，人口伤亡祸必重。

东西四宅就是所谓“宅卦”，其本身并无吉凶可言。堪舆家认为，要看宅主的“命卦”与“宅卦”的配合是否相宜，相宜则吉，否则为凶。

堪舆术中，把人的生辰年份和八卦的配合叫做“命卦”，它是以洛书九宫和六十甲子而推论的，其方法称为“三元命卦”（表7-3）。所谓“元”就是六十甲子纪年法的一周，三元就是三个六十甲子的周天，计一百八十年。第一个六十甲子称为上元，第二个称为中元，第三个称为下元。每元的干支年都依照洛书九宫来排列，它的次序是一坎、二坤，三震、四巽、五中、六乾、七兑、八艮、九离。按堪舆术的排列，凡是上元

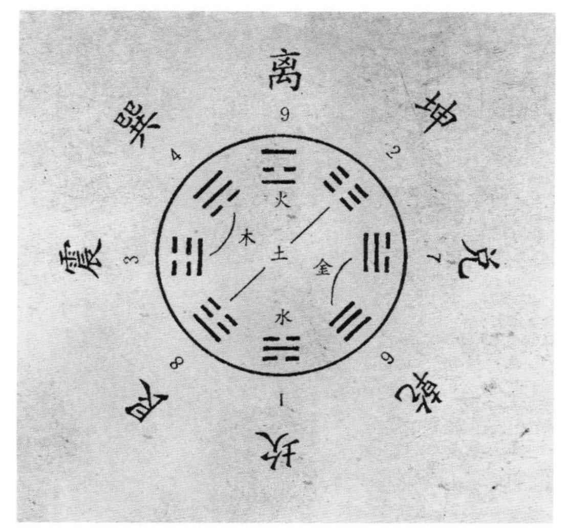

图7-25　后天八卦配五行

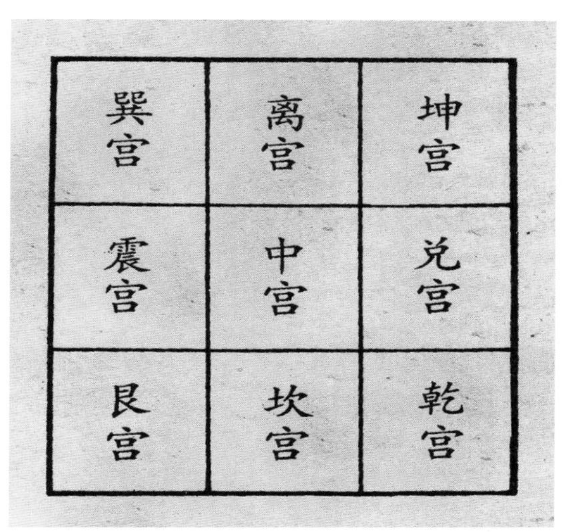

图7-26　八卦九宫图

六十甲子中所生男子，都是从一坎起甲子逆行，即按甲子、乙丑、丙寅……的顺序依次配一坎、九离、八艮……例如，男子上元甲子生，甲子在一坎，乙丑在九离，丙寅在八艮，丁卯在七兑，戊辰在六乾，己巳在五中，庚午在四巽，辛未在三震，壬申在二坤，癸酉在一坎。周而复始，六十甲子与八卦九宫相配合，最后至癸亥而终于五中。五在九宫的中央无卦可配，男子便寄之于坤卦。凡是女子在上元六十甲子中所生，都是从五中宫起甲子顺行，即按甲子、乙丑、丙寅……五中、六乾、七兑……相配，这样至癸酉又回到五中，也是周而复始，至癸亥而终于一坎。甲子在五中无卦可配，便寄命于艮。如是依次规定中元甲子生人，男子甲子从四巽起逆行，女子甲子从二坤起顺行；下元甲子生人，男子甲子从七兑起逆行，女子甲子从八艮起顺行。这样无论男女，凡所配卦是坎离震巽之一，便是东四命；凡所配的卦是乾坤艮兑之一，便是西四命。这便是堪舆术中推算出的人的所谓“命卦”，因其同时也按九宫排列，所以又称“命宫”。

表7–3 六十甲子表

1 甲子	2 乙丑	3 丙寅	4 丁卯	5 戊辰	6 己巳	7 庚午	8 辛未	9 壬申	10 癸酉
11 甲戌	12 乙亥	13 丙子	14 丁丑	15 戊寅	16 己卯	17 庚午	18 辛巳	19 壬午	20 癸未
21 甲申	22 乙酉	23 丙戌	24 丁亥	25 戊子	26 己丑	27 庚寅	28 辛卯	29 壬辰	30 癸巳
31 甲午	32 乙未	33 丙申	34 丁酉	35 戊戌	36 己亥	37 庚子	38 辛丑	39 壬寅	40 癸卯
41 甲辰	42 乙巳	43 丙午	44 丁未	45 戊申	46 己酉	47 庚戌	48 辛亥	49 壬子	50 癸丑
51 甲寅	52 乙卯	53 丙辰	54 丁巳	55 戊午	56 己未	57 庚申	58 辛酉	59 壬戌	60 癸亥

如此，东四命的人应配东四宅；西四命的人应配西四宅，否则将犯“煞”而不吉利。根据堪舆家的历算推演，从黄帝纪元起，到现在已是七十八个花甲了。以六十年为一元推算，自清朝同治三年（1864年）起，到民国十二年（1923年）止又

是上元花甲……这样循环运行不息，周而复始。

但是，宅卦与命卦的相配仅是个大前提，每个房宅如何布局，还要看宅的吉凶方位如何。堪舆家又依据后天八卦的方位把住宅的平面划分为八个方位。据《易经》“时中”和阴阳平衡的概念，又把住宅的八个方位分为四个吉方和四个凶方，再以宅主命卦与方位相配，得出八个方位中孰方位吉凶与否，并以此为依据来确定建筑的朝向、门的朝向和位置，以及灶、床、厕等的位置，以取得最佳的“气”，生丁旺财，富贵长寿。

推论吉凶方位要根据宅卦的方位和卦爻本身的爻变，再经五行生克的关系定论。爻变是将某卦自身的阴阳爻改变，看其变得的卦与原卦的五行属性生克的关系如何。如属性相同或相生，那么该卦所属的方位便是吉利的，否则为凶煞方位。例如，乾卦本是由阳爻（☰）组成，五行属金，如改变上爻，便成为兑卦（☱），而兑卦五行亦属金，二者五行属性相同，于是兑卦所在的方位便是吉利的。再如，乾卦变中爻成为离卦（☲），离为火，火克金，乾离两者相克，那么离卦所在的方位就是不吉利的。这样每个卦就有七个变卦，本卦称为“伏位”，是吉方。如此经过爻变五行生克，八个卦中就分别得出四个吉方和四个凶方（图7-27）。堪舆家依次把它们定名为：

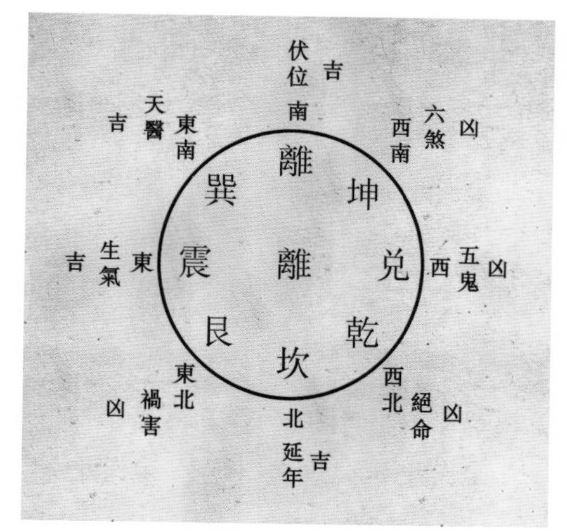

图7-27　后天八卦配五行

四吉：伏位　生气　延年　天医

四凶：五鬼　六煞　祸害　绝命

其实爻变这一步骤也是堪舆家故弄玄虚而已，因为要取得某卦的所谓吉凶方位，只要用该卦的五行属性与其他七卦的五行属性直接对比，观其生克结果即可。为了便于推算和记忆，堪舆家将其编成“大游年八式歌诀”：

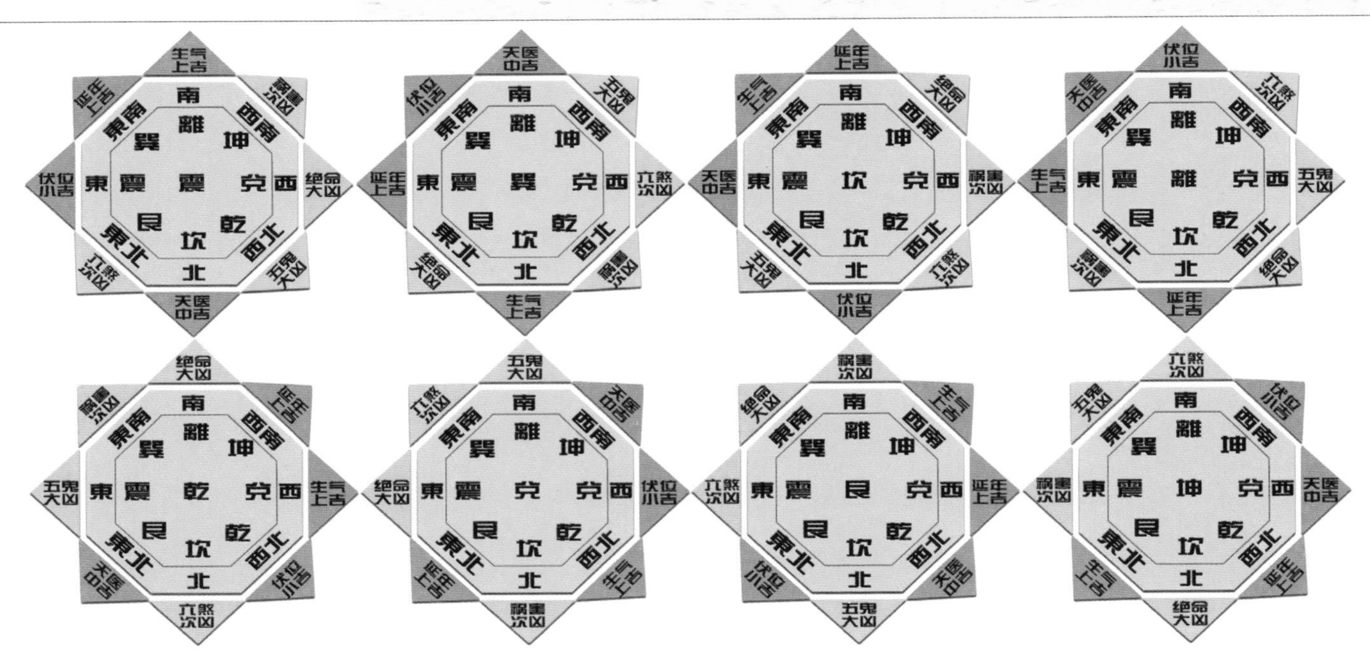

图7-28 “八宅明镜”格局

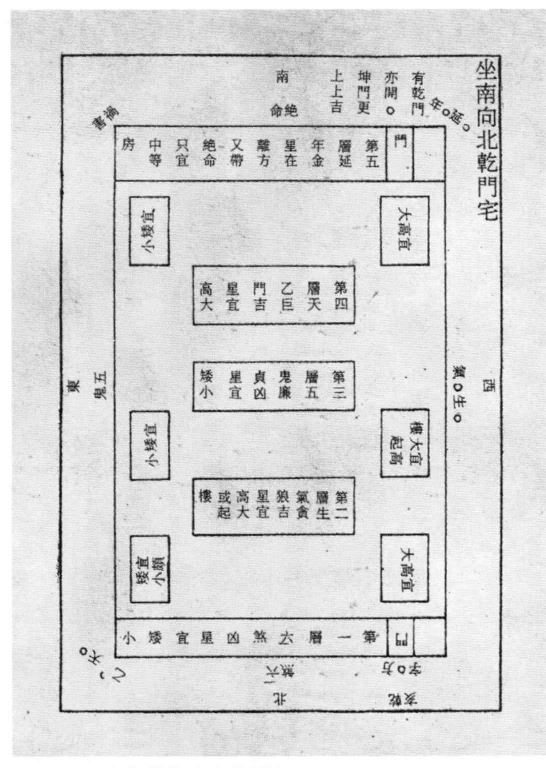

图7-29 八宅明镜八宅格局之一

乾六天五祸绝延生　坎五天生延绝祸六

艮六绝祸生延天五　震延生祸绝五天六

巽天五六祸生绝延　离六五绝延祸生天

坤天延维生祸五六　兑生祸延绝六五天

按上面的歌诀，堪舆家可绘出八种住宅的图式（图7-28、图7-29）。这便是风水学阳宅“八宅明镜”的格局与由来。在住宅布局上，依据这八种格局的吉凶方位，门、床、灶、井、碓磨等与养生有关的事物宜放在吉利方位，而厕所、烟囱等污秽物宜放在或朝向凶煞方位。从表面看来，这是一种简单的类比而已，其实是与古代中国多神崇拜有关。

古代中国鬼神崇拜，除了天地、日月、山川、祖先等大祖外，还不乏小鬼小神。与天地祖先之神不同，这些小鬼小神和人们的衣食住行有着密切的关系。这些小神主要有司命、中霤、门、行、厉、户、灶、奥等。《礼记·祭法》中郑玄注曰：

"此非大神所祈报大事者也，小神居人间，司察小过作谴告尔。"是说这些小神遍布在人们周围，监察人们的行为，如取媚于这些小神，自己的罪过便可得到宽恕。如中霤，是主堂室居住之神。中霤本指堂室中央的烟道，因雨雪或蒸汽结成水滴，故称为"霤"。中霤因为处堂室中央，故此为家中的主要祭祀。后因居住条件改变，灶厨和居室分离，中霤之祀便被灶王爷代替，成了一家之主。灶主饮食之事，《礼记》说："灶者，老妇之祭也。"郑玄注曰："灶在庙门外之东，祀灶之礼，先席于门之奥，东面设主于灶陉。"后世便演变成了灶神祭；门主出入，后世演变成门神，至今民间过春节时还贴门神像（图7-30）。可见，阳宅中的门、床、灶等的布置也受到"万物有灵"的鬼神观念的影响。

图7-30 门神

实际上，民间大多数住宅的朝向及布局，还是以气候、地形、使用方便等物质功能为依据而确定的。即便是在风水学较流行的地区，当宅主命卦吉方朝向与建筑物质功能朝向发生冲突时，大多情况下是仅将大门朝向吉方处理，结果出现了使那些不谙世故的人大惑不解的现象——"风水歪门"。有时，这种歪门的设置则是为了避免不良的景观，争取良好的景观，以消除居者不快的心理感觉，得到一种"出门见山"、"出门见喜"的愉快景观感受（图7-31、图7-32）。

从以上对"八宅明镜"所谓吉凶方位的推论分析，可以清楚地说明，其推论是利用原始的阴阳五行自然观，结合八卦九宫说，将人的出生年月等穿凿附会在一起而进行的一种术数游戏过程，由始至终都是人为唯心捏造的，所以其结果也必然是荒谬的。

图7-31　湖北麻城民居风水门

除了上述的形法、理法外，阳宅风水观念还体现在建房的整个过程中，从始至终充满着禁忌与仪式。从《鲁班经》中可以看到，建筑的起土、动工、伐木等皆要选吉日进行，起造、立柱、上梁、入宅等都要举行各种仪式，如放鞭炮驱鬼、挂红、垫钱、贴对联等。

厌胜与辟邪更是常见的现象。厌与压同义，“厌胜”者，是取五行说中“相克”的意思，即在建筑上采用某种东西压服、镇服之意。其做法是在建造房屋时，预埋某物于地下、墙身，或某构件之内，或屋顶下面。因此事为秘密进行，不为他人知，使人们感其神秘而产生恐惧心理，或以此镇压所谓“鬼魂”，不使作乱。《遵生八笺》云：“除日（即卯日）掘宅四角，各埋一大石为镇宅，主灾异不起。”也有因主人待工匠不周，工匠故意捉弄主人之事。如《谈苑》说：

造屋主人不恤匠者，则匠者以法魇主人，木上锐下壮，乃削大就小倒植之，如是者凶。以皂角木作门关，如是者凶。

这是工匠为生活所计同东家讨价还价作斗争常用的方法。厌胜与辟邪的方法很多。如当房屋和巷道相对直冲时，便认为有“邪气”，不吉利，常凿“石敢当”石碑立嵌于当冲处的墙身上。石敢当传说为一人名，山东泰山人氏，他胆大勇猛，善捉妖邪。四方乡邻请其捉妖拿邪，石敢当应接不暇，故想出石刻其名立于当冲处的避邪之法。其传说广播民间，因而石敢当厌胜物几乎遍及全国各地。如有别家的屋脊冲向自家的门窗，也认为不吉，常在门上或窗顶立“兽面牌”或用“倒镜”、“八卦镜”避之。由于八卦所蕴含的深奥哲理和无穷的变化，在民间，人们已把八卦的卦象作为神灵来供奉，所以八卦在民间建筑中屡见不鲜。除上面提到的八卦镜外，有的在房屋栋梁上画有八卦图，叫做“暗藏八卦”，有的做八卦门、八卦门钹等，以此庇佑全家幸福（图7-33、图7-34）。

图7-32　粤东某民居的风水门及外眺景观

最常用而简便的厌胜辟邪方法，是贴挂禳解诅咒文字符，其在民间也广泛流行。禳解文字符也称“镇符”，是由堪舆家或阴阳术士创制的，其有多类多种，《古今图书集成》中收录有数百个。如：五岳镇宅符，土府神煞十二年镇宅符，镇命元建宅有犯凶神符，三教救宅神符，镇多年老宅祸患不止符，镇分房相克符，镇元空装卦未顺符，镇鬼怪不侵符等。

居家可据祸害凶煞之由来而选用不同的镇符，以为可对症下药，包治百病。例如，《阳宅十书》解释三教救宅神符说：如某家人口多而祸害病乱不断，是因为住宅的凶星太高大的原因，最好是修改住宅，如不能修改的话，须尽快取三教救宅神符八道，用桃木八片，朱砂书写其上，然后分八方钉于建筑物上，用不了几个月祸害就会停止了。禳解文字符的构字方法，是用一些与禳解厌胜内容有关的文字，如敕、奉、日、月、神、斩、火、煞、子、鬼、虎、灾、令、异等字的变体，再掺杂某些佛教、道教的符咒，以及星象、八卦、五行、抽象人体图形等符号图案组合而成（图7-35、图7-36），使人觉其似曾相识又难以辨认读音，从而感受到其神秘力量之所在。这些厌胜和辟邪的措施及镇符，虽然本身并没有什么物质功能，仅表明

图7-33　广东始兴县东湖坪村的石敢当

图7-34　潮州民居八卦门

居住者趋吉避凶的心理而已，但因其不影响建筑的正常使用功能而风行民间，并形成了祓除邪冲的风水流派。

如果说建房选取吉利方位是体现五行“相生”的思想，那么，厌胜辟邪与禁忌则体现了其反面——“相克”和躲避的思想。这样生克互补，一反一正，使风水学说的理论和方法具有极大的灵活性，这也是风水学流行民间、成为民俗的原因之一。

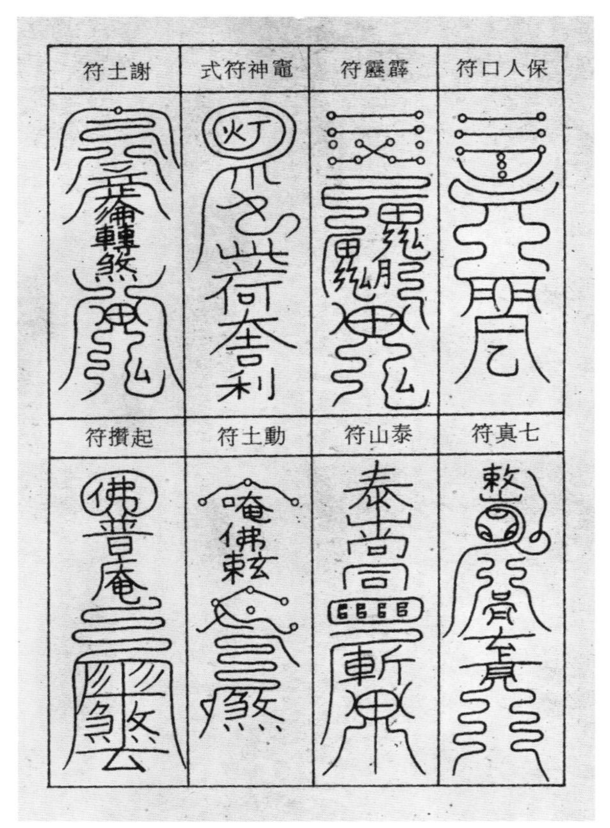

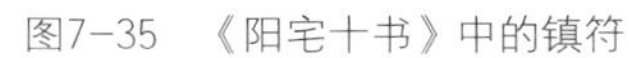

图7-35　《阳宅十书》中的镇符

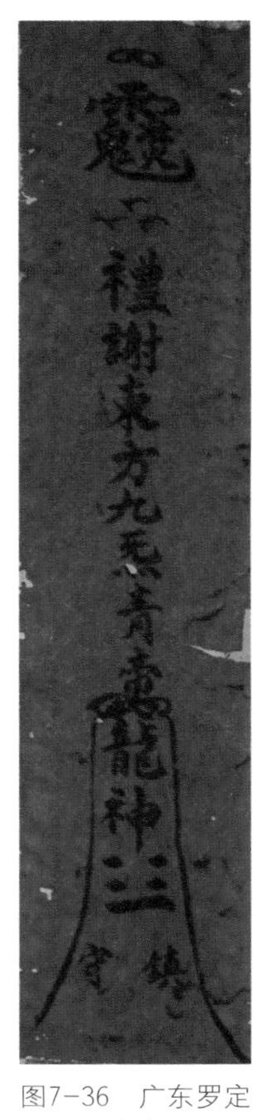

图7-36　广东罗定某祠堂的镇符

5 风水宝地

前面我们介绍了风水学及八卦对住宅建筑的影响，现在让我们再来看看风水学在坟墓建筑上的反映。

墓葬，起源于灵魂观念的产生。灵魂观念的产生，大约在原始社会中期就已经开始了，恩格斯说：

在远古时代，人们还完全不知道自己身体的构造，并且受梦中景象的影响，于是就产生了一种观念：他们的思维和感觉，不是他们身体的活动，而是一种独特的、寓于身体之中而在人死亡时离开身体的灵魂活动。[①]

①恩格斯，《自然辩证法》，人民出版社，1962年版第250页。

诚如上述，灵魂是一种非物质的东西，是人们幻想的寓于人身而又主宰人体的观念。古人认为，人是肉体与灵魂的统一体，人死了以后，虽然肉体死了，但灵魂还会存在着，由此产生了“灵魂不死”的观念。

灵魂观念产生以后，必然提出对死者的埋葬问题，如何埋葬，是随着社会发展而变化的。在古人眼中，尸体便是灵魂的附体，而人的灵魂要和人间的人一样地生活，墓葬于是成了灵魂的安托之所，把生产工具、生活用品、装饰品带去在另一个世界里继续使用。氏族成员、夫妻伴侣、子孙儿女们共同埋葬在一起，到另一个世界去欢聚。坟墓便是他们的住所，因此后来的风水家以“宅”相称，把坟墓叫做“阴宅”。

古人还认为，死人的灵魂不是孤立地存在着，它们可以行鬼神之变化，干预人间的生活。如后代取媚于他们，就会得其庇护；若慢待他们，则会“闹鬼”，搅得家人不得安宁。这种灵魂宗教迷信观念的增强，使得墓葬的形式和内容更加扩大和复杂了。先秦时，在宗法礼制的祭礼中，有一种“尸礼”。在祭祖时，要有人扮作王父形象，这叫做“尸”，并由他来代表所祭人鬼（祖）歆享祭献。祭之末，还有一种叫做“馂”的仪式，即由尸食鬼神之余物，再由参与祭祀者食尸之余。其意蕴在于表示祖先接受了子孙后人的献礼，又普施惠赐福于后人。秦以后，家庭制度改变，由宗族大家庭向夫妻小家庭过渡，这种尸礼遭到破坏，原来尸礼表现出的融洽和谐的情趣被血缘宗亲情感的冲淡与利害关系的冲突所取代。所以，秦《日书》有

“王父为祟”、“王母为祟”的祖先闹鬼，并给子孙带来病灾的记载。可见，古人的鬼神意识其实脱胎于现实社会中家族与家庭中祖孙父子间矛盾关系的冲突。

到了春秋时，孔子大力提倡“孝道”，厚葬之风大盛，历代不衰，并逐渐形成了一套隆重复杂的祭祀崇拜礼仪制度和墓葬制度，以及种种讲究。于是，坟墓被认为是安葬祖宗及父母之首邱，上可尽送终之孝，下以为启后之谋，所以上至皇帝，下至百姓，对坟墓的安置均格外重视。而作为为人择地卜葬的历代堪舆家，更以阴宅为先务之急。

《易经·系辞》说：“古之葬者，厚衣之以薪，葬之中野，不封不树。”远古时代，殡葬极为简单，人死了只是随便掩埋而已，甚至有将其弃置不加掩埋的。随着人类社会的发展和宗教迷信的产生，对死者的埋葬问题逐渐发展成为一件大事。今天世界上保存下来的许多重要文物古迹，不少就是坟墓的遗迹遗物，如著名的埃及金字塔，就是四五千年前埃及法老（奴隶主）的陵墓。由于我国的历史连绵不绝，大一统的封建社会时间很长，再加上风水学的盛行，所以历代帝王将相、达官贵人的陵墓几乎遍布青山绿野，难以胜计。尤其是帝王陵寝占地之大，建筑规模及耗费之巨，达到了惊人的程度。如明十三陵中的定陵，营建六年，共用工六千五百万个，相当于当时全国平均每户出六个半工；修陵耗费白银八百万两，如折合成大米可供二百万人食用六年半，而当时全国全年的财粮总收入才合白银四百万两。参观过定陵博物馆的人从那出土的奢侈陪葬品中，可以推想封建社会的厚葬之风达到了何等的程度。

总的说来，古代墓葬是在视死犹生的鬼神崇拜、祖先崇拜和礼制孝道的思想指导下选址和设计建造的。在古代，为死者择地建墓就像为生者选址营宅一样受到重视。寻求一个环境优美、藏风聚气的“风水宝地”建墓，以使死者与天地长存，与山水一体，九泉之下，才可以长眠。由此产生发展起来的阴宅理论和方法，就是专门为择葬建墓服务的。总之，山要秀丽、势要均衡，水要环绕、清澈透明等，观看山川形势，以及点穴定向立基等，成了阴宅选择的主要内容。

历代的皇家陵寝都是十分重视选择陵穴的。唐朝帝王陵墓区，分布于关中盆地北部，陕西渭水北岸乾县、礼泉、泾阳、三原、富平、蒲城一带山地，东西绵延三百余里。唐陵的特点是“依山为陵”，不像秦汉陵墓那样采用人工夯筑的封土高坟。十八座唐陵中，仅献陵、庄陵、端陵三陵位于平原，余均利用天然山丘，建筑在山岭的顶峰之下，居高临下，形成“南面而立，北向为朝”的形势（图7-37）。

昭陵是唐太宗李世民的陵墓，位于陕西省礼泉县东22公里的九峻山主峰。九峻山山势突兀，海拔1 888米，南隔关中平原，与太白、终南诸峰遥相对峙。东西两侧，层峦起伏，沟壑纵横，愈加衬托出陵山主峰的险峻。更有泾水环绕其后，渭水萦带其前，越发显得气势磅礴，蔚为壮观。唐代诗人杜甫的《重经昭陵诗》对昭陵玄宫高悬的景况作了这样的描述：

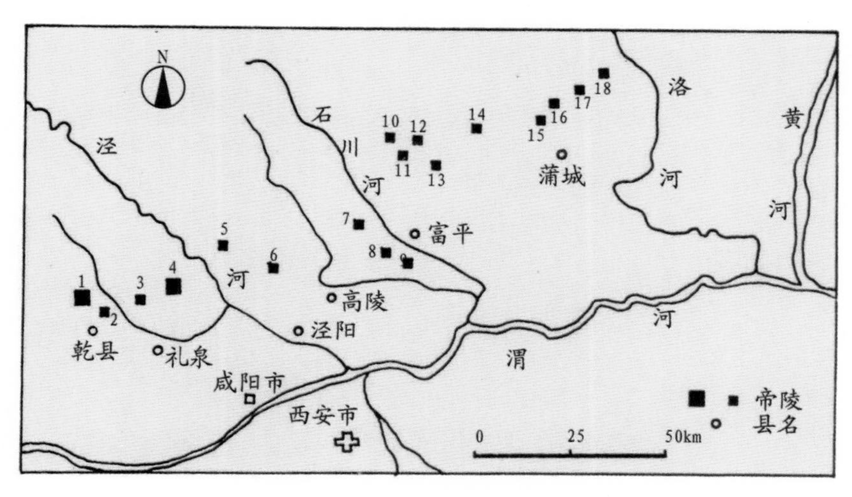

唐代帝陵分布图

1、乾陵（高宗.武后）	2、靖陵（僖宗）
3、建陵（肃宗）	4、昭陵（太宗）
5、贞陵（宣宗）	6、崇陵（德宗）
7、庄陵（敬宗）	8、端陵（武宗）
9、献陵（高祖）	10、简陵（懿宗）
11、元陵（代宗）	12、章陵（文宗）
13、定陵（中宗）	14、丰陵（顺宗）
15、桥陵（睿宗）	16、景陵（宪宗）
17、光陵（穆宗）	18、泰陵（玄宗）

图7-37　唐代帝陵分布图（据《文物丛刊》第3辑）

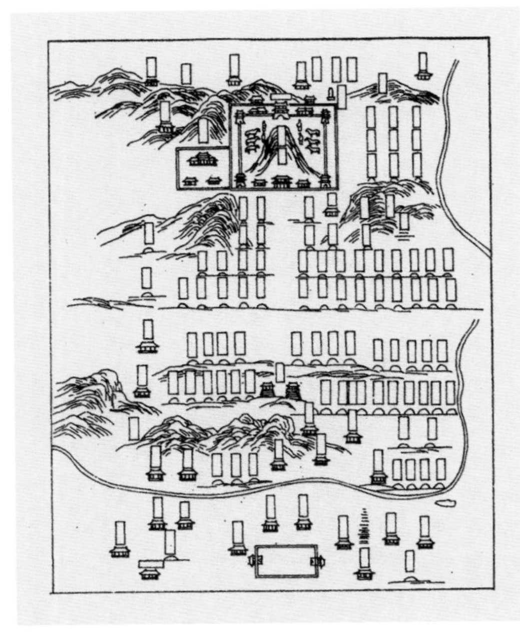
图7-38　唐昭陵图（自《长安图志》）

圣图天广大，宗祀日光辉。

陵寝盘空曲，熊罴守翠微。

再窥松柏路，还见五云飞。

昭陵主峰迤逦而南，有167座功臣贵戚陪葬墓，占地约30万亩。李世民的玄宫居高临下，陪葬墓列置两侧，衬托出昭陵至高无上的气概（图7-38）。当时陪葬墓各立穹碑，园内广植苍松翠柏，巨槐高杨。晚唐诗人刘沧有“原山山势入宫塞，地匝松荫出晚寒”的诗句，就是昭陵陵园景色的绝妙写照。

乾陵是唐高宗李治和武则天的合葬陵，坐落在乾县西北的梁山上。据《新唐书·高宗本纪》记载，李治于光宅元年（684年）葬于乾陵，神龙二年（706年）重启乾陵墓道，将武则天合葬于墓中。梁山海拔1 049米，呈圆锥形，山巅三峰耸立，北峰居中最高，即乾陵地宫所在，为陵之主体，与九峻山遥相比峻。南面二峰较低，东西对峙而且形体相仿，犹如天然门阙华表捍陵。上面各有土阙，望之似乳头，俗称“奶头山”。梁山东有豹谷，西有漠谷，整个地势很像一个头北脚南仰卧在大地上的人体，似有附会“生者南向，死者北首”的制度（图7-39）。乾陵因山为陵，以山为阙，气势雄伟，规模宏大。陵园可分为内城和外城，墓位于内城正中梁山山腰上。陵园南面设有三道门。内城的南、北、东、西四面城垣基址长度分别为1 450米、1 450米、1 582米、1 438米，平面近似方形，垣墙均为夯筑。内城四面各开一门。从残存的门址看，均为一个母阙、两个子阙的三出阙形式。陵园内有石刻群，除内城四门各有一对石狮，北门立六石马（今存一对）外，其余石刻均集中排列在南面第二、三道门之间。从南至北，计有华表、翼兽、驼鸟各一对；石马及牵马人五对，石人十对，还有无字碑、述圣碑和六十一个“蕃酋”像，丝毫不减皇宫之气派（图7-40）。乾陵地宫凿山为穴，辟隧道深入地下，经调查，墓道呈正南北的斜坡形，长63.1米，宽3.9米，深约19.5米。隧道墓门全部用石条层层填塞，从墓道口至墓门共39层，每层石条厚约0.5米。石条之间用铁细腰嵌固，其上部为夯土。因其构造坚固，迄今无损，内部情况尚不明了。但乾陵营建时逢唐朝盛期，人物荟萃，文物鼎盛，加之武则天好大喜功，所营明堂、伊烟奉先寺、通天柱等均为历史上著名的伟大工程，待乾陵地下宫殿一旦呈露，必将震惊世界（图7-41）。

北宋的帝后陵墓，从宋太祖赵匡胤父亲的永安陵起，至哲宗赵煦的永泰陵止，共计8陵，集中于河南巩县境内洛河南岸的台地上。陵区以芝田镇（宋永安县治）为中心，在相距不过十公里左右的范围内，形成一个相当大的陵区，这与汉唐陵墓有显著的不同之处。

北宋王朝建都开封，陵区却在巩县，其主要原因是这里山水秀丽，土质优良，水位低下，适合深挖墓穴和丰殓厚葬。陵区南有嵩岳少室，北为黄河天险，可谓“头枕黄河，足登嵩

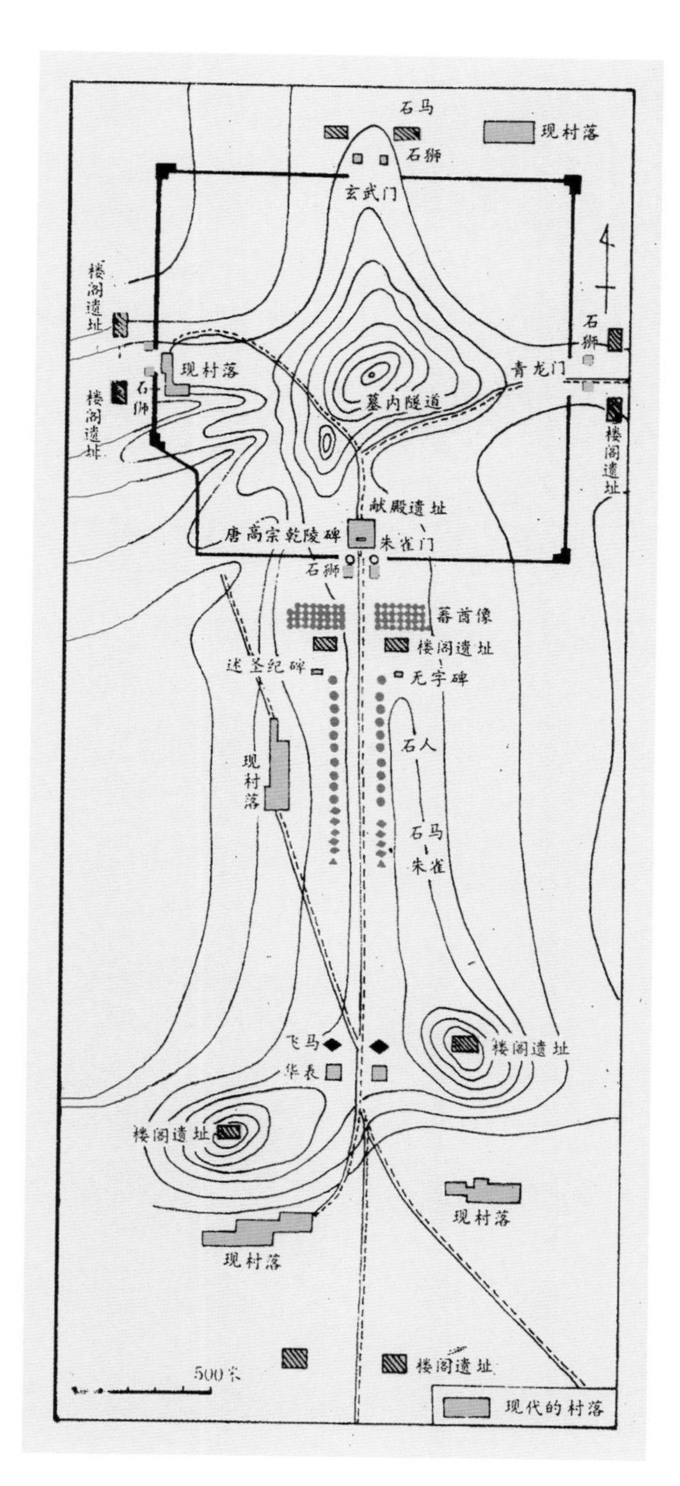

图7-39　乾陵平面（自《唐乾陵勘查记》）

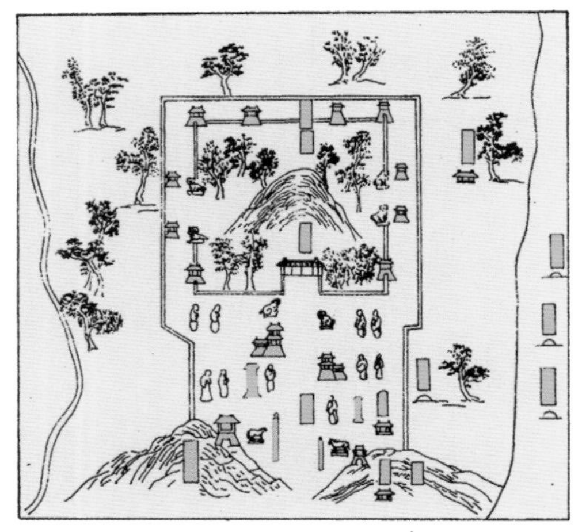

图7-40　唐高宗乾陵图（自《长安图志》）

岳”，自古被风水家视为“山高水来”的吉祥之地（图7-42）。南宋赵彦卫在《云麓漫钞》中曾作了这样的描述：

七（八）陵皆在嵩少之北，洛水之南，虽有岗阜不甚高，互为形势。自永安县西坡上观（永）安、（永）昌、（永）熙三陵在乎川，柏林如织，万安山来朝，遥揖嵩少，三陵柏林相接，地平如掌，计百十三顷，方十二里。

宋陵对陵地的选择及对地形的利用有两大特点：

（1）历代帝陵或居高临下，或倚山面河，而宋陵则相反，它面嵩山而背洛水，陵区诸帝、后陵中轴线的方向皆北偏西6°左右，正朝着嵩山之少室主峰。

（2）各陵地形南高北低；置陵台于地势最低处，一反中国古代建筑基址逐渐增高，而将主体建筑置于最崇高位置的传统做法。这种做法是受了堪舆学的影响。

宋代建造陵园，很迷信风水堪舆术，其选址布局就是根据风水观念来定的。当时看风水，盛行与汉代图宅术有关的“五音姓利”的说法，把姓氏按五行分归五音，再按“音”选定吉利方位。宋代皇帝姓赵，属于“角”音，利于壬丙方位，必须“东南地穹，西北

图7-41　唐乾陵形胜

地垂”。宋乾兴元年（1022年）举行宋真宗葬礼，八月六日司天监上言（《宋会要辑稿·礼》）：

按经书（阴阳堪舆之术的经书），壬、丙二方皆为吉地，今请灵驾（载运棺椁的车驾）先于上宫（献殿）神墙外壬地新建下宫（寝宫）奉安，俟十月十二申时发赴丙地幄次，十三日申时掩皇堂（地宫）。

因此，宋代各陵地形东南高而西北低，由鹊台至乳台、上宫，形成了愈北地势愈低的特色。

宋陵的八座皇陵依同一制度建造，布局基本一致，每陵皆有兆域、上宫和下宫。兆域，或称茔域，四周植棘枳等为标记。兆域内除皇陵外，还有皇后陵和宗室子孙及当朝重臣的陪葬墓。上宫是建筑在陵台之前、南神门以内的献殿。在举行上陵礼时，于献殿中用太牢（牛、羊、猪三牲）作祭品举行礼仪隆重的祭礼。下宫则是日常奉飨之所，建于皇陵西北。

明十三陵，位于北京西北郊昌平县北十里处，自1409年开始修建长陵，至1644年明朝灭亡，十三陵的营造工程历经二百余年，从未间断过。陵区面积达四十平方公里，东西北三面群山耸立，如拱似屏，气势磅礴，巍巍壮观。南面龙山、虎山分列左右，如天然门户，有人形容它们是守卫陵园的“青龙”、“白虎”。陵区的大宫门，正好建在两山之间。宫门内是一片宽阔的盆地，温榆河从西北蜿蜒流来，一座座山峰下翠柏成荫，隐约可见黄瓦朱墙。当年，这里是神圣不可侵犯的皇家禁地；而今，已成为游览胜地（图7-43）。

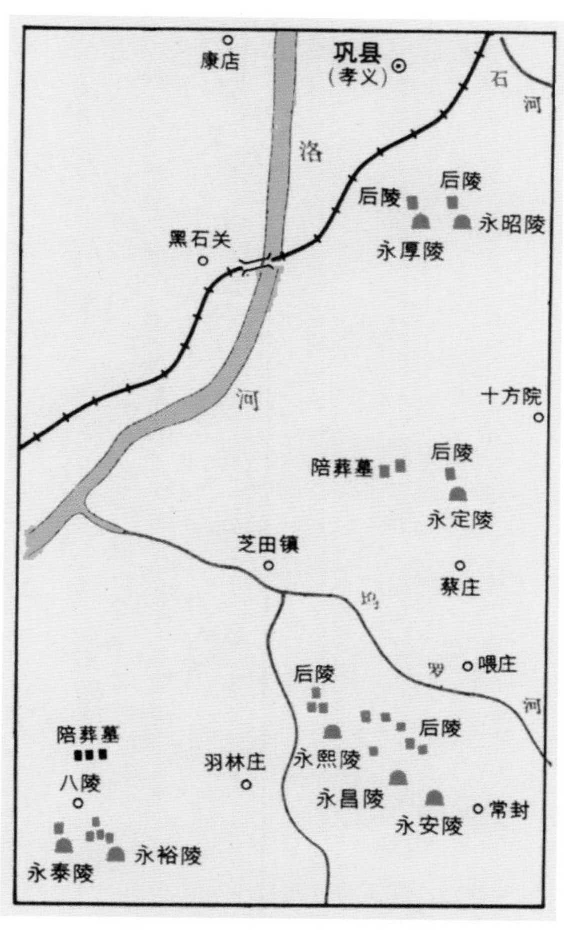

图7-42　巩县宋陵分布图（自《中国大百科全书·考古学》）

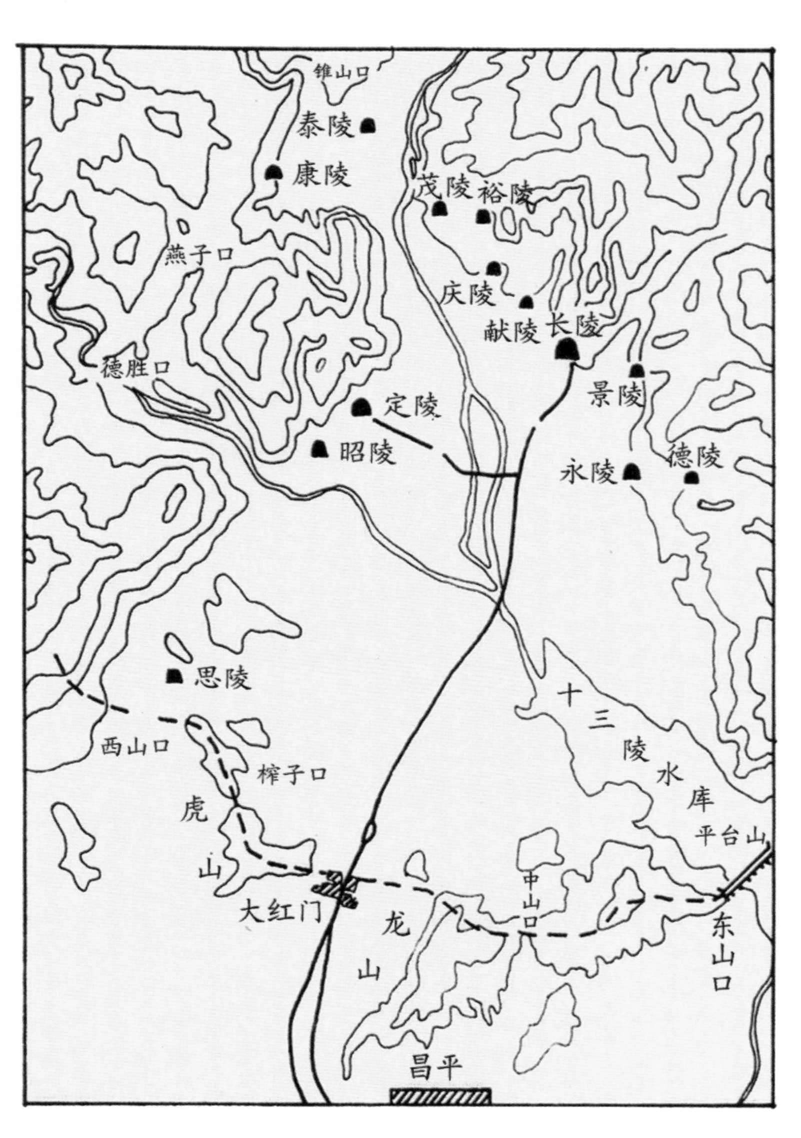

图7-43 明十三陵分布图（自《中国大百科全书·考古学》）

燕王朱棣在南京登上皇帝宝座后，即打算迁都北京。明永乐五年（1407年）皇后徐氏死，朱棣没有在南京建陵，却派礼部尚书赵羾及江西风水术士廖均卿等人去北京寻找"吉壤"。

皇家选陵地，并非一般举动，自古封建帝王对于葬身之地的选择都格外重视。他们把宗庙、陵寝都视为国家的代表、江山的象征。因此，命朝中一、二品官员去寻找吉壤时，还必须有深晓地理、风水的人参加。陵地选定后，要上图帖呈给皇帝审阅，经皇帝亲临该地审视，才能最后定下来。

朱棣派出去的那伙人，足足跑了两年时间，才找到几处可供他挑选的地方。据说，最先选在口外的屠家营，但因皇帝姓朱，“朱”和“猪”同音，猪要进了屠家定要被宰杀，犯地讳不能用。另一处选在昌平西南的羊山脚下，因后面有村叫“狼口峪”，猪旁有狼则更危险，也不能用。也曾选过京西的“燕家台”，可是“燕家”和“晏驾”谐音，不吉利。京西的潭柘寺景色虽好，但山间深处，地方窄狭，没有子孙发展的余地，也未能当选。到永乐七年选定了朱棣亲自察看的、也是江西术士廖均卿等人选定的现在这片陵区。

这里山间明堂广大，群山如封似闭，中间水土深厚，确实是个好地方。再加上风水术士们的夸张神化，说这儿是龙头，那儿是龙尾，山间聚气藏风，龙虎龟蛇，星辰日月，诸般神灵无所不有。这么一来，朱棣就更加高兴了，立即降旨圈地八十里，作为陵区禁地。当然，选此处建陵，不但因其风景美好，还因为其山势如屏，易守难攻，是北京的天然屏障，一旦驻军把守，既可守卫陵寝，又可保卫京师安全。从这年起，在天寿山下开始建长陵，到崇祯皇帝被葬在田妃墓中，这片陵区共埋葬了十三个皇帝，因而通称“十三陵”。

长陵是明朝皇帝朱棣及其皇后徐氏的合葬墓。长陵背依天寿山，因山为陵，居高临下，在十三陵诸陵中是建造年代最早、地面建筑规模最大的一座皇帝陵寝。长陵中最引人注目的就是祾恩殿了。祾恩殿是明代帝后陵寝的主要建筑之一，是谒陵祭祀举行仪式的场所。长陵祾恩殿建于宣德二年（1427年），起初叫享殿，嘉靖十七年（1538年）世宗皇帝传谕改享殿为祾恩殿。祾恩殿建在三层重叠的须弥座台基上，殿面阔九间，进深五间，取“九五之尊”。平面呈长方形。殿内木结构构件如梁、枋、桁、柱等全部由楠木为之，共用整根的楠木柱子60根，其中32根金柱直径都在 1 米以上，中间最粗者达1.12米，高达12.5米以上。殿内装修不尚华丽，朴素大方。重檐庑殿式屋顶，檐下用七踩和九踩重昂斗拱，以及梁枋檐柱施以金线大点金旋子彩画等，均使祾恩殿成为封建社会后期规模最大、等级最高的殿堂之一（图7-44、图7-45）。

图7-44　明十三陵的龙脉

图7-45　长陵鸟瞰（自《中国美术全集·建筑艺术编》）

在燕山南麓的马兰关附近，人们在群山环抱之间，可以看到金瓦红墙的殿堂，白玉石雕的牌坊，这就是驰名中外的巨大的皇帝墓葬群——清东陵。东陵北依昌瑞山，南屏金星山，东傍鲇鱼关，西依黄花山。整个陵区划分为前圈和后龙两大部分。仅前圈的总面积就有48平方公里。昌瑞山是燕山山脉的分支，东西走向，中间主峰高耸，两侧山脉蜿蜒起伏，逐渐低斜，岗峦秀丽，气象万千。东陵的各座陵寝分布在昌瑞山的南侧，傍依山岳起墓，顺应地势布局，形成统治者乐于称道的"龙蟠凤翥"之势。陵区南面的烟墩、天台两山对峙，中间为天然的关隘——龙门口（兴隆口），来自分水岭的河流左环右绕，前拱后卫，为山陵增色不少。整个陵区好似一幅美丽的山水画卷，风光优美诱人，真可谓风水家所推崇的"风水宝地"了（图7-46）。

关于东陵的选址，流传着一段顺治皇帝亲自卜地的故事。那是清代顺治年间，一天，顺治皇帝由众多侍卫大臣和八旗健儿簇拥着出外狩猎，他们纵马扬鞭，搭弓佩剑，直赴京东的燕山山脉，跃上了凤台岭之巅。顺治皇帝登临远眺，向南望，平川似毯，尽收眼底，朝北看，重峦如涌，万绿无际，日照阔野，紫霭飘渺，风吹海树，碧影森叠，真是山川壮美，景物天成。顺治皇帝前瞻后眺，左环右顾，发出由衷的赞叹。他翻身下马，在凤台岭上选择了一块向阳之地，十分虔诚地向着苍天祷告，随后相度了一块风水相宜的地势，将右手大拇指上佩戴的白玉扳指轻轻取下，小心翼翼地扬下山坡。静默片刻，他庄严地向身旁敛声屏气的侍从宣示：“此山王气葱郁，可为朕寿宫。”须臾又说：“鞢落处定为穴。”群臣遵旨，顺着那扳指滚跳下去的方向寻觅，终于在草丛中找到了，于是在扳指停落的地方打桩做记。后来，当真在这里建立了清东陵的第一座陵寝，即顺治皇帝的孝陵（图7-47）。

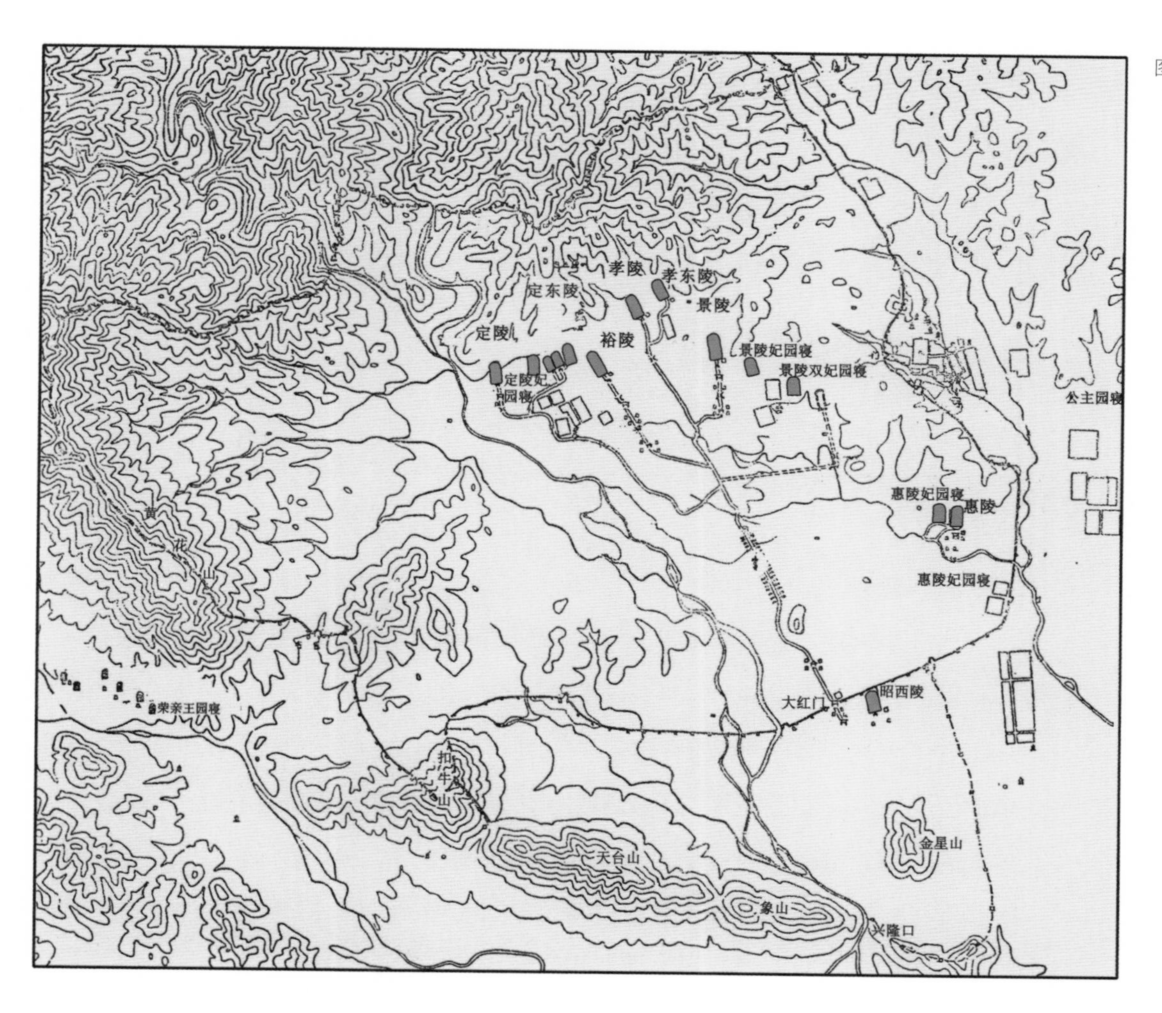

图7-46　清东陵总平面图（据《风水理论研究》）

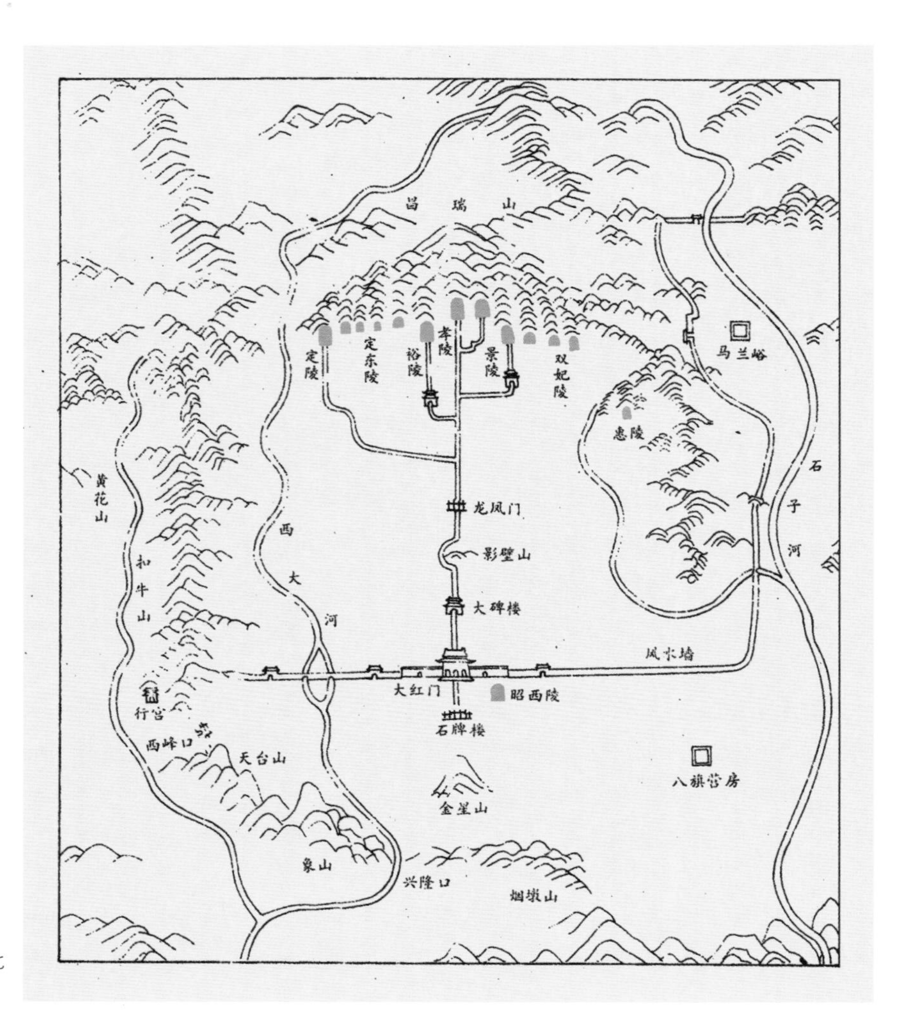

图7-47　东陵陵寝图（中轴线北端为孝陵，据样式雷画稿）

孝陵，背靠昌瑞山主峰，左右两翼为天然矿山，整座山岭北高南低，节奏鲜明，气势雄伟。尽管选陵者主观意念是以风水理论为主导的，但选中的陵址，从气候、水文、地质、地貌等科学条件来看，也确实能“防风御水”。孝陵北依昌瑞山主峰，有了天然屏障，可以避风；墓穴又建在整个陵的最高处，可以防洪。为了防止汛期山洪倾泻时冲毁陵墓，不仅加固了地基，而且修建了整套的排水系统。在所有建筑的地下，都密集地打下了柏木桩，建筑基础可谓固若金汤。几百年来，陵区建筑经受了多次地震的考验，很少有断裂塌陷的情况。同时，在地下设置了大小纵横的水道沟通，地面上则利用了天然的倾斜地势，又设置了排水明沟，使雨水排泻

图7-48　清东陵的风水

通畅。在宝顶下面的地宫，为防雨水浸漏和地下水位上升，另有一套设计巧妙的暗沟疏通地下的积水。其他陵墓也是依此设计而成的（图7-48、图7-49）。

总之，孝陵三面环山，一面望野，孝陵之水通过明沟暗渠，全部汇集于隆恩门外的神路桥下，再由两边水道顺势排泄出去。可见孝陵风水，在一定程度上体现了古代中国人科学的建筑选址、规划和建筑技术。

当然，并不是仅陵墓才可选择形胜俱佳的地方，实际上古代中国的寺庙道观，为了远离世俗以及修身养性，莫不选择风光秀丽的地方营建。它们今天大都成了旅游胜地，成了人们假日闲暇时的好去处。

在粤西德庆县境内东部的悦城古镇，有一座古色古香的龙母祖庙。其历史久远，地方特色浓厚，环境秀丽，有“百粤洞天开水府，五灵衿地起神龙”的美誉。

据《孝通祖庙旧志》记载：庙中所祀奉的龙母，为战国时楚国人，其生卒年代难以考证。《庙志》中说，“龙母娘娘温氏，晋康郡程溪人也，其先广西藤县人，父天瑞，宦游南海，取（娶）程溪悦城梁氏，遂家焉。生三女，龙母其仲也，生于楚怀王辛未之五月八日。”《庙志》说，龙母出世时发长竟尺，仪容瑰玮。她在少女时期，每在稠人广众中向天凝视，似有所见。言人福祸，教人趋避，每有应验，于是渐渐有人称之为神。

一日，龙母在江边浣洗，拾一石卵，其大如斗，通体有光。龙母抱它回家，经

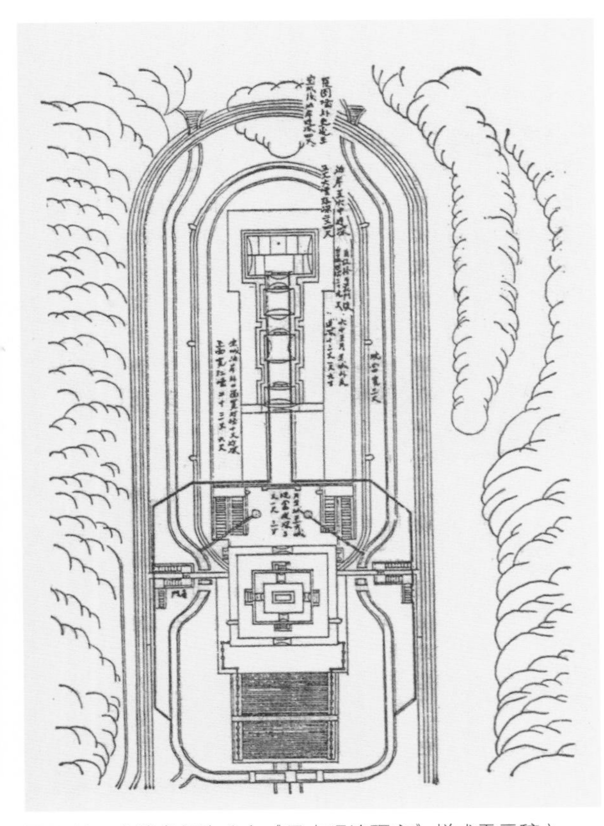
图7-49 定陵龙须沟（自《风水理论研究》样式雷画稿）

过七个月又二十七天之后，石卵忽然裂开，产出五条蜥蜴状动物，性善喜水，龙母甚为珍爱，饲养于家中。传说它们还助龙母在江中捕鱼。一天，龙母在江边剖鱼，竟误将其中一条尾巴砍去，它们遂远离龙母而去。龙母只有埋怨自己大意，心里非常难过。数年之后，它们忽然在江边出现，却变得头角峥嵘，身披鳞甲，五色斑斓。龙母见了惊喜不已，原来是五条龙子。不数日，这件事竟传遍城乡，人们无不称为奇异。

在古代，真龙出现为祥瑞之征。于是晋康郡侯以其事的始末上奏朝廷。始皇三十六年（公元前211年），秦宫派来专使，奉黄金白璧聘礼，宣达始皇旨意，要迎接龙母入咸阳宫殿。龙母不愿接旨，使者强使她登船上路。十天后，船抵始安郡（桂林），晚上龙子作法，一夜之间引船回到程溪。专使深感奇怪，只好督促船夫再次上路，船再抵始安郡，岂料一夜之间，船又复回程溪，如是反复数次。专使感五龙子的诚意，上奏始皇，取消他的意旨，放龙母回家。

图7-50 龙母庙形胜（自《龙母庙志》）

图7-51　广东德庆龙母庙形胜后顾

后来龙母仙逝，人们把她厚葬在西江南岸青旗山后。一夕，雷雨交加，暴风骤起，怒浪滔天，山鸣谷应，其中又夹着鼓乐声与啼哭声。次日黎明，江北湾地壅成陵阜，五龙子已把龙母坟墓由南岸移到这里。观者以为神奇，于是禀报晋康郡侯，在墓旁为龙母建一庙宇，祀奉龙母，祷其庇护百姓，免于灾患，颇有灵验云云。按此记载，龙母祖庙肇自秦汉，至今有二千二百多年的历史了。

历代皇帝对龙母均有封赐。汉高祖十二年（公元前195年）封之为程溪夫人；唐天佑二年（905年）封之为永安夫人；宋神宗熙宁十年（1077年）封为永济夫人；明太祖洪武九年（1376年）封为龙母崇福圣妃；清代又加封为护国通天惠显德龙母娘娘等，有“膺封十数朝，享祀二千载”之赞誉。历代庙观不断扩大，形成一组宏大的古代建筑群。现存建筑多为清代所建，“文革”期间遭到彻底毁坏的龙母坟近年已由文物保护部门修复完好。

图7-52　广东德庆龙母庙形胜前瞻

龙母祖庙坐落在西江北岸，位于西江和悦城河交汇的台地上。此处两水交汇，俗称“水口”。站在庙前巨大的石牌坊下，前瞰大江，隔江左为黄旗山，右为青旗山，两山夹峙，一川东流，江水浩浩，水天无际，气势磅礴，景致秀美。庙后五龙山，形如舒足长须的五条蛟龙腾飞，若即若离，山色葱郁，环绕之势，似五龙扑地争珠，为庙之绝妙依托背景。山中龙泉溪水长流甘洌，曲注入江。五龙山脉接金鸡岭，金鸡岭山高谷深，起伏天际，是此处山脉最高峰，实为庙之天然屏障。龙母祖庙的中轴线恰与金鸡顶对应，庙前中轴线虚轴向前延伸至数公里外的西江转弯处，遥对“贵人捧诰峰”，有主有次，主宾相宜。庙前左右两山两岸对峙，又像左右华表捍庙。其情其景，使人震慑，令人叫绝，可见古人选址之巧妙。无怪唐人李绅留

下了“风水多虞祝媪龙”的佳句赞美这一胜景（图7–50～图7–52）。

现存的龙母古庙，是清光绪三十三年（1907年）重建的。当时集中了两广和福建的能工巧匠，历时七年才建成。它是一组完整而精美的建筑群体。全庙自前向后沿中轴线布置有石牌楼、山门、香亭、大殿、妆楼等，左右翼以廊庑将各主体建筑联系起来。主体左侧为龙母行宫、公所（东浴堂）、孝通墓（龙母坟）、御碑亭以及花园等一组建筑，主体右侧则是程溪书院。这座以砖、木、石为结构的建筑物，风格脱俗超群，建筑布局和结构构造有许多独到之处，装饰中又融灰塑、泥塑、木雕、石雕与壁画于一体，具有浓郁的岭南特点。

说起龙母庙建筑艺术之高超，远不止此。西江不但流量大，涨落差也大，每当河水大发水退后，沿岸各地总是留下厚厚的一层沉积物。悦城龙母庙地处江河水口，常被水淹，但奇怪的是此处水退后，庙内庙外，却反而水过无痕，清洁如洗。原来，庙的墙裙由光滑石板砌成，木柱下有一米多高的石柱础，殿内外地面全以花岗石板铺设。下水道也用石板垒成，而且坡度设计合理。至此，我们禁不住为古人高超的选址艺术和建筑技术所叹服。想起在我们这片龙的故乡的大地上，人们几千年来一直在追求着美满和幸福，让这古建筑杰作和这龙的美好传说永留人间，那该是很有意思的吧。

第八章 纳甲压白

1 炼丹术与八卦纳甲

“八卦纳甲”源自魏伯阳《周易参同契》一书。魏伯阳是东汉末黄老派中的炼丹家，其著《周易参同契》的目的是宣传炼丹成仙。书中以许多古奥的词句描述炼丹的过程（图8-1）。

西汉末期，利用《易经》来预占吉凶的谶纬说十分流行。魏伯阳一方面接受了当时已经发展起来的炼丹术，一方面因袭了利用《易经》所形成的谶纬说，写成了这本书。《周易参同契》说：“大‘易’惰性，各如其度；黄老用究，较而可御；炉火之事，真有所据。三道由一，俱出径路。”“参”就是“三”的意思，“契”就是“书契”。魏伯阳认为，《易经》理论、道家哲学和炼丹方术三者是统一的（图8-1）。《周易参同契》这一书名，用现在话来说就是《论〈周易〉三道同一的书》。由此可见，这部书是把《易经》里的卦与道家哲学糅和在一起，来作为炼丹的理论基础的。《周易参同契》还以《周易》六十四卦解释炼丹的全部程序。朱

图8-1 道家炼丹图（自《中国化学史》）

熹对此注解说：“盖六十四卦，除乾坤坎离为炉灶丹药所用，以为火候者止六十卦也。”（《〈周易参同契〉考异》）

“八卦纳甲”是《周易参同契》的主要观点。此说的目的是用来说明炼丹运火时，其火候随每月月亮的盈亏而变化，所以又称为“月体纳甲”。它是以八卦和干支表示月亮的盈亏，说明一月之中用火的程序，其以坎离两卦代表日月，其他六卦代表月亮的盈亏过程，八卦各配以干支。“纳”有包含的意思，所以叫“纳甲”。

《周易参同契》说：

故易统天心，复卦建始萌。长子继父体，因母立兆基。
消息应钟律，升降据斗枢。三日出为爽，震受庚西方。
八日兑受丁，上弦平如绳。十五乾体就，盛满甲东方。
蟾蜍与兔魄，日月气双明。蟾蜍视卦节，兔者吐生光。
七八道已讫，屈折低下降。十六转受统，巽辛见平明。
艮直于丙南，下弦二十三。坤乙三十日，东北丧其明。
节尽相禅与，继体复生龙。壬癸配甲乙，乾坤括始终。
七八数十五，九六亦相应。四者合三十，易气索灭藏。

“天心”一语，见于《彖》文复卦“其见天地之心乎”。此处指天时变化的规律。按汉代孟喜的卦气说（以《周易》卦象解说一年节气的变化，即以六十四卦配四时，十二月，二十四节气，七十二候），复为十一月卦，阳气始萌之象。复卦坤上震下（䷗），就震下说，乃乾坤父母卦所生之长男，此即“长子继父体，因母立兆基”。斗枢指北斗星，其运转标志一年中阴阳二气之升降，此即“升降据斗枢”。下文是以震、兑、乾、巽、艮、坤六卦，配月亮的盈亏的过程，并纳以干支，配四方。初三，月光开始萌生，由西方升起，此时，震卦用事，纳庚。到初八，月光生出一半，即月上弦之时，此时兑卦用事，纳丁。到十五日，月光盛满，即望月，居东方，此时乾卦用事，纳甲。“蟾蜍”指月亮之精气，兔魄指太阳之精气，月体不发光，借日而生光，此即“兔者吐生光”。此时，月体全受日光，故为望月，所以说“日月气双明”。“七八”指十五。十五后，月光开始亏损，此即“七八道已讫，屈折低下降”。到十六，月光亏缺，居西方，巽卦用事，纳辛。到二十三，月光亏损一半，即月下弦之时，位南方，此时艮卦用事，纳丙。到三十，月光消失，居东方，此时坤卦用事，纳乙，即所谓“东北丧其明”。以后，从下月初三开始，月光又开始出现，震卦用事。震为龙，此即“节尽相禅与，继体复生龙”。乾纳甲壬，坤纳乙癸；乾当望月，坤当晦时，乾坤两卦意味着阴阳消长之终始，此即“壬癸配甲乙，乾坤括始终”。七八为少阳少阴之数，九六为老阳老阴之数，各为十五。阴阳之数相加为一月三十日之数。至此阳气已尽，月光全部消失，此即“易气索灭藏”（图8-2）。

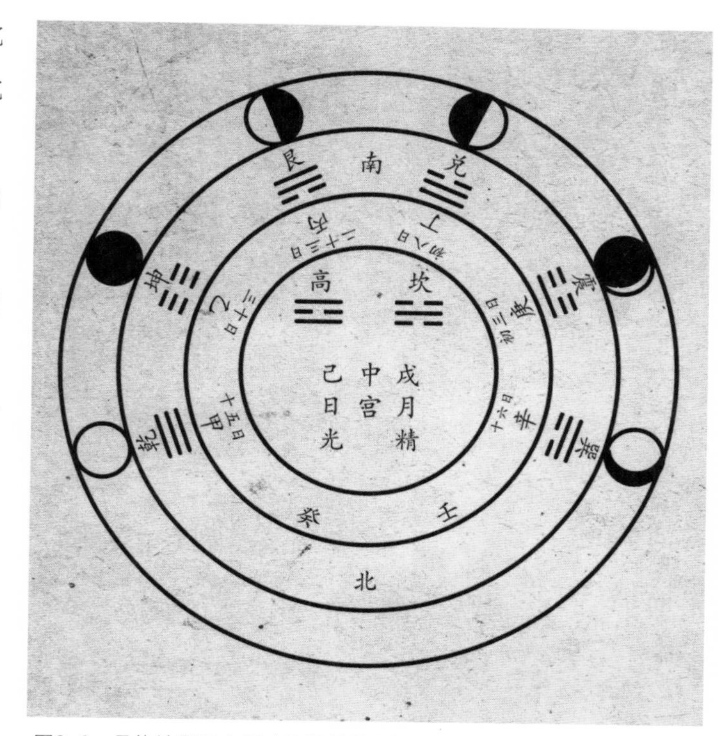

图8-2　月体纳甲图（据《易学哲学史》）

八卦这样配月亮的盈亏是以阳爻表示月光，阴爻表示月损的，并且是以阴阳爻的多寡和月象位置相配的，所以有人以此编成了便于记忆八卦卦象和月相盈亏的口诀：

乾三连（☰）　坤六断（☷）
兑上缺（☱）　巽下断（☴）
震仰盂（☳）　艮覆碗（☶）
离中虚（☲）　坎中满（☵）

三国经学家虞翻曾注《周易参同契》。他在解释《易传·系辞》“在天成象”一句说：

谓日月在天成八卦，震象出庚，兑象见丁，乾象盈甲，巽象伏辛，艮象消丙，坤象丧乙，坎象流戊，离象就己。故在天成象也（《周易集解》）。

在其释《系辞》“悬象著明，莫大乎日月”时，他又说：

谓日月悬天成八卦象。三日暮，震象出庚。八日兑象，见丁。十五日乾象盈甲。十六日旦，巽象退

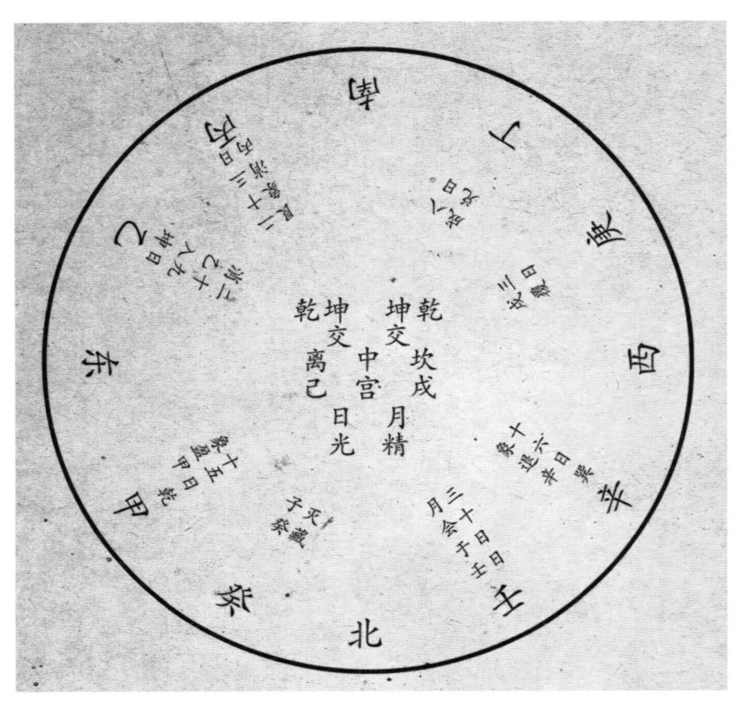

图8-3　虞翻八卦纳甲图（据《易经哲学史》）

辛。二十三日艮象消丙。三十日坤象丧乙。晦夕朔旦，坎象流戊，日中则离，离象就己，戊己土位，象见于中。日月相推而明生焉，故悬象著明，莫大乎日月者也。

虞翻的纳甲说与《周易参同契》大致相同，不过进一步逻辑化、系统化了（图8-3）。宋以后的易学家为了将月体纳甲同汉易中的卦气说调和起来，又提出了许多纳甲的方法和图式。

总的说来，纳甲是用八卦来解释日月变化和月令节气规律，并把八卦、月象和天干的方位配合起来的一种理论和图式方法。古代堪舆家则利用和发展了这一学说，把八卦纳甲说与风水罗盘的二十四个方位相结合，创立了堪舆所用的“二十四山纳甲”法（表8-1）。此法被应用于压白尺法中，用以判定某种朝向的房屋属于哪一卦。

表8-1　二十四山纳甲所属

乾纳甲　坤纳乙	巽纳辛　艮纳丙
坎纳癸子申辰	离纳壬寅午戌
震纳庚亥卯未	兑纳丁巳酉丑

2 “压白”简说

压白尺法是一种确定建筑尺度的玄学推算方法。它是把八卦、五行、纳甲和木工尺结合应用而产生的，也是《周易》八卦在建筑设计上的具体应用。明清流行的木工匠师用书《鲁班经》中就有压白尺法的记述，此种方法在民间影响较大。

在传统建筑设计中，古代堪舆家和匠师把木工尺度与九星图的各星宫相配联系起来，于是尺度便有了一白、二黑、三碧、四绿、五黄、六白、七赤、八白、九紫。按堪舆所定的法则，其中的三白星属于吉利星，所以尺度合白便吉，如此决定出来的尺度用于建筑设计上，便称为“压白”尺法。九星中九紫星为小吉，也可以用，这就形成了紫白吉利尺度，故压白尺法又称为“紫白”尺法（图8-4）。

压白尺法分为“尺白”和“寸白”。尺白是决定尺单位的方法，寸白是决定寸单位的方法（丈单位较大，不予考虑），其均为建筑匠师决定房屋整体尺度，如高度、面阔、进深等时确定具体尺度的方法。一般说来，佛寺道观及大型民居设计中尺白、寸白都用，而普通民居设计只讲求寸白，如《鲁班经》中就是只用寸白。这与建筑的等级和规模大小有关，也因压白尺法的形成流传和匠师流派不同因时因地而异。如广东潮汕地区的使用原则是“尺白有量尺白量，尺白无量寸白量”，即尺单位有合适的压白吉利尺度应尽量使用，如无尺白便使用寸单位的压白吉利尺度。无论尺白或寸白，总的原则就是要“压白”。

为了方便使用和流传记忆，尺白和寸白的使用方法都编成了口诀。口诀分

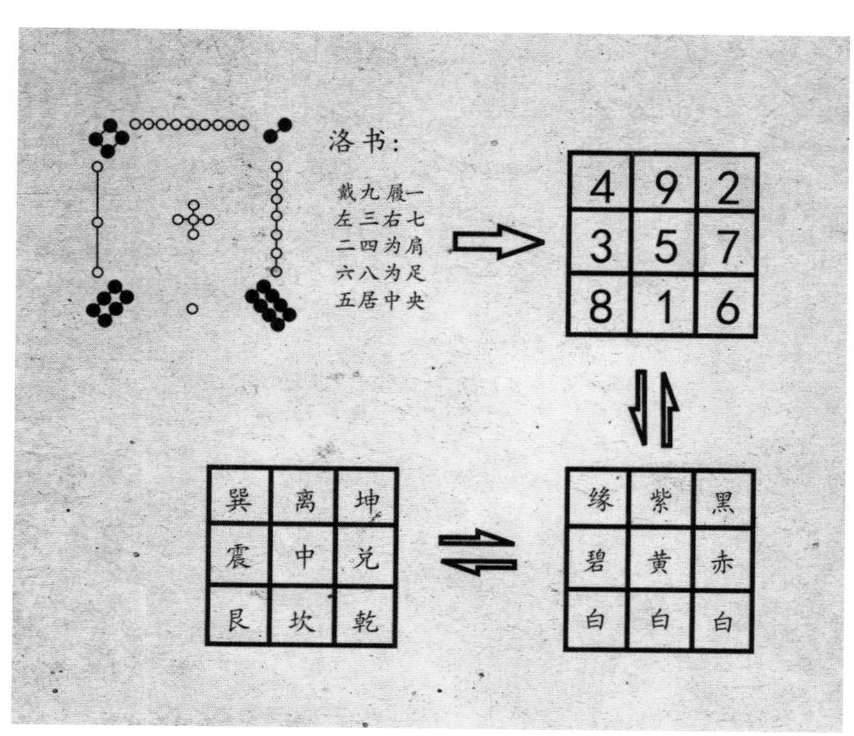

图8-4　洛书九宫八卦转换图

为天父卦和地母卦。天父卦尺白、寸白是用于垂直向度（房屋高度）的尺度口诀；地母卦尺白、寸白是用于水平向度（房屋进深与面阔）的尺度口诀（图8–5）。古人认为住宅乃阴阳之枢纽，应为天地交泰、阴阳和合之所。天父卦和地母卦的概念的使用是与古人天圆地方、天父地母、天阳地阴、天高地厚等观念有关的。尺白与寸白的推算数据并非是固定常数，而是依据房屋的朝向而易的变数，就是说压白尺度数值是依据房屋的方位而推算出来的。不同的建筑朝向就有不同的压白吉利数据。

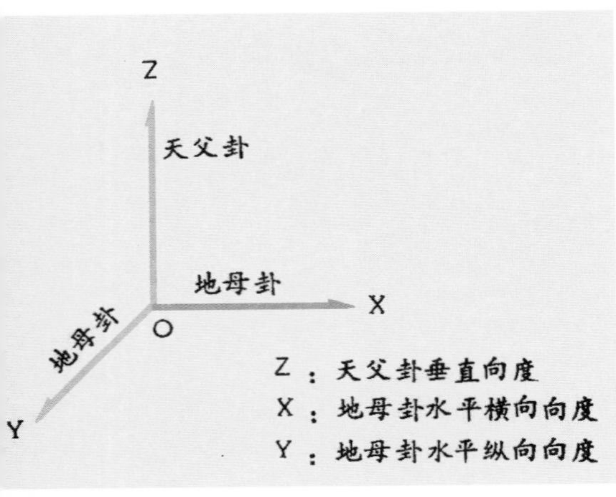

图8–5　天父卦、地母卦坐标

尺白是以堪舆九星来推算的。以房屋的“坐山”（与建筑朝向相对的方向）的八卦属性配合尺白九星推论吉凶。堪舆九星源自北斗星。在古代，人们是利用天体中的星体来决定方位和时间的，决定的方法有多种，而以北极星确定方位和时间是主要方法，因为北极星的位置是正北方，地轴恰好指向它。在北极星的外围，有一个由七颗星连成斗柄状的星座，它就是人们常见的北斗七星（即大熊星座）。北斗的第一颗星叫天枢，第二颗叫天璇，第三颗叫天玑，第四颗叫天权，这四颗星连成一个方形的斗，统称为魁；第五颗叫玉衡，第六颗叫开阳，第七颗叫摇光，这三颗星连成一条线像柄，统称为杓。在开阳、摇光的旁边还有两颗小星，左边的叫辅，右边的叫弼，因其星等较小，光弱（北斗星为二等星，辅弼不足四等），一般并不为人们所注意。这样，北斗七星加上辅弼二颗星，共是九颗星。北斗星自东向西环绕北极星旋转，每转一周便是一年。北斗春季在东方，夏季在南方，秋季在西方，冬季在北方。古人就曾经利用北斗星的位置和斗柄指向来判定四时的季节并确定东南西北四正方向（图8–6）。

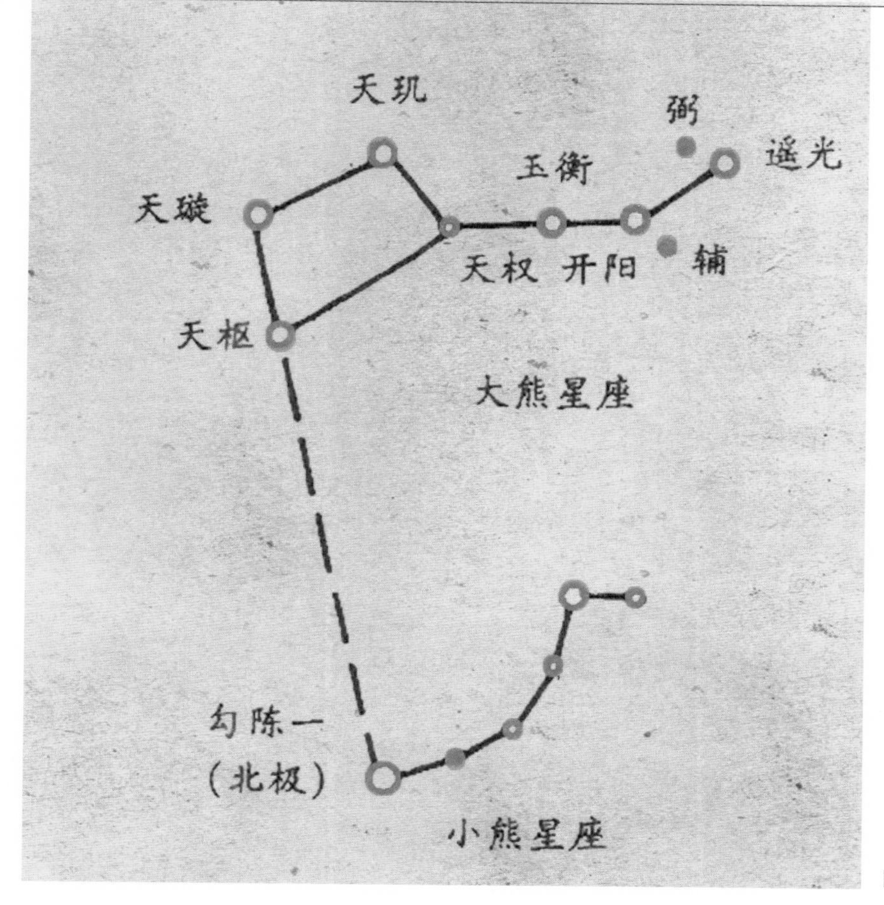

图8-6 北斗九星

堪舆家根据北斗七星和辅弼二星，演变出贪狼、巨门、禄存、文曲、廉贞、武曲、破军、左辅、右弼九个堪舆星，并以它们的次序和形态来配五行和八宅格式中的吉凶方位名称。贪狼是生气木；巨门是天医土；禄存是祸害土；文曲是六煞水；廉贞是五鬼火；武曲是延年金；破军是绝命金；辅弼一体是伏位木。这样以八配五，水火各一，木金土各二，其又可与八卦相配。堪舆家认为，贪狼、巨门、武曲、辅弼都是相互生助的，为吉利星；破军、禄存、文曲、廉贞都是相互敌克的，所以定为凶煞星。堪舆家经常利用这九星的吉凶为人相宅看风水（表8-2）。

表8-2　堪舆九星

顺序	1	2	3	4	5	6	7	8	9
北斗九星	天枢	天璇	天玑	天权	玉衡	开阳	摇光	左辅	右弼
堪舆九星	贪狼	巨门	禄存	文曲	廉贞	武曲	破军	左辅	右弼
五行属性	木	土	土	水	火	金	金	木	木
表意	生气	天医	祸害	六煞	五鬼	延年	绝命	伏位	
吉凶	大吉	大吉	凶	凶	凶	大吉	凶	次吉	

尺白中八卦与九星配合，因辅弼合一，于是一卦位便对应一个星。由上述可知，尺白九星本身并无“白”可对应，而是借用九星图和寸白的概念，把吉利的星也称为“白”星了，而且尺白的吉凶次序与数量也与寸白有较大的差异。尺白口诀见表8-3：

表8-3　尺白口诀

天父卦	乾右弼离破军	兑贪狼震巨门
	巽廉贞艮武曲	坎文曲坤禄存
地母卦	艮贪狼巽巨门	乾禄存离起文
	震廉贞兑武曲	坎破军坤弼尊

天父卦、地母卦尺白口诀的含义是指出某卦的“一尺”所对应的星，然后从该星推算，依据尺白九星的排列顺序依次循环推衍出二、三、四……等尺各自对应的星，据星的吉凶，就知道了尺度的吉凶数值，如此就可以得出初步吉利的尺数了。例如，天父卦中“乾右弼”，意即若房屋坐山属乾卦，就从右弼星起算第一尺，二尺便是贪狼，三尺便是巨门……为了说明尺与卦的配合，以及吉凶尺度的得出，兹举例简述由房屋坐山推算尺度的吉利数，其步骤如下：

（1）据环境“审局度势”或宅主命卦首先确定房屋的坐山朝向。假定某房屋确定朝向正东，由罗盘二十四方位得知，坐山为正西，即西山卯向。

（2）依据八卦纳甲法，确定房屋坐山所属的卦。由纳甲法得知，坐西山的房屋属兑卦。

（3）据尺白口诀推衍出尺白数。由尺白口诀，天父卦兑卦由贪狼星起算一尺，地母卦兑卦由武曲星起算一尺，再以所对应的吉凶，便得出尺单位的吉利数了。推算结果见表8-4（其中注“○”者所对应的尺数即为吉利数）。

表8-4　酉山卯向尺白吉利数（单位：尺）

九星	贪狼 ○	巨门 ○	禄存	文曲	廉贞	武曲 ○	破军	左辅 ○	右弼 ○
天父卦	1 10 19	2 11 20	3 12 21	4 13 22	5 14 23	6 15 24	7 16 25	8 17 26	9 18 …
地母卦	5 14	6 15	7 16	8 17	9 18	1 10 19	2 11 20	3 12 21	4 13 …

寸白是以九星图中所配的九色（九星）来推算的。九星即“一白二黑三碧四绿五黄六白七赤八白九紫”。堪舆家以它们的形态和次序来配五行。九星中有四吉，余为凶（表8-5）。寸白天父卦、地母卦就是依这九色而定的。

表8-5　寸白九星及其五行属性

顺序	1	2	3	4	5	6	7	8	9
九星	白	黑	碧	绿	黄	白	赤	白	紫
五行属性	水	土	木	木	土	金	金	土	火
吉凶	大吉	凶	凶	凶	凶	大吉	凶	大吉	次吉

同尺白一样，寸白也需要与房屋的坐向配合推算寸白值。但在寸白九星与八卦的组合中，以九配八，有一星无法与卦相配，所以寸白口诀中天父卦减去了一白，地母卦减去了九紫。寸白口诀见表8-6。

表8-6 寸白口诀

天父卦	乾四绿震七赤	兑五黄坎二黑
	离八白坤三碧	巽九紫艮六白
地母卦	乾一白离二黑	震三碧兑四绿
	坎五黄坤六白	巽七赤艮八白

与尺白同理，天父卦、地母卦寸白口诀的含义是指出某卦的“一寸”所对应的紫白色，然后依据紫白九星的排列顺序依次推衍出二寸、三寸、四寸……九寸各自对应的星。以寸白九星的吉凶，就可得出初步的吉利寸值了（表8-7）。

兹举例说明寸白与卦的配合，以及吉凶尺度的得出。

（1）假定房屋朝向正南，则坐山为正北，即子山午向；

（2）依八卦纳甲法口诀，得知坐子山的房屋属坎卦；

（3）由寸白口诀可知，天父卦坎卦由二黑起算一寸，地母卦坎卦由五黄起算一寸，并由所对应的吉凶星得出可用的吉利数值，即寸白值。

表8-7 子山午向寸白吉利数（单位：寸）

紫白	一白 ○	二黑	三碧	四绿	五黄	六白 ○	七赤	八白 ○	九紫 ○
天父卦		1	2	3	4	5	6	7	8
	9	…							
地母卦					1	2	3	4	5
	6	7	8	9	…				

如此推算出的尺白、寸白吉利数只是初步的推算，它还要以九星的五行属性（已转换为尺度的五行属性）与房屋朝向的五行属性相配合，看其五行生克关系如何，方能最后确定出直接用于建筑尺度上的具体尺寸值。

3 传统建筑方位

确定建筑的朝向是件十分重要的事情，它不仅要考虑气候、日照和环境，还要涉及文化方面的因素。在古代，确定建筑的朝向是一项很复杂而讲究的工作。

中国地处北半球中纬度和低纬度地区，由这种自然地理环境所决定，房屋朝南可以冬季背风招阳，夏季逆风纳凉，所以中国之房屋基本以南向为主。不仅如此，在这个地理环境中产生的中国文化也具有"南面"的特征。"南面"成为构成中国整体文化的一个因素。在某种意义上甚至可以说，中国文化是"南面文化"，具有方向性和空间感。如中国古代天文学中的天文星图的方位坐标，就是以南面"仰观天文"而绘；中国古代地理学中早期地图的绘制，一般是上南下北，左东右西，与今之地图方位坐标恰好相反，其亦是南面"俯察地理"而得。更有甚者，历代帝王的统治权术被称为"南面之术"。《易经·说卦传》说："圣人南面而听天下，向明而治。"《礼记》说："天子负扆南向而立。"孔子说："雍也，可使南面。"（《论语·雍也》）意思是说他的学生冉雍可以做大官。可见，南面就意味着皇位官爵与权力的尊严，所以古代天子、诸侯、卿大夫等坐堂听政都是坐北向南，于是历代的都城、皇宫殿堂、衙署均是南向的，结果使建筑的朝向也拥有了文化的内涵。

人们生活生产的需要始终是促进技术发展的动力。制定历法、兴修水利、通达衢道、建筑土木等都需要测定方位的技术。我国自先秦以来就形成了许多测定方位的技术，这在先秦以来的文献中就有不少记载。《诗经·公刘》说："既景乃冈，相其阴阳。"《诗经·定之方中》说："定之方中，作于楚宫，揆之以日，作于楚室。"考古发掘资料也证实先秦及至以后的宫寝都城等，都是以南向作为主要朝向的。历代大型陵寝也多以南向为主。建筑群体的主要中轴线往往就是南北中轴线。建筑方位的确定历来是统治者关心的大事，《周礼》说："惟王建国，辨方正位。"把重要建筑的方位的偏正与否，看成是国家大事。历代堪舆家对建筑方位更是重视，《管氏地理指蒙》说："卜兆乘黄钟之始，营室正阴阳之方，于以分轻重

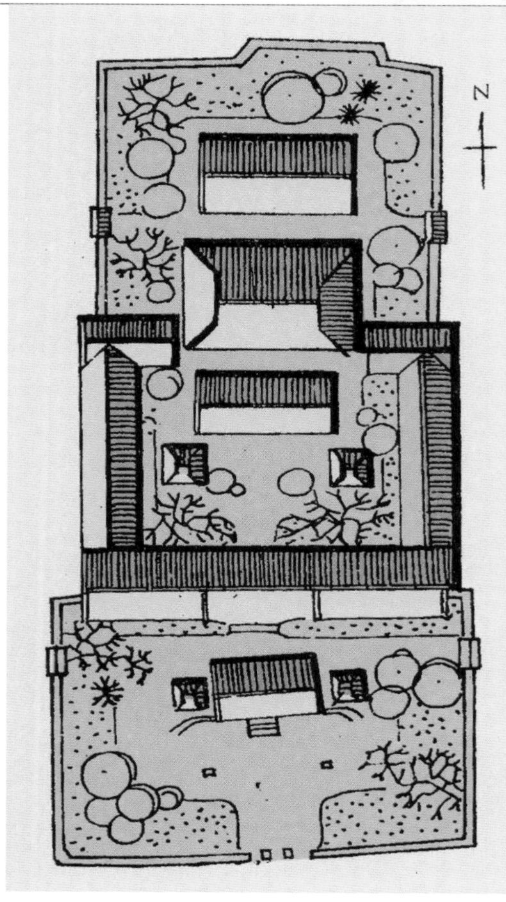

图8-7　广州南海神庙示意图

之权……生者南向，死者北首。”又说：“卜兆营室二事，一论山，一论向，为堪舆家第一关键。”他们认为建筑的方向应与宇宙阴阳之气相协和。这些思想导致了建筑朝向超功利的观念性和复杂性的出现。

我们在传统建筑的调查中了解到，中国传统建筑对方位是非常讲究的，一般少为人知。简单介绍如下。

（1）“天子当阳而立，向明而治。”所以宫殿等皇家主要建筑和州府县官署衙门一般取正南向，坐北朝南取子午线向。其早期建筑是以地理子午线而定的，而后期建筑多是用磁罗盘而定向的，如明清北京故宫的南北中轴线就是以地磁子午线（罗盘指南针）确定南北向的，它南有午门，北有神武（玄武，子）门。

（2）寺庙道观一般以南向为主，兼有其他朝向者（环境为影响朝向的一大因素，全世界的伊斯兰教清真寺大殿都取背向圣地麦加，在中国则为东向）。其主要殿堂，如佛教中的大雄宝殿，道观中的三清殿、玉皇殿，孔庙学宫中的大成殿等常以东南西北四正作为朝向（大成殿常取南向），即子午卯酉向；而其中的山门、天王殿、钟鼓楼、配殿等次要殿堂则不得朝向四正方向，而是微偏于四正少许或几度。

寺庙道观朝向之所以这样规定，是与所奉祀的主神有关。地位较尊高的神祇，亦即所谓德行修养很高的圣人或神人，如玉皇大帝、三清大士、观世音、释迦牟尼、孔子等塑像所居的殿堂才能取四正方向。而供奉一般小神，如四大天王、关帝、灶君、弥勒佛或地方神的次要殿堂或民间杂祠淫祀建筑朝向概不可坐正向。实际情况有两种：一种是次要殿堂朝向微偏于主要殿堂，一种是次要殿堂与主要殿堂虽然朝向相同，但建筑中轴线不重合，而是平行错开。这就是许多古代寺庙中各单体建筑方位相偏斜或轴线平行相错的原因之一。山西大同的华严寺，苏州寒山寺的山门、天王殿和大雄宝殿的轴线就是平行错开的。广州南海神庙的主次殿堂和头门、仪门轴线则有较明显的偏斜（图8-7）。而大多数情况下因偏角仅有二三度或轴线相错仅几十厘米，所以一般不易为人们肉眼察觉。

同时唐代以后由于罗盘的广泛应用，寺庙的朝向多取二十四山正向或相邻两山向中间，所以出现其朝向为“空亡”、“龟甲”的现象。

（3）民居为生活和气候相协调的需要，常取南向或偏南向。古代中国人认为，普通老百姓的德行修养是远远不能与圣人或神人相比拟的，所以民居不得朝向四正方向，而是多取以二十四方位罗盘定向的除四正方向外的其他方向，并且常用两分位之间的方向作为房屋的朝向，否则认为“煞气”太重，心理难以承受（表8-8）。而由于罗盘七十二龙的应用和五行三合理论的推行，民间建筑大多取“旺”、“相”的方位。

建筑朝向上的这些讲究，实际上是人类自然崇拜及封建社会等级制度、礼制观念在建筑设计上的双重反映。四正方向在生产生活中的巨大作用，使得其同物质形态的高山大海一样被人崇敬，而将它们和无所不能的神祇联系起来，认为只有德行较高的人或神才能与天地自然并驾齐驱。这既表现了人们对大自然和神祇的尊敬和畏惧，又表现了封建礼制的影响之深广，连建筑朝向也打上了礼制等级次序的烙印。

选址时考虑环境方向、形式的需要，方向和形式要统筹兼顾，有时形式比朝向更为重要。而堪舆家为了进行阴阳术数推算，把二十四方位也配以五行（图8-8），结果使建筑的朝向也具备了五行的属性。

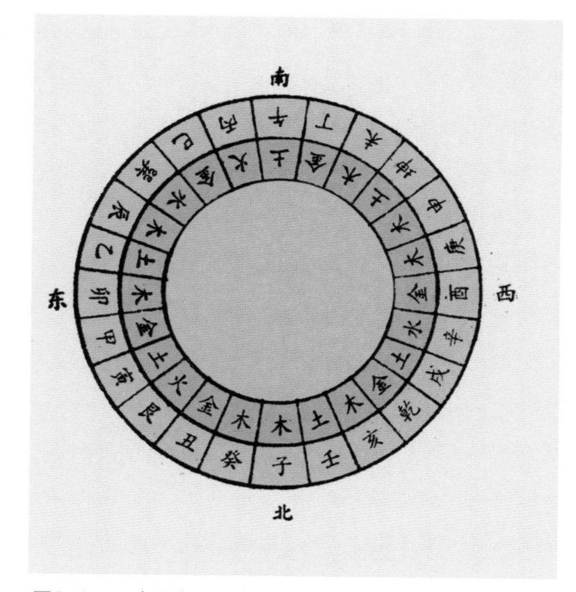

图8-8　二十四向配五行

表8–8 部分古建筑朝向实测数据

建筑名称	山 门	前 殿	大 殿	后 殿
广州南海神庙	偏东7°	正南	南偏西2°	南偏西3°
福建永定张氏祠堂			南偏西18°	
潮州韩公祠			西偏南8°	
潮州开元寺	南偏西6°	南偏西5°	正南	南偏西3°
潮州许驸马府			南偏东8°	南偏东6°
杭州岳王庙			南偏西25°	
苏州报恩寺	南偏东10°	（塔）南偏东5°	南偏东5°	南偏东10°
苏州西圆寺		南偏西3°	正南	
大同华严寺	东偏南6°	东偏南4°	东偏南4°	

注：此表数据为笔者实测，与上文中所述建筑方位略有差异，原因有三：①地磁极不断移动（以指南针测定）；②测量不精确；③历代重建变动。

4 传统建筑用尺

压白尺法是与木工用尺有密切关系的，所以有必要把中国传统建筑用尺作一番介绍。

众所周知，公元前221年秦始皇统一六国后，所做的第一件事就是统一文字，统一度量衡。度量衡的问题从古至今一直是一个国家发展和稳定经济所必须注重的大事。当年王莽变法失败的一个重要原因就是度量衡标准的紊乱。建筑设计主要和度量衡中的“度”有关，自然，我们这里讨论的重点也是传统建筑所用的尺度。

中国古代的度，有以下几个特点：

（1）历代皇帝每立位登基，均重整度量衡，致使历代“度”的绝对值有差别。

（2）黄钟吕律之说，是我国度量衡定制的基本所在。

（3）对于不同的丈量对象，存在着不同的度。如就尺来讲，就有标准尺（法定黄钟尺）、营造尺、帛布尺、天文尺等几种。

（4）从夏商至明清，历代的尺度绝对值有增大的趋势，这主要是因经济发展和封建社会的剥削制度所造成的。

中国历史上的度有多种单位，如寻、仞、步、丈、尺、寸、分等，但以尺为常用基本单位。其尺制有以下三个系统：

（1）律用尺或法定尺（标准尺）是考黄钟吕律而定，为历朝的定制。

（2）木工尺或营造尺，本于律尺，用于造车、制造农具及建筑营造。自周代始，建筑事业开始发展，大兴土木之风渐盛，于是形成了木工建造用尺之系统。因称周之公输班（鲁班）为木工之祖，故木工尺又称为“鲁班尺”。

（3）帛布尺，又称裁缝尺或裁尺，其本于律尺，非历代相承，久而失其标准，成为另一尺度系统。

这里我们仅涉及与建筑有关的木工尺。对此，前人已有不少研究成果。吴承洛先生在《中国度量衡史》中说：“营造用尺即凡水工、刻工、石工、量地等所用

图8-9　开元通宝

之尺均属之，通称木尺、工尺、营造尺、鲁班尺等。”古之尺的分度也有所不同，有的以八寸为尺，有的以九寸为尺，但以十寸为尺最常见。明代科学家朱载堉说：

夏尺八寸，均作十寸，即周尺也。夏尺一尺二寸五分，均作十寸，即商尺也。商尺者，即今木匠所用曲尺。盖自鲁班传至于唐，唐人谓之大尺，由唐至今用之，名曰今尺，又名营造尺，古所谓车工尺（《律学新说》）。

据前人考证：

（1）夏尺：唐黍尺，即唐小尺（法定尺），为开元通宝平列十枚。开元通宝直径=2.469厘米，唐小尺=2.469×10=24.69厘米。

（2）商尺：唐营造尺，即唐大尺，为开元通宝平列十二枚半。唐大尺=2.469×12.5=30.8625厘米（图8-9、图8-10）。

这便是唐代的营造用尺长度。

清康熙《律吕正义》定法：

纵累百黍为营造尺，横累百黍为律尺，营造尺八寸一分，当律尺十寸，营造尺七寸二分九厘，即律尺九寸，为黄钟之长。

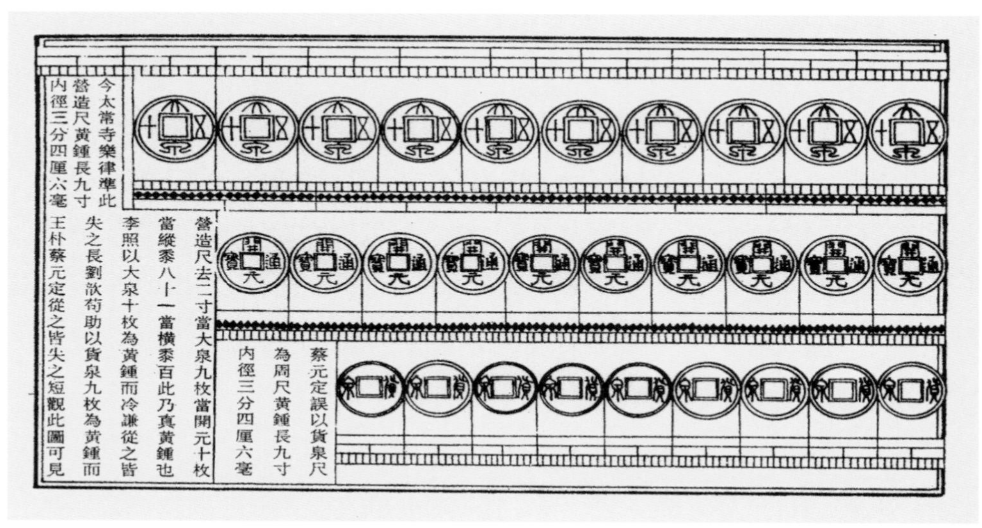

图8-10　排钱尺（自吴承洛《中国度量衡史》）

清末规定，营造尺一尺合今市尺九寸六分，即清营造尺=9.6×100÷3=32厘米。自汉代以后，营造尺均为十寸尺。关于营造尺，吴承洛先生又说：

木工尺最初之标准，一本虞夏古黄钟律尺之制，其几全不受历代定制之影响。考其因，盖由于木工为社会自由职业，而在中国，又系师传徒受，少受政治战乱之影响，木工尺之度，即其相传之制也。木工尺标准之变迁，自古以来只有一变。韩苑洛《志乐》："今尺，惟车工之尺最准，万家不差毫厘。昔鲁公欲高大其宫室，而畏王制，乃增时尺，召班授之，班知其意，乃增其尺，进于公曰：'臣家相传之尺，乃舜时用度之尺，乃以其尺为之度。'"木工尺本为舜时用度之尺，即夏横黍百枚古黄钟律度之制。至周时鲁班增二寸以为尺，乃合商十二寸为尺之制，即合夏之一尺二寸五分，……木工尺自是一变，相传而下，从无变更。（《中国度量衡史》）

实际上，各地所用木工尺亦有长短之差，其原因可能为制造不精、日久磨损、传递之误。我们通过大量的调查，了解到地方木工尺的长度绝对值相差不大，证明上说似有道理，不过这也与中国长期的大一统中央集权制有关（表8-9）。

营造尺是以十寸为一尺的。木工尺本于营造尺，亦是十寸尺。营造尺是官方工部颁布的营造用尺，木工尺则是民间木工匠师用尺，二者并无根本差异。为了使用的方便，木工尺常做成L形，称为"曲尺"（营造尺是直尺的形式）。曲尺两边夹角为直角，此即古代所谓的"矩"。曲尺短边长一尺，长边各地不等，有长达二尺者，一般按"方五斜七"定长度（图8-11）。

图8-11　木工曲尺

表8-9 各地木工尺调查（单位：cm）

地方	尺长	地方	尺长
苏州	27.50	济南	30.30
杭州	27.80	△沈阳	31.37
上海	28.27	△长春	31.47
广州	28.33	太原	31.60
厦门	29.40	大同	31.60
莆田	29.40	△成都	31.80
潮州	29.70	△西安	32.00
福州	30.00	北京	32.00
泉州	30.00		

注：调查时间为1986年6~10月，注△者采自吴承洛《中国度量衡史》。

除了十寸制营造尺、曲尺用于建筑设计外，在民间还流行一种专门设计门窗的用尺，即“门尺”，又叫“门光尺”。南宋陈元靓《事林广记》和《鲁班经》中称为鲁班尺，因尺分作八寸，每寸上标有一个吉凶字，共有八个字，又称为“八字尺”（图8-12）。

《事林广记》别集卷六算法类鲁班尺条载：

鲁班即公输班，楚人也。以官尺一尺二寸为准，均分八寸，其文曰财、曰病、曰离、曰义、曰官、曰劫、曰害、曰吉，乃北斗中七星与辅星主之。用尺之法，从财字量起，虽一丈十丈皆不论，但与丈尺之内取吉寸用之；遇吉星则吉，遇凶星则凶，亘古及今，公私造作，大小方直，皆本乎是，作门尤宜子（仔）细。

明代《鲁班营造正式》与清代《鲁班经》也均有记载：

鲁班尺乃有曲尺一尺四寸四分，其尺间有八寸，一寸准曲尺一寸八分；内有财、病、离、义、官、劫、害、吉也。凡人造门，用以尺法也。

按上述，以明营造尺=32厘米算之，鲁班尺（八字尺）=1.44营造尺=1.44×32=46.08厘米，鲁班寸=1.8营造寸=1.8×3.2=5.76厘米。

门尺是八寸为一尺的进位尺制，此种进制古已有之。汉代有八进制，八寸为一尺，八尺为一丈。男子身高八尺，人称“丈夫”。古代测日影的表高定为八尺，相

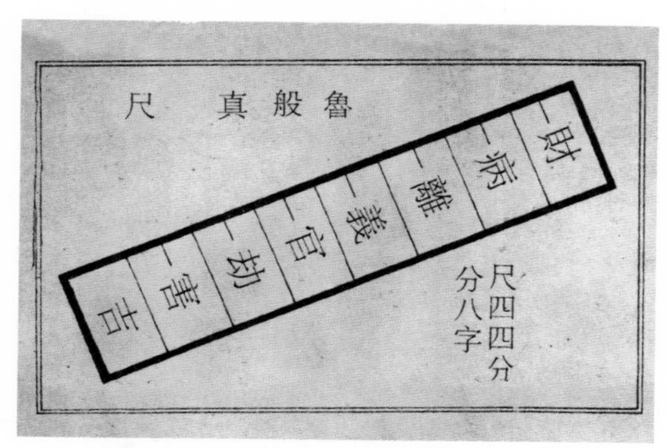

图8-12 《鲁班营造正式》所载八字尺图

当于一人高，可能也与此有关。北京故宫博物院收藏的一把门尺，尺分八寸，尺长46厘米，与上面46.08厘米的推算值是吻合的，可见古籍所说是可信的。故宫门尺的两个大面均分为八格，二面格中分别写有：

正面：

财木星　病土星　离土星　义水星

官金星　劫火星　害金星　吉金星

背面：

贵人星　天灾星　天祸星　天财星

官禄星　独孤星　天贼星　宰相星

看来，宋明清门光尺是大致相同的，其差别主要在尺上所标注的字不同，但吉凶含义仍是一致的。八字尺的吉凶与八卦九星也有着密切的关系。有的门尺吉凶字直接用堪舆星名来定；有的则在每字档间或尺的侧面标注吉凶事例及黄道吉日或忌日等（图8-13）。

《鲁班经》又说：

惟本门与财门相接最吉，义门惟寺观学舍义聚之所可装，官门惟官府可装，其

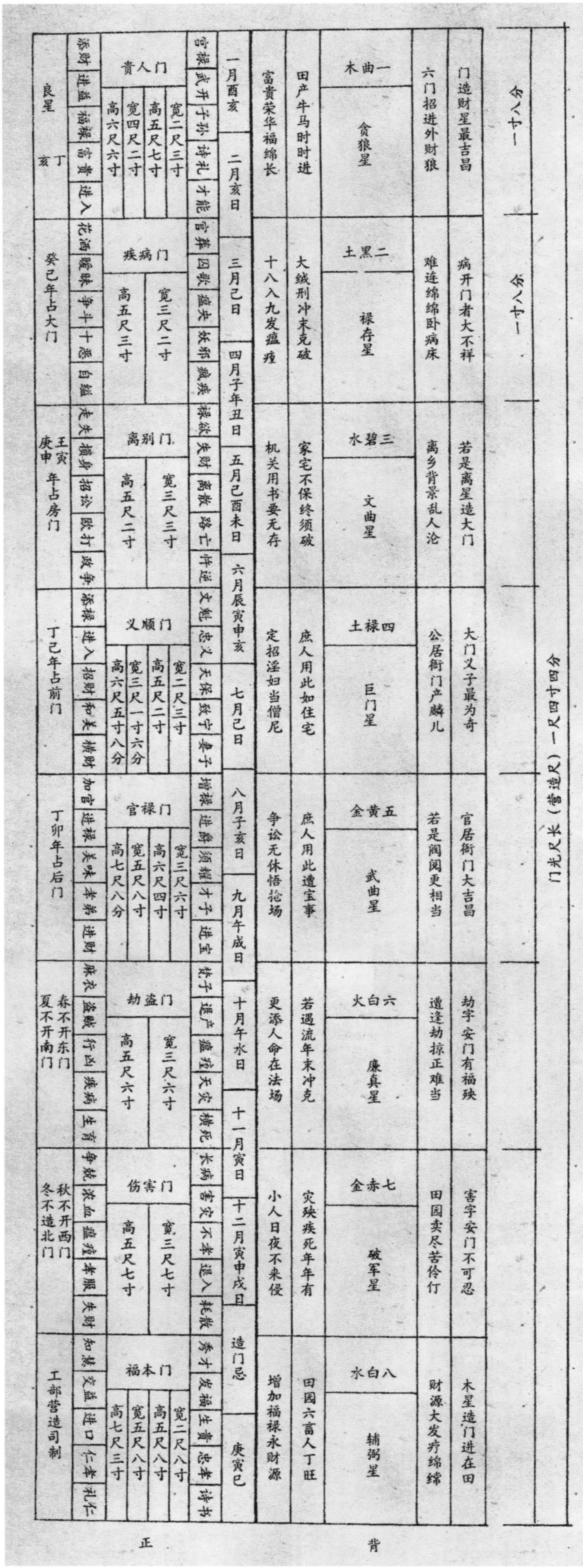

门	尺寸	字（一）	字（二）	月日	诗（一）	诗（二）	星	诗（三）	诗（四）	附注
贵人门	宽二尺三寸；高五尺七寸；宽四尺二寸；高六尺六寸	添财、进益、福禄、富贵、进入	宫禄、武开、子孙、诗礼、才能	一月酉亥；二月亥日	富贵荣华福绵长	田产牛马时时进	木曲一 贪狼星	六门招进外财狼	门造财星最吉昌	良星 丁亥
疾病门	宽三尺二寸；高五尺三寸	花酒、暧昧、争斗、十恶、自缢	官葬、囚歌、瘟夹、妖邪、疯疾	三月巳日；四月子年丑日	十八入九发瘟痘	大绒刑冲末克破	土黑二 禄存星	难连绵绵卧病床	病开门者大不祥	癸巳年占大门
离别门	宽三尺三寸；高五尺二寸	走失、损身、招讼、殴打、政争	禄欲、失财、离散、路亡、忤逆	五月巳酉未日	机关用书要无存	家宅不保终须破	水碧三 文曲星	离乡背景乱人沦	若是离星造大门	壬寅 庚申 年占房门
义顺门	宽二尺三寸；高五尺二寸；宽三尺一寸六分；高六尺五寸八分	添禄、进入、招财、和美、横财	文魁、忠义、天保、致宁、桑子	六月辰寅申亥；七月巳日	定招淫妇当僧尼	庶人用此如住宅	土禄四 巨门星	公居衙门产麟儿	大门义子最为奇	丁巳年占前门
官禄门	宽三尺六寸；高六尺四寸；宽五尺八寸；高七尺八分	加官、进禄、美味、孝弟、进财	增禄、进爵、须翻、才子、进宝	八月子亥日；九月午戌日	争讼无休悟论场	庶人用此遭宝事	金黄五 武曲星	若是阀阅更相当	官居衙门大吉昌	丁卯年占后门
劫盗门	宽三尺六寸；高五尺六寸	麻衣、盗贼、行凶、疾病、生育	桂子、退产、瘟痘、天灾、横死	十月午水日	更添人命在法场	若遇流年末冲克	火白六 廉贞星	遭逢劫掠正难当	劫字安门有福殃	春不开东门 夏不开南门
伤害门	宽三尺七寸；高五尺七寸	争兢、流血、瘟痘、孝服、失财	长病、害灾、不孝、退入、耗散	十一月寅日；十二月寅申戌日	小人日夜不来侵	灾殃疾死年年有	金赤七 破军星	田园卖尽苦伶仃	害字安门不可忍	秋不开西门 冬不造北门
福本门	宽二尺八寸；高五尺八寸；宽五尺八寸；高七尺三寸	知谋、交益、进口、仁孝、礼仁	秀才、发福、生贵、忠孝、诗书	造门忌 庚寅巳	增加福禄永财源	田园六畜人丁旺	水白八 辅弼星	财源大发疗绵绵	木星造门进在田	工部营造司制

一寸八分　一寸八分　一寸八分　一寸八分　一寸八分　一寸八分　一寸八分　一寸八分

门光尺长（营造尺）一尺四寸四分

正　　背

图8-13　清工部营造司制门光尺（据《古建园林技术》）

余民俗只装本门（即吉门）与财门。

门光尺中“财、义、官、本”为四吉，余为凶。按《鲁班经》的说法，民居中最常用的是吉字，其次是财字。大门尺寸不可合官字；房门尺寸不可合义字。无论如何，门窗的高宽尺寸要恰好压在吉利字上为好，这样以门光尺裁断出来的门尺寸称为“吉门口”。门光尺的运用也是以门为主要对象的。

清工部《工程做法则例》卷四十一“装修做法”中，就开列出124种按门光尺裁定的门口吉利尺寸，自二尺一分至最大十一尺六寸不等，分为“添财门”、“义顺门”、“官禄门”、“福德门”（即吉或本门）四组，都是依据清代工部“营造司”的门光尺选定的。这些尺寸成为量架定高，棋盘门等各种门口高宽尺寸的规格程式。经过多年实践，古建筑的门窗及槛框尺寸与建筑物的整体形成了恰当的比例关系，并可根据建筑的不同性质选用门窗的尺寸。

《阳宅十书》鲁班尺一节中讲：“（鲁班尺）非止量门可用，一切床房器物但当用此，一寸一分，灼有关系者。”其意门光尺不仅可用于门窗设计，还可用于房屋、家具设计。实际调查中了解到，门光尺还是主要用于门窗尺寸的设计，但是却不一定使用八字尺，有的地方只是在曲尺上面按门光尺为1.44倍曲尺的比值数据推算使用而已。

以尺白、寸白的压白尺法确定的梁架尺寸中，门楣的高度要符合门光尺的吉利数，否则要重新调整梁架高度。这里存在着一个曲尺与门光尺的谐调关系，我们在后面再详谈。传统建筑用尺，除了已经讲到的营造尺、压白尺、门光尺外，在民间还有“季房尺，（又称子房尺）、“九天玄女尺”和“丁兰尺”等，因为这些尺法的使用是少量的，这里不再作介绍。

需要说明的是，建筑的户门是内外出入的主要通道，根据生产、生活的实际需求而规定相应的宽高尺寸，以出入便利实用、居室门户安全为主，起初是不含任何神秘意义的。古代经验丰富的匠师对于门户堂途的设计是很重视的，在民间匠师中流传着一句话说：“门宽二尺八，死活一齐搭。”以八字尺算来，二尺八是属于本字吉利门口，但这句话仍告诉人们：门口宽度实际上是依据婚丧嫁娶所用的轿舆或棺椁宽窄及家具什物的宽窄尺寸为准的。至于门尺的吉凶观念及其推算方法则是阴阳术数好事者的画蛇添足。但由于吉门口的尺寸个数足够多，也能满足各种门尺寸的制定。实用与吉凶观念统一起来而逐渐为人们所接受，长期运用便形成了一系列的定制。

5　压白尺法的主要控制尺度

在前面，我们已经推算出了建筑可用的初步吉利尺寸，但建筑可用尺寸的最后确定则是以建筑方位和初步尺寸各自的五行属性的生克关系为依据的。

由二十四方位的五行属性（表8−10）和建筑的方位，就可推知建筑朝向坐山的五行属性。该五行属性具有双重作用：一是作为建筑方位的五行属性；一是作为确定吉利尺寸的重要依据。尺寸的五行属性是依据堪舆九星和九宫九星的五行属性推知的（表8−11）。为叙述的方便兹再录于此：

表8−10　二十四方位的五行属性

乾甲属金　坤乙属土	艮丙属火　巽辛属水
坎子癸申辰属木	离午壬寅戌属土
震卯庚亥未属木	兑酉丁巳丑属金

表8−11　尺单位的五行属性

九星	贪狼	巨门	禄存	文曲	廉贞	武曲	破军	辅	弼
五行	木	土	土	水	火	金	金	木	木

尺寸的五行属性必须与房屋方位的五行属性相配合，方能确定最终定论的吉利尺寸。但是，方位五行与尺寸五行两者的地位并非对等，而是以方位为主，尺寸为次，所以房屋方位的变化决定着尺寸的变化，两者并循着五行生克的原则进行推论。

假定以A代表方位，B代表尺寸，那么AB两者的五行属性配合原则见表8−12。

表8-12　方位（A），尺寸（B）生克原则

吉凶	AB生克关系
吉	比和——AB五行属性相同
	生入——B生A
	克出——A克B
凶	生出——A生B
	克入——B克A

今举例说明压白尺度的最后确定。由表8-7得知子山午向房屋的天父卦寸白初吉值为5、7、8、9寸，其五行属性分别为金、土、火、水。由方位的五行属性得知，子山属木，据方位和尺寸五行生克配合原则，便可得出最后可用吉利值为7寸、9寸两个值（表8-13）。

表8-13　子山午向天父卦最终寸白吉利值

初吉寸值	5	7	8	9
方位五行属性A	木	木	木	木
寸白五行属性B	金	土	火	水
AB生克关系	克入	克出	克入	生入
吉凶	凶	吉	凶	吉
最终吉寸值		7		9

但经过这样筛选后所决定采用的尺寸数量较少，限制太大，而且方位也较繁多，在使用上有诸多不便。我们在调查中了解到，在实际应用中，一般将最后五行生克这项省略，而直接使用初步尺白、寸白值就可以了。只有当可供选择的尺寸值较多且相近时，才以五行生克来确定。更有甚者，无需推算吉利尺寸，即不论房屋朝向如何，而直接取用一白、六白、八白、九紫所对应的1、6、8、9四个数值（图8-14）。

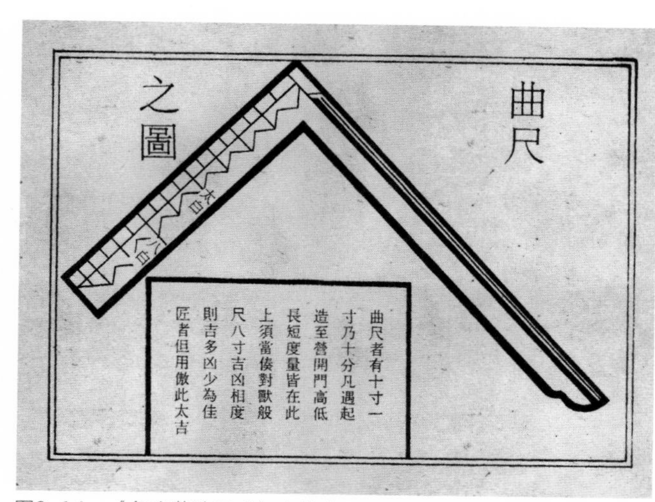

图8-14　《鲁班营造正式》中的曲尺图

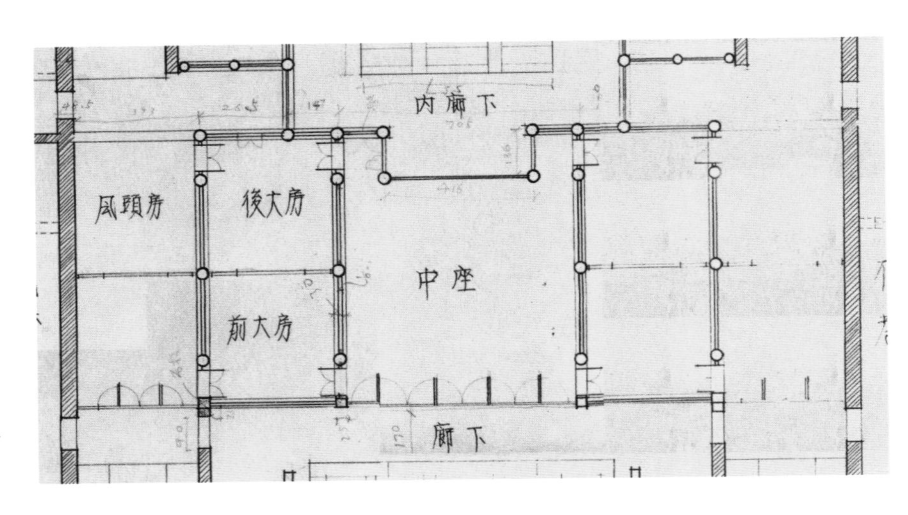

图8-15　潮州许驸马府中座平面（自《梓人绳墨》）

由压白尺法求出的吉利尺寸，并不是运用于建筑中的每一个尺度，而是主要用来控制或附会大木构架中的平面柱网尺度及高度等关键尺度。其主要控制尺度如下：

（1）脊栋高度，指室内地面到脊栋上皮的垂直高度。

（2）檐口高度，指檐椽底或飞椽底（近于滴水高）到室内地坪标高的垂直高度。

（3）面阔，指心间、次间、梢间等各间面宽的水平距离。如受地形或材料等因素影响不能全部满足时，则心间一定要“压白”，余可不必强求。

（4）进深，指建筑平面柱网进深方向各柱中心距的水平距离。

（5）上檐出，指前后檐柱中心至挑檐外沿椽头的水平距离。

（6）下檐出，指前后檐柱中心到台阶外沿的水平距离。

据实地调查，广东潮汕地区过去曾使用压白尺法建房。潮州许驸马府是一座大型府第式民居，经有关专家鉴定，其建筑至迟为明代中叶以前之原建物，后虽曾修缮，但平面、梁架并未变动（图8-15、图8-16）。许府中厅方位南偏东8°，壬山丙向，离卦。潮州地方木工尺 1 尺=29.7厘米。

许府实测尺寸及压白推算结果见表8-14。

图8-16　潮州许驸马府中座心间剖面（自《梓人绳墨》）

表8-14　潮州许府中厅尺寸及压白一览

	面宽			进深				檐高		脊栋高
	心间	次间	梢间	前下檐出	前堂	后库	后下檐出	前	后	
厘米	700	400	408	172	702	155	156	375	360	600
木工尺	23.5	13.5	13.7	5.7	23.7	5.2	5.2	12.6	12.1	22.2
尺白										
寸白	六白	六白	八白	八白	八白	三碧	三碧	四绿	八白	九紫
吉凶	吉	吉	吉	吉	吉	凶	凶	凶	吉	吉

由上例可以看出：

（1）主要尺度如脊栋高、面阔等均合吉利值；

（2）只用寸白，不用尺白。

在潮州的许多清代民居中，实测尺寸与压白尺法的使用是相吻合的。清中叶以后，压白尺法发展得更为完善。

同八字尺使用的道理一样，压白的控制尺度仅是一种表面附会而已。实际上，建筑的梁架高度及平面等关键尺度，则要根据建筑的使用功能、地形条件、备料情况，以及建筑的间架比例尺度、结构性能、举架技术等来决定。经过长期经验的积累，工匠使建筑设计的构架空间尺度、力学比例等与压白尺度在某种程度上吻合

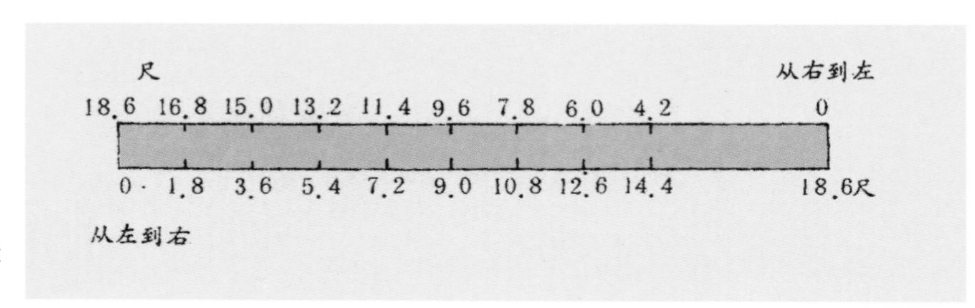

图8-17　潮州杖杆尺寸系列示意图（自《广东民居》）

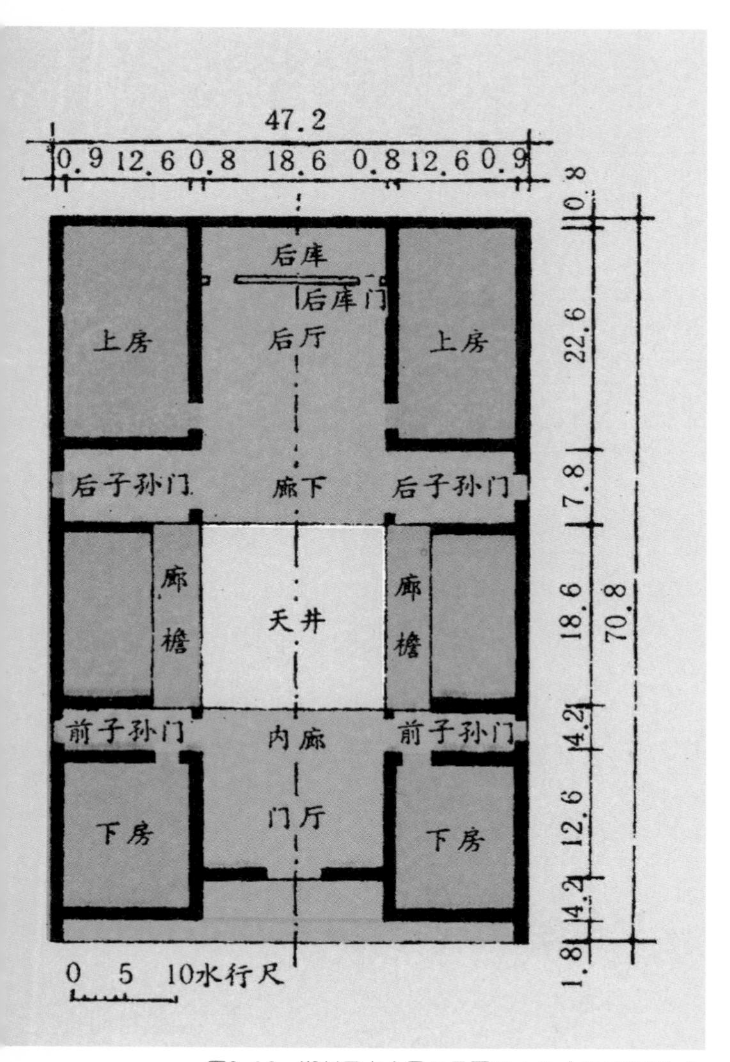

图8-18　潮州四点金民居平面图（自《广东民居》）

起来，使其具备了巧算简便的性质，形成了一个系统的建筑尺度体系，所以它能流传运用。这和《营造法式》的材分模数制有相同的意义，如潮州地区的杖杆法就是如此。

杖杆，是大木工匠进行房屋设计的工具，其形制各地不同，使用方法也不一样。杖杆法便是工匠用于房屋营建的设计及施工尺度确定的方法。潮州杖杆是长1.86丈的扁木杆，在杖杆的正背两个大面上，标有两个尺寸系列，尺寸系列数字组合原则是以1.8尺等差数列为关系，这些数字系列便是民居房屋设计中的主要控制尺寸（图8-17，图8-18）。杖杆数列的取值以1.8尺为等差模数，总长1.86丈，这些均与压白尺法中的一白、六白、八白有关联。1.8尺的数值恰是屋面两个瓦坑的宽度，而潮州的民居厅房面阔的大小差值，就是以两坑（两垅）来增减及确定规模的，这样就形成了一套完整、简洁而又严谨的系统设计方法。

6 压白尺法的源流

由上几节的内容可知，压白尺法基本上是属于堪舆学的范畴，是堪舆学中“理气”方面的一个组成部分，其中又糅入了木工匠师的一些营造技术。

压白尺法的基本理论所涉及的河图洛书、八卦、阴阳五行之说均起源于商周之际，而盛行于春秋战国、秦汉时期。作为技术方面的磁罗盘，汉代已萌芽，而太阳罗盘至少在唐代以前就已经应用了（图8-19）；磁罗盘至迟在宋代已开始使用。由此，可以推测压白尺法所涉及的理论依据和技术基础在唐代就具备了。根据建筑实测验证及堪舆术数书籍和其他史料记载，推测压白尺法约产生于宋初。

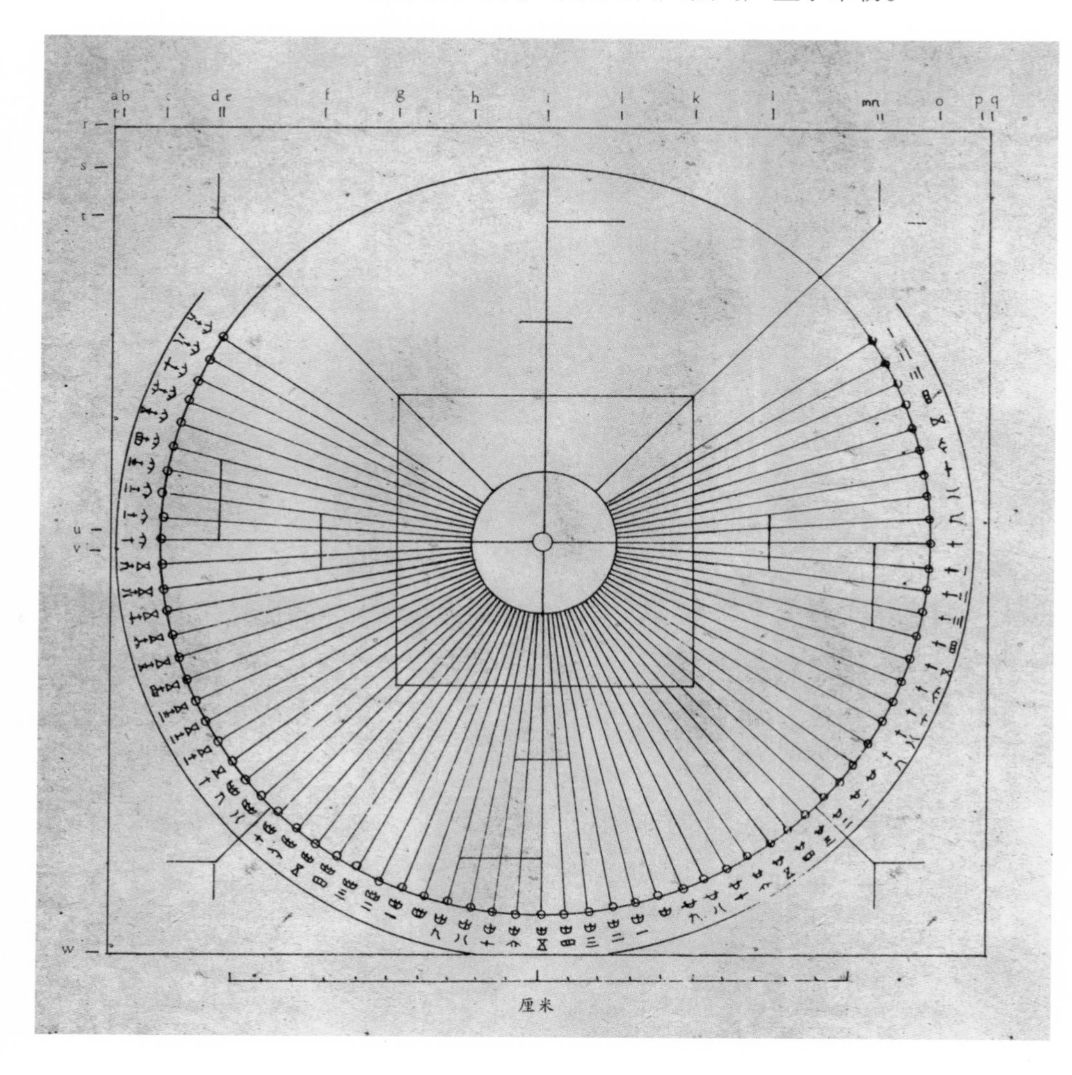

图8-19 汉代平面式日晷（太阳罗盘自《天文史话》）

陈元靓《事林广记》引《阴阳书》说：

一白二黑三碧四绿五黄六白七赤八白九紫，皆星之名也，惟有白星最吉。用之法，不论丈尺，但以寸为准，一寸六寸八寸乃吉，细合鲁班尺（门尺），更加巧算，参之以白，乃为大吉，俗呼之压白，其尺只用十寸一尺。

早期文献也只记述寸白而不见尺白，可见压白尺法中，寸白的用法较尺白为早且使用广泛，压白尺法的运用起初也并不像清代这样完善。

据调查，粤东、闽南、浙江、江苏、江西、安徽、台湾等地过去均使用过压白尺法来设计房屋，其空间流布范围很大，大致和宋代以后堪舆名流空间分布情况相一致。近代尚在民间流行使用的还有粤东、闽南、江浙等地。

《鲁班经》也记述了压白尺法。《鲁班经》是民间流传至今的一部民间木工行业的专业书。它的前身是明万历时著录于焦雄的《国史经籍志》中的《鲁班营造正式》。《鲁班营造正式》的一些内容可追溯到元代，成书大约为元末明初，渊源长达六七百年之久。书中的若干内容，是由当时流布于民间匠师之中的一些书籍、抄本、口诀加以搜集摘抄整理而成的。所以《鲁班经》与官修的《营造法式》和《工部工程做法则例》不同，其讲述了建筑设计的方法及施工程序，当然也夹杂了一些堪舆术数和厌胜禳解之类的迷信内容。

郭湖生教授指出：

《鲁班经》的主要流布范围，大致为安徽、江苏、浙江、福建、广东一带。现存的《鲁班营造正式》和各种《鲁班经》的版本，多为这一地区所刊印（天一阁本为建阳麻沙版，万历本刻于杭州）。此区的明清民间木构建筑，以及木装修、家具保存了宋元时期的手法特点；这一现象的地域与《鲁班经》流布范围恰相一致，不是偶然的。[①]

①郭湖生，鲁班经评述，《中国古代建筑技术史》，科学出版社，1985。

从这一带木构架建筑的结构与构造形式来看，也的确反映了上述事实。《鲁班营造正式》天一阁本的“七架之格”梁架图和清《鲁班经》的“九架格”图，均为穿斗式构架。前者外檐构造为穿斗构架结构而产生了“穿拱”、“插拱”构造形式（图8-20～图8-22），这种形式与北方木构架建筑的斗拱出挑檐口构造是大相径庭的。“穿拱”和“插拱”的构造形式，普遍地反映于浙江、江苏、安徽、福建、江

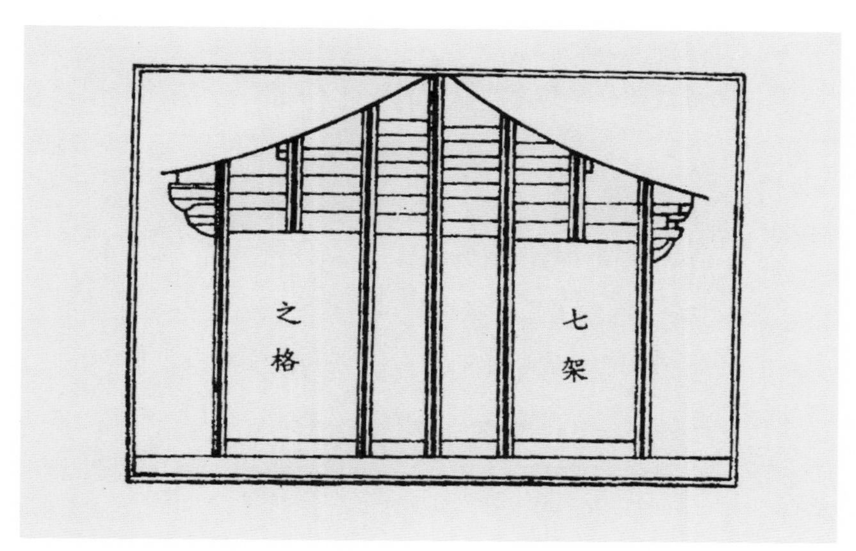

图8-20 《鲁班营造正式》七架格

图8-21 清《鲁班经》九架格

西、广东、广西、湖南、湖北、四川、贵州、云南、海南、台湾等地的木构架建筑中，属源于巢居的长江流域以南的干栏、穿斗结构体系。这种结构形式在长江流域以北地区则很少见到（图8-23）。

《鲁班经》把设计要求和施工程序列为书中的主要内容，在设计方面主要讲了鲁班尺（八字尺）及曲尺的用法以及掌握运用寸白及八字尺的原则。书中列举了一些建筑的常用数据，如表8-15所示。

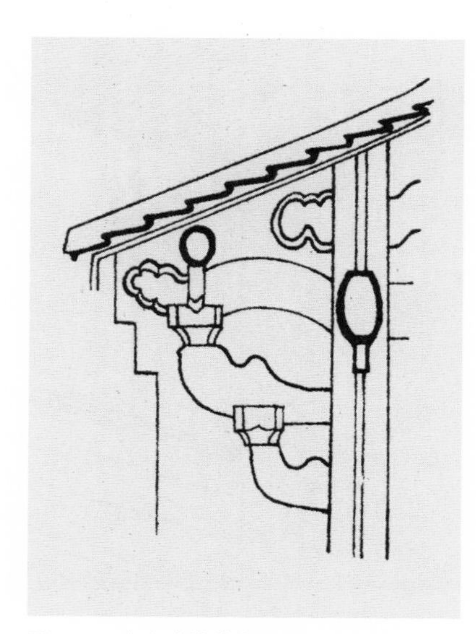

图8-22 南方建筑的穿拱、插拱构造形式

表8-15 《鲁班经》载建筑尺度（单位：营造尺）

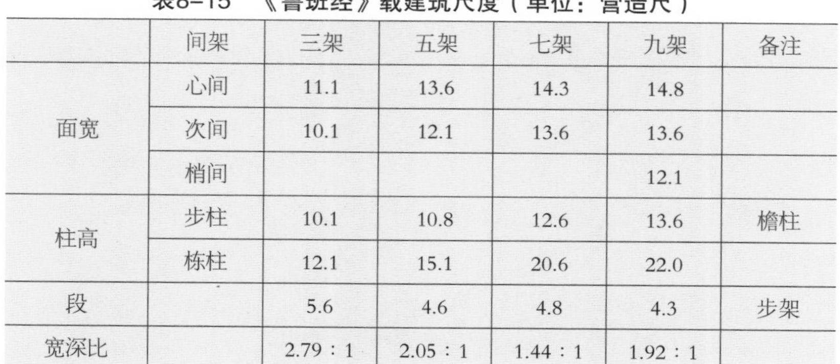

	间架	三架	五架	七架	九架	备注
面宽	心间	11.1	13.6	14.3	14.8	
	次间	10.1	12.1	13.6	13.6	
	梢间				12.1	
柱高	步柱	10.1	10.8	12.6	13.6	檐柱
	栋柱	12.1	15.1	20.6	22.0	
段		5.6	4.6	4.8	4.3	步架
宽深比		2.79：1	2.05：1	1.44：1	1.92：1	

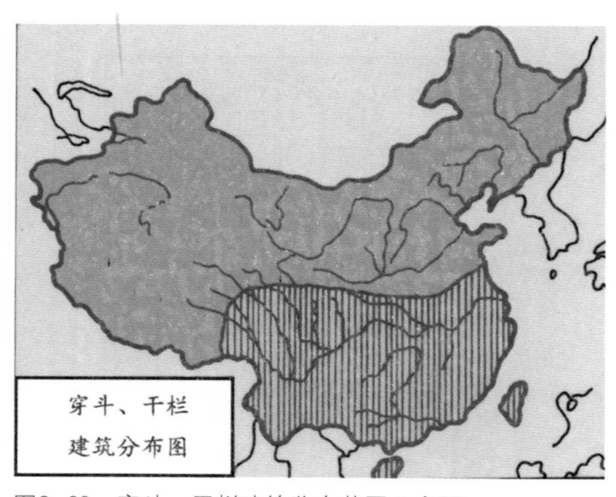

图8-23　穿斗、干栏建筑分布范围示意图

图8-24　《鲁班经》所载曲尺诗

从表8-15的数据中可以看到三个特点：

（1）尺寸几乎全合寸白吉利数，不用推算，直接取用，不用尺白；

（2）吉利数只用“1、6、8”，不用“9”；

（3）开间尺寸与柱高尺寸有一定的比例关系。

书中没有尺白方法，而房屋设计中整尺尺度是常用到的，有的版本将曲尺第十寸列为“十寸”，作为一个整尺的吉利数使用，其已有尺白的萌芽。有的版本将曲尺第十寸写为“一白”，其用意与“十白”相同，只是更符合九宫数罢了（图8-24）。

在讲到曲尺的使用时，《鲁班经》说：

曲尺者，有十寸，一寸乃十分，凡遇起造经营，开门高低长短，度量皆在此上，须当凑对鲁班尺寸，吉凶相度，则吉多凶少为良，匠者，但用仿此大吉也。

这里应注意的是，设计门的高宽（高低长短）时，曲尺要与鲁班尺（八字尺）合用，即将鲁班尺的吉利字与曲尺的紫白星相结合，这个匠师才能称为“良匠”。《鲁班营造正式》和《鲁班经》在“鲁班真尺”一条中开列出七种门的尺寸，八字尺和曲尺是完全吻合的（表8-16）。

表8-16 《鲁班经》所载吉门尺寸

门类	小单扇门	单扇门	双扇门	财门	双扇门	大双扇门	大双扇门
门宽尺寸（营造尺）	2.10	2.80	4.31	4.38	4.20	5.60	5.66
曲尺紫白	一白	八白	一白	八白	二黑	六白	六白
八字尺寸值	3.67	7.56	7.94	0.33	7.11	7.33	7.44
八字尺吉凶	义	吉	吉	财	吉	吉	吉（本）

表8-16反映出两点：（1）分单位也论压白，压白值直接取用1、6、8值，不用9。（2）尺寸多合门光尺的“吉”字。在书中所列的梁架尺寸中，曲尺和八字尺的配合则表明其尺寸与八字尺无关。

《事林广记》用尺定法说：

一寸合白星与财　六寸合白又合义

一尺六寸合白财　二尺一寸合白义

二尺八寸合白吉　三尺六寸合白义

五尺六寸合白吉　七尺一寸合白吉

七尺八寸合白义　八尺八寸合白吉

其曲尺与八字尺配合可用尺寸为：0.1、0.6、1.6、2.1、2.8、3.6、5.6、7.1、7.8、8.8、10.1……这样推算列表，应用时方便至极。

清人李斗著有《工段营造录》一书，原载《扬州画舫录》。书中装修做法部分讲到门尺的使用，又讲到曲尺及压白尺法，说：

匠者绳墨，三白九紫，工作大用日时尺寸，上合天星，是为压白之法。

书中只讲了寸白，且认为压白尺法作为匠者应掌握的一项

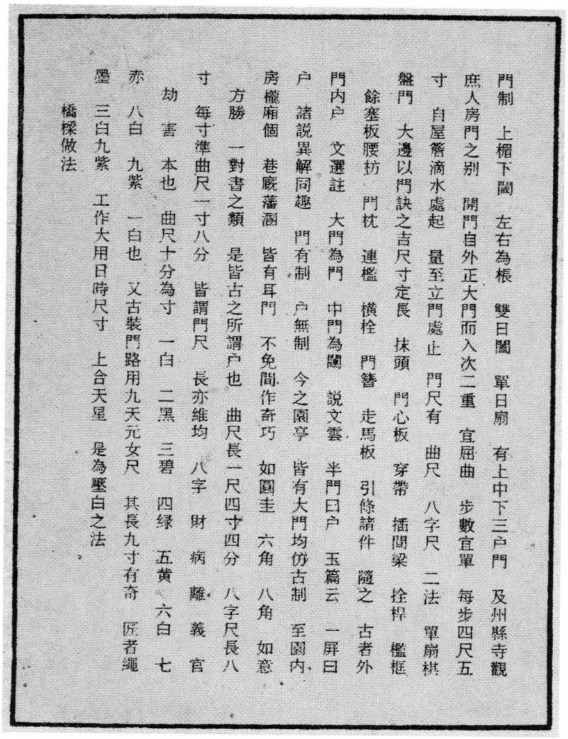

門制　上楣下閾　左右為棖　雙曰闔　單曰扇　有上中下三户門　及州縣寺觀
庶人房門之别　開門自外正大門而入次二重　宜屈曲　步數宜單　每步四尺五
寸　自屋簷滴水處起　量至立門處止　門尺有　曲尺　八字尺　二法　單扇棋
盤門　大邊以門訣之吉尺寸定長　抹頭　門心板　穿帶　插閂梁　拴桿　檻框
餘塞板腰枋　門枕　連楹　横栓　門簪　走馬板　引條諸件　隨之　古者外
門内户　文選註　大門為門　中門為闥　説文云　半門曰户　玉篇云　一扉曰
户　諸説異解同趣　門有制　户無制　今之園亭　皆有大門均仿古制　至園内
房櫳廂個　巷廄藩溷　皆有耳門　不免間作奇巧　如圓圭　六角　八角　如意
方勝　一對書之類　是皆古之所謂户也　曲尺長一尺四寸四分　八字尺長八
寸　每寸準曲尺一寸八分　皆謂門尺　長亦維均　八字　財　病　離　義　官
劫　害　本也　曲尺十分為寸　一白　二黑　三碧　四绿　五黄　六白　七
赤　八白　九紫　一白也　又古裝門路用九天元女尺　其長九寸有奇　匠者繩
墨　三白九紫　工作大用日時尺寸　上合天星　是為壓白之法
橋樑做法

图8-25 《工段营造录》载曲尺与八字尺

重要内容，被喻为“绳墨”（图8-25、图8-26）。

由上可见，压白尺法在明清之际是很流行的。在不考虑建筑的方位时便直接取用紫白数；在考虑方位时，就需要八卦纳甲的关键一步了。但是，压白尺法的演变已完全改变了《周易参同契》八卦纳甲的初衷。

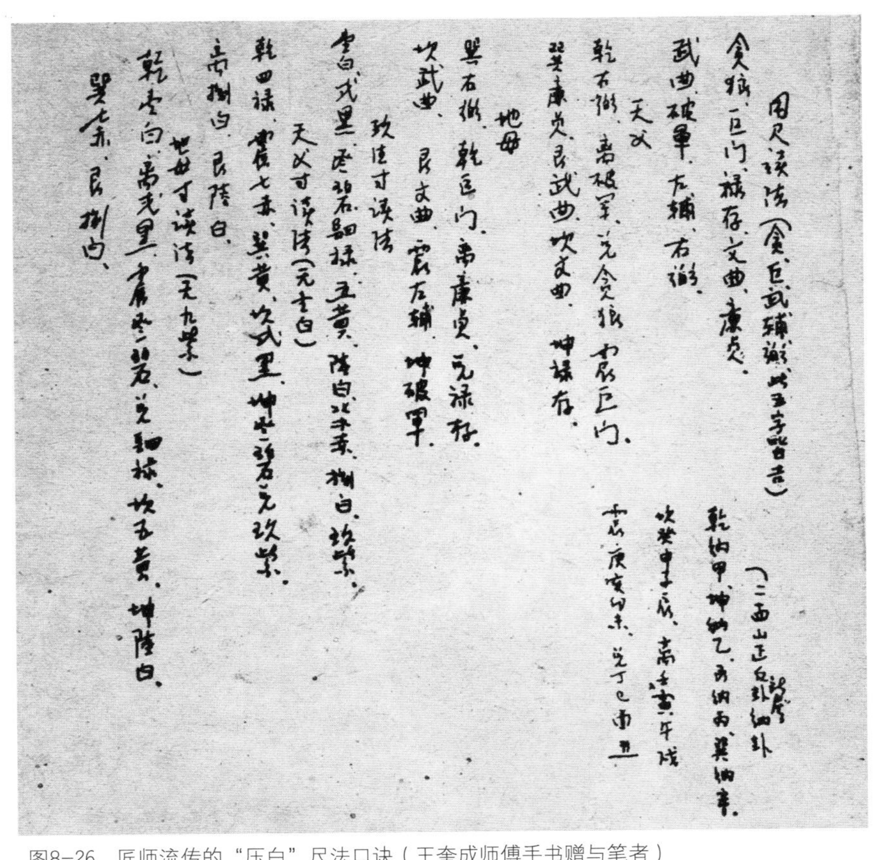
用尺读法（贪、巨、武、辅、弼，此五字皆吉）
贪狼、巨门、禄存、文曲、廉贞、
武曲、破军、左辅、右弼。
天父
乾右弼、离破军、兑贪狼、震巨门、
巽廉贞、艮武曲、坎文曲、坤禄存。
地母
巽右弼、乾巨门、离廉贞、兑禄存、
坎武曲、艮文曲、震左辅、坤破军。
玖佳寸读法
壹白、贰黑、叁碧、肆绿、五黄、陆白、柒赤、捌白、玖紫。
天父寸读法（元壹白）
乾四绿、震七赤、巽黄、坎贰黑、坤叁碧、兑玖紫、
离捌白、艮陆白。
地母寸读法（元九紫）
乾壹白、离贰黑、震叁碧、兑肆绿、坎五黄、坤陆白、
巽柒赤、艮捌白、
（二西山正卦纳卦）
乾纳甲、坤纳乙、艮纳丙、巽纳辛。
坎癸申子辰、离壬寅午戌
震庚亥卯未、兑丁巳酉丑

图8-26　匠师流传的“压白”尺法口诀（王奎成师傅手书赠与笔者）

结束语

在漫长的人类文明历程中，远逝了多少梦幻般的历史情景，然而传统建筑那残垣断壁的遗址，或巍巍雄踞的殿宇，却顽强地留下了深深的轨迹。从我们的祖先走出原始森林为生计所迫而四处觅食时，就同时开始了借以栖身的建筑活动。起初，他们借居于天然洞穴，后来便学会了掘穴构巢而居。到了仰韶文化和龙山文化时期，人们依靠氏族团体的力量，建筑起了今天高楼大厦的雏形——半穴居房屋。那是一种木骨泥墙、茅茨土阶的简陋住所，仅能满足人们对居住空间的最低标准要求——躲风避雨而已。

在同大自然的斗争中，人类文明逐步演进，社会组织日臻完善，营建技术日益提高。与此同时，人们的哲学思想、审美观念也日趋成熟。于是，建筑在与人类共生的过程中，便从单一的居住功能中脱胎出来，而与人类社会的政治、经济、军事制度、生产生活方式、哲学思想、伦理道德观念，甚至人们的情感喜好、风俗习惯再也没有分开。我国著名建筑史学家梁思成先生说："中国建筑之个性乃我民族之性格，即我艺术及思想特殊之一部，非但在其结构本身之材质方面而已。"（《梁思成文集》第三集）世界各国莫能出其右。在一个国家、一个民族的建筑风格的形成过程中，文化扮演了一个十分重要的角色，建筑遂成为人类文化的一种载体形式。在这个物质的实体中，总可透视出历代文化的精神气质和意蕴——时代、社会、国家和民族的政治、哲学、宗教、伦理、艺术、民俗等意识形态的内涵显现，所以那些现代考古学家、文化人类学家、历史学家们常利用考察一个历史时期的建筑形态，以在一定程度上了解当时当地社会的文明程度。也可以这样说，一部建筑史书就是一部简写的社会历史文化著作。

然而，时间的一维性决定了历史还要写下去。在现代建筑创作实践中，如何汲取消化我国古代建筑的精华，借鉴世界建筑文化的优秀理念与技术，古今相融，承前启后，东西贯通，兼容并蓄，推陈出新，创造出一个富有生命力的、具有中国特色或地域特色的新建筑文化，探索中国文化的建筑之"道"，依然是时代提出的课题。解决这个课题的方法之一，就是要把传统建筑放在历史、文化这个大背景中去分析研究，探讨它的设计指导思想、设计理论和方法，以及建筑理念与原形，而不仅仅是对其形式语言、现象的注重。如果研究透彻了这些问题，借之今天的科学技术和生活态度，我们会创作出更加优秀的设计作品。

我们有着历史悠久、内涵丰富的建筑文化、技术和艺术遗产。相信我们聪慧、豁达的中华民族不仅构筑了辉煌的昨天，而且也必定会建筑起更加灿烂的今天和明天。

参考文献

[1] 朱熹．周易本义[M]．上海：上海古籍出版社，1987.
[2] 冯友兰．中国哲学史新编[M]．北京：人民出版社，1984.
[3] 朱伯琨．易学哲学史[M]．北京：北京大学出版社，1986.
[4] 唐明邦，等．周易纵横录[M]．武汉：湖北人民出版社，1986.
[5] 林尹．周礼今注今译[M]．北京：书目文献出版社，1982.
[6] 礼记[M]．上海：上海古籍出版社，1987.
[7] 陈遵妫．中国天文学史[M]．上海：上海人民出版社，2006.
[8] [宋]．李诫．营造法式.
[9] 刘敦桢．中国古代建筑史[M]．北京：中国建筑工业出版社，1984.
[10] 贺业钜．考工记营国制度研究[M]．北京：中国建筑工业出版社，1985.
[11] 石汉声．农政全书校注[M]．上海：上海古籍出版社，1979.
[12] [明]．鲁班营造正式.
[13] [清]．鲁班经匠家镜.
[14] 李允鉌．华夏意匠[M]．香港：广角镜出版社，1984.
[15] 杨鸿勋．建筑考古学论文集[M]．北京：文物出版社，1987.
[16] 中国建筑史编写组．中国建筑史[M]．北京：中国建筑工业出版社，1986.
[17] [清]．古今图书集成・艺术典.
[18] [清]．胡慎安．罗经解定.
[19] [清]．李国木．地理大全.
[20] 杨宽．中国古代陵寝制度史研究[M]．上海：上海古籍出版社，1985.
[21] 吴承洛．中国度量衡史[M]．上海：上海书店出版社，1984.
[22] 吴鼒．阳宅撮要.
[23] 王其亨．清陵地宫研究[D]．天津：天津大学出版社，1983.
[24] 潘谷西．中国建筑史[M]．北京：中国建筑工业出版社．1979.